1週間集中講義シリーズ

偏差値を30UPから70に上げる数学

細野真宏の
確　率が
本当によくわかる本

小学館

『数学が本当によくわかるシリーズ』の刊行にあたって

　僕はよく生徒から
「受験生のときどんな本を使ってどのように勉強していたんですか？」
と質問をされて困っています。それは
キチンと答えてもたいして参考にならないからです。
　僕は受験生の頃，参考書は全くと言っていいほど分かりませんでした。
「なんでここで この公式を使うことに気付くのか？」
「なんでここで このような変形をするのか？」など，1つ1つの素朴な
疑問について全くと言っていいほど解説してくれていなくて，一方的に
「この問題はこうやって解くものなんだ！」と解法を押しつけられていたから
です。
　だから，僕が受験生のときは（いい参考書がなかったので）決して
ベストな勉強法ができていたわけではなく，いろんな試行錯誤をしていた
のです。その意味で，この『**数学が本当によくわかるシリーズ**』は
「**僕が受験生のときに最も欲しかった参考書**」なのです。
　つまり，この本は僕の受験生の頃の経験などを踏まえ
"**全くムダがなく，最短の期間で飛躍的に数学の力を伸ばす**"
ことができるように作ったものなのです。
　だから，冒頭の質問に対して，僕は簡潔に こう答えています。
「僕の受験生の頃の失敗なども踏まえてこの本を作ったので，
　この本をやれば僕の受験生のときよりも はるかに効率のいい
　勉強ができるよ」と。

細野 真宏

まえがき

　この本は，偏差値が30台の人から70台の人を対象に書きました。

　数学がよく分からないという人は非常に多いと思います。しかし，それは決して本人の頭が悪いから，というわけではないと思います。私は 教える人の教え方や解法が悪いからだと思います。

　私も高校生のとき全く数学が分かりませんでした。とにかく勉強が大嫌いだったので，高2までは大学へ行く気がなく（というより成績が悪すぎて行けなかった），専門学校で絵の勉強をすると決めていました。高3のはじめにすごく簡単だと言われている模試を受けました。結果は200点満点で8点！（6点だったかもしれない……）。この話をすると皆「熱でも出ていたんでしょう？」とか言って信じてくれません。熱どころかベストな体調で試験時間終了の1秒前まで必死に解答を書いていました。

　それからいろいろ考えることがあって，大学へ行こうかなぁ，などと思うようになり，ようやく数学をやり出しました。田舎の三流高校（あっ，今はそこそこいい高校になっているようです）にいたので，授業などはあてにできず独学でやりました。1年後には大手予備校の模試で全国1番になっていました。結局だいたい偏差値は80台はあり，いいときで100を超えたり（東大模試とかレベルの高い模試なら可能）していました。こんなことを言うと「なんだァこの人は頭がいいから数学ができるようになったのか」と思うかもしれないのでキチンと言っておくと，決して私は頭が良くありません。しかし，要領はいいと思います。本を読んでもらえれば，無駄がないことが分かってもらえると思います。そして，数学ができるようになるためには，決して特別な才能が必要になるわけではない，ということも分かってもらえると思います。要は，教え方によって数学の成績は飛躍的に変わり得るものなのです。

　私の講義でやっている内容は非常に高度です。しかし，偏差値が30台の人でも分かるようにしています(私がかつてそうだったから思考

過程がよく分かる)。一般に優れた解法(▶素早く解け，応用が利く)は非常に難しく理解しにくいものです。だから普通の受験生は，まず多大な時間を費やしてあまり実用的でない教科書的な解法を学校で教わり(予備校の講義が理解できる程度の学力を身につけ)その後で予備校で優れた解法を教わることにより，ようやくそれが理解できるようになる，という過程をたどると思います。しかし，もしもいきなり優れた解法をほとんど0(ゼロ)の状態から理解することが可能なら，非常に短期間で飛躍的に成績を上げることが可能になるでしょう。

　私は普段の授業でそれを実践しているつもりです。この本はその講義をできる限り忠実に再現してみたものです。その意味でこの本は，**「短期間に 偏差値を30台から70台に上げるのに最適な本」**なのです。

　この本を読むことによって，一人でも多くの人に数学のおもしろさを分かってもらえたらうれしく思います。

　できれば，今後の参考のために，本の感想や御意見等を編集部あてに送ってください。

　横山 薫君，河野 真宏君 には原稿を読んでもらったり校正等を手伝って頂きました。
ありがとうございました。

P.S. いつも数多くの愛読者カードや励ましの手紙等が出版社から届けられて来ます。すべて読ませてもらっていますが，本当に参考になったり元気づけられたりしています。本当にありがとうございます。(忙しくて，返事があまり書けなくて申し訳ありません)

著 者

《注》 **「偏差値を30から70に上げる数学」** というと，「既に偏差値が70台の人はやらなくてもいいのか?」と思う人もいるかもしれませんが，実際は70から90台の読者も多く，「本質的な考え方が理解できるからやる価値は十分ある」という声も多く届いています。

目次

問題一覧表 ——————————————— ⑪

Section 1　場合の数の求め方 ——————— 1

Section 2　確率の求め方 ————————— 47

Section 3　$_nC_r$ の重要公式について ———— 99

Section 4　期待値の求め方 ———————— 107

Section 5　総合演習 —————————— 119

One Point Lesson　～場合の数と確率の「ルール」について～ - 216

One Point Lesson　～『くじびき』の問題の考え方～ - 220

Point 一覧表　～索引にかえて～ —————— 230

『数学が本当によくわかるシリーズ』の特徴

 『数学が本当によくわかるシリーズ』は，数Ⅰ，数A，数Ⅱ，数B，数Ⅲ，数Cから，どの大学の入試にもほぼ確実に出題される分野や，苦手としている受験生が非常に多いとされている重要な分野を取り上げています。

かなり基礎から解説していますが，その分野に関しては入試でどんなレベルの大学（東大でも！）を受けようとも必ず解けるように書かれているので，決して簡単な本ではありません。しかし，難しいと感じないように分かりやすく講義しているので，偏差値が30台の人や文系の人でもスラスラ読めるでしょう。

 この本では，「思考力」や「応用力」が身に付き**"最も少ない時間で最大の学力アップが望める"**ように，1題1題について[考え方]を講義のように詳しく解説しています。

> ▶「シリーズのすべての本をやらないといけないんですか？」というような質問を受けますが，このシリーズは1題1題を丁寧に解説しているので結果的に冊数が多くなっています。つまり，1冊あたりの問題数は決して多くはなく，このシリーズ3〜4冊分で通常の問題集の1冊分に相当したりしています。
> そのため，実際にやってみればどの本もかなりの短期間で読み終えることができるのが分かるはずです。
>
> 数学の勉強において最も重要なのは**「考え方」**です。
> 感覚だけで"なんとなく"解くような勉強をしていると，100題の問題があれば100題すべての解答を覚える必要が出てきます。しかし，キチンと問題の本質を理解するような勉強をすれば，せいぜい10題くらいの解法を覚えれば済むようになります。

3 この本は Section 1, 2, 3…… と順を追って解説しているので，はじめからきちんと順を追って読んでください。最初のほうはかなり基礎的なことが書かれていますが，できる人も確認程度でいいので必ず読んでください。その辺を何となく分かっている気になって読み進んでいくと必ずつまずくことになるでしょう。"急がば回れ"です。

　一見，基礎を確認することが遠回りに思えても，実際は高度なことを理解するための最短コースとなっているのです。

4 従来の数学の参考書では，**練習問題**は**例題**の類題といった意味しかなく，その解答は本の後ろに参考程度にのっているものがほとんどです。しかし，この本では**練習問題**にもキチンとした意味を持たせています。本文で触れられなかった事項を**練習問題**を使って解説したり，時には**練習問題**の準備として**例題**を作ったりもしています。

だから，読みやすさも考え，**練習問題**の解答は別冊にしました。

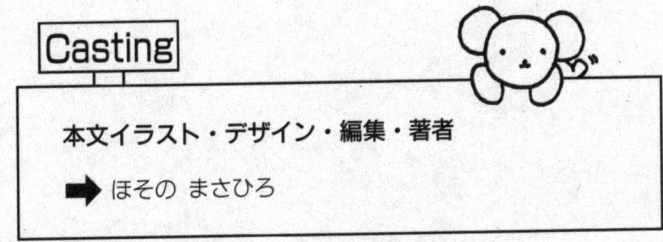

Casting

本文イラスト・デザイン・編集・著者
➡ ほその まさひろ

この本の使い方

  とりあえず **例題** を解いてみる。（１題につき10〜30分ぐらい）

▶全く解けなくても，とりあえずどんな問題なのかは分かるはずである。
どんな問題なのかすら分からない状態で解説を読んだら，解説の焦点が
ぼやけてしまって逆に，理解するのに時間がかかったりしてしまうので，
とにかく解けなくてもいいから **10分〜30分は解く努力をしてみること！**

  解けても解けなくても ［**考え方**］ を読む。

▶その際，自分の知らなかった考え方があれば，
その考え方を **理解して覚えること！**
また，**Point** があれば，それは **必ず暗記** すること！

  ［**解答**］ をながめて **全体像を再確認** する。

▶なお，［解答］は，記述の場合を想定して，
「実際の記述式の答案では，この程度書いておけばよい」という目安
のもとで書いたものである。

練習問題を解く。（時間は無制限）

▶練習問題については例題で考え方を説明しているから知識的には問題がないはずなので，**例題の考え方の確認も踏まえて練習問題は必ず自分の頭だけを使って頑張って解いてみること！**数学は自分の頭で考えないと実力がつかないものなので，絶対にすぐにあきらめないこと‼

Step 1～Step 4 の流れですべての問題を解いていってください。

　まぁ，人によって差はあると思うけど，どんな人でも３回ぐらいは繰り返さないと考え方が身に付かないだろうから，**入試までに最低３回は繰り返すようにしよう！**

（注）
　「３回もやる時間がない！」という人もきっといると思う。確かに１回目は時間がかかるかもしれないけれど，それは問題を解くための知識があまりないからだよね。だけど２回目は，（多少忘れているとしても）半分ぐらいは頭に入っているのだから，１回目の半分ぐらいの時間で終わらせることができるはずだよね。さらに３回目だったら，かなりの知識が頭に入っているので，さらに短時間で終わらせることができるよね。
　また，「なん日ぐらいで１回目を読み終わればいいの？」という質問をよくされるけれど，この本に関しては１週間で終わる，というのが１つの目安なんだ。だけど，本を読む時点での予備知識が人によってバラバラだし，１日にかけられる時間も違うだろうから，３日で終わる人もいれば，２週間かかる人もいると思う。だから結論的には，「**なん日かかってもいいから本に書いてあることが完璧に分かるようになるまで頑張って読んでくれ！**」ということになるんだ。とにかく，個人差があって当然なんだから，日数なんて気にせずに理解できるまで読むことが大切なんだよ。

講義を始めるにあたって

　数学ができない人と話をしてみるとよく分かるのだが，重要な公式や考え方が全く頭に入っていない場合が多い。それで数学の問題が全く解けないので，「あぁ僕は（私は）なんて頭が悪いんだろう！」なんて言っている。解けないのは当たり前でしょ！

　何も覚えないで問題を解けるようになろうなんてアマイ，アマイ。数学ができる人を完全に誤解している。賢い人なら英単語を一つも覚えないで（知らないで）アメリカに行って会話ができるのかい？　数学も他の科目同様，とりあえずは暗記科目である！　どんなにできる人でも暗記という地道な努力（それだけで偏差値は60台にはいく）をしているのである。その後でようやく数学オリンピックのような考える問題を解くことができるようになり，数学のおもしろさが分かるのである。

　本書は，無駄なものは一切載せていないので，本を読んで知らなかった公式や考え方はすべて覚えること！！

　それから，問題を解くのはいいんだけど，結構解きっぱなしの人って多いよね。そういう人は入試の直前に泣くことになる。だって入試直前に全問を解き直すのは不可能でしょ？　だから普段からどの問題を復習すべきか，きちんと区別しておかなくてはならない。私は問題を解くとき，次のような記号を使って問題の区別を行なっている。

　　　ENDの略（EASYの略なんでしょ？とよく言われる）。これは何回やっても絶対に解けるから，もう二度と解かなくてもいい問題につける。

　　　合格の略。とりあえず解けたけど，あと1回くらいは解いておいたほうがよさそうな問題につける。

　　　Againの略。あと2〜3回は解き直したほうがいいと思われる問題につける。

　無理にこの記号を使うことはないが，このように3段階に問題を分けておけば，復習するときに非常に効率がいい（例えば，直前で，どうしても時間がないときには の問題だけでも解き直せばよい）。

問題一覧表

自分のレベルや志望校に合わせて問題が選べるようになっています。
とりあえず，必要なレベルから順に勉強していってください。

- **AA** 基本問題（教科書の例題程度）；高校の試験対策にやってください。
- **A** 入試基本問題；大学入試だけという人や数学がものすごく苦手という人は，とりあえずこの問題までやってください。
- **B** 入試標準問題；A問題がよく分からないという人以外は，すべてやってください。
- **C** 入試発展問題；国立 or 私立の上位校を受ける人は，できる限りやること。

  ［ただし，どうしても数学が苦手という人は，B問題まででいいです。］

- **B or C** ；少し難しいが入試で合否を分ける問題なので，できる限りやってほしい。

▢ の使い方

例えば，次のように使えばよい。

- ⊠　cut する問題
- ▨　㋐ の問題
- ▨　㋱ の問題
- ◨　㋐ の問題

問題一覧表

例題1 (P.3) AA
1000から9999までの4桁の整数のうち，5で割り切れるものはいくつあるか。

例題2 (P.5) AA
赤，黄，青，黒，白の5色から3色選んで信号を作る。
このとき，信号は何通り作れるか。
ただし，同じ色は何回用いてもよい。

例題3 (P.5) AA
0～9の10個の数字から，異なる3個を選んで3桁の整数を作るとき，
(1) 全部で何通りできるか。
(2) 偶数は何通りできるか。

練習問題1 (P.7) AA
1～9の9個の数字から，異なる5個を選んで5桁の整数を作るとき，奇数番目に必ず奇数がある場合は何通りあるか。

練習問題2 (P.7) AA
6個の数字0，1，2，3，4，5がある。
(1) 異なる3個の数字を用いてできる3桁の数はいくつできるか。
(2) (1)のうち，偶数はいくつあるか。
(3) (1)のうち，3の倍数はいくつあるか。
(4) (1)のうち，5の倍数はいくつあるか。

練習問題 3 (P.8) A

0, 1, 2, 3, 4, 5, 6 の 7 個の数字を用いて作られる 4 桁の整数のうち，5 でも 4 でも割り切れないものはいくつあるか。
ただし，同じ数字は何回用いてもよい。

例題 4 (P.8) AA

n 人を左から 1 列に並べるとき，並べ方の総数を求めよ。

例題 5 (P.8) AA

男子 3 人，女子 4 人が 1 列に並ぶのに，女子 2 人が両端にくる場合は □ 通りで，女子 4 人が隣り合う場合は □ 通りである。

例題 6 (P.9) AA

1 から 5 までの番号が 1 つずつついたカード 5 枚を 1 列に並べると □ 通りあり，これを円形に並べると □ 通りある。

練習問題 4 (P.10) AA

両親と 4 人の子供が円形のテーブルに着くとき，両親が隣り合うような座り方は □ 通りである。

例題 7 (P.11) AA

立方体の 6 つの面に 1 から 6 までの数字を 1 つずつ書いて，サイコロのようなものを作る。異なるものは何通りできるか。
また，そのうち，相対する 2 つの面の数字の和がすべて 7 になっているものは何通りあるか。

例題 8 (P.13) AA

n 人から r 人選んで 1 列に並べるとき，並べ方の総数を求めよ。

⑭　問題一覧表

例題 9 (P.14) **AA**

男子7人と女子6人の会社で，会長，社長，部長を決める。
(1) 選び方の総数を求めよ。
(2) 会長が女子のときは社長が男子であるとするとき，選び方の総数を求めよ。

例題 10 (P.15) **AA**

男子4人と女子3人を1列に並べるとき，
(1) 女子3人が隣り合うようにするのは何通りあるか。
(2) 女子が隣り合わないようにするのは何通りあるか。
(3) 女子が両端に来ないようにするのは何通りあるか。

練習問題 5 (P.16) (1)(2) **AA** (3) **A**

男子4人，女子2人の計6人を1列に並べ，両側が男子であるようにする。
(1) 並べ方は全部で何通りあるか。
(2) 特に女子は隣り合わないようにすると何通りあるか。
(3) (2)の場合，さらに特定の男女1組は隣り合わないようにすると何通りあるか。

例題 11 (P.17) **AA**

n 人から r 人を選ぶとき，選び方の総数を求めよ。
(r 人を選ぶだけで1列には並べない！)

例題 12 (P.18) **AA**

(1) 相異なる9冊の本から6冊を取り出して左右1列に並べる方法は ⑦ 通りあり，単に6冊を取り出す方法は ⑦ 通りある。
(2) 1から6までの6個の数字から3個を取って左から1列に並べるとき，小さい方から並べると何通りあるか。

- **例題 13** (P.18) **AA**

  15人を次のような人数の3つのグループに分ける方法は何通りか。
  (1) 6人, 5人, 4人
  (2) (i) A組5人, B組5人, C組5人
  　　(ii) 5人, 5人, 5人

- **例題 14** (P.21) **AA**

  6人を3つの組に分けたい。その際, どの組にも少なくとも1人は入るとし, 組には区別がないとすると, 分け方は何通りあるか。

- **練習問題 6** (P.22) **A**

  1から5までの番号のついた箱がある。それぞれの箱に, 赤, 白, 青の玉のうちどれか1個を入れるとき, 入れ方は全部で何通りあるか。ただし, どの色の玉も少なくとも1個は入れるものとする。

- **例題 15** (P.23) **A**

  $1, 2, 3, \cdots, n(n \geq 3)$ の各数字を1つずつ記入した n 枚のカードがある。これらをA, B, Cの3つの箱に分けて入れる。
  (1) 空の箱があってもよいものとすると, 分け方は何通りあるか。
  (2) どれか1つの箱だけが空になる分け方は何通りあるか。
  (3) 空の箱があってはならないとすると, 分け方は何通りあるか。

- **練習問題 7** (P.25) **B**

  n 人を3つの部屋に分けるとき, どの部屋にも少なくとも1人は入る分け方は何通りあるか。ただし, 部屋には区別がないものとする。

例題16 (P.25) A

黄色のカードが6枚, 赤色のカードが6枚, 青色のカードが6枚ある。同じ色の6枚のカードには, それぞれ1から6までの数字が書かれている。これら18枚のカードから続けて5枚を抜き取り, これらのカードを左から並べる。
(1) 5枚のカードがすべて黄色である順列は 何通りできるか。
(2) 3枚のカードが青色で, 残りの2枚のカードが赤色である順列は 何通りできるか。
(3) 5枚のカードの数字の合計が7である順列は 何通りできるか。
(4) 5枚のカードの中の3枚が同じ数字で, 残りの2枚も同じ数字である順列は 何通りできるか。

練習問題8 (P.26) AA

右図において, 四角形は全部でいくつあるか。

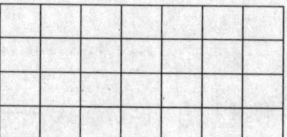

練習問題9 (P.26) B

平面上に11個の相異なる点がある。このとき, 2点ずつを結んでできる直線が全部で48本であるとする。
(1) 与えられた11個の点のうち3個以上の点を含む直線は何本あるか。また, その各々の直線上に何個の点が並ぶか。
(2) 与えられた11個の点から3点を選び三角形を作ると, 全部で何個できるか。

練習問題10 (P.27) AA

数直線上の整数点 $x=1, 2, 3, \cdots, n$ に, 合計 n 個の黒または白の石を1つずつ, 黒石どうしは隣り合わないように置く。黒石を3個使う置き方は何通りあるか。ただし, $n \geq 5$ とする。

練習問題 11 (P. 27) B

$x_1, x_2, \cdots, x_n \ (n \geq 3)$ は $\pm 1, \pm 2$ の4通りの値をとることができるとき，$x_1 x_2 \cdots \cdot x_n = 8$ を満たす $(x_1, x_2, \cdots, x_n)$ の解は何通りあるか。

例題 17 (P. 27) A

SHIBAURA の8文字から3文字を選ぶ組合せの数は何個あるか。

例題 18 (P. 28) AA

a が3個，b が2個の計5個を1列に並べるとき，並べ方の総数を求めよ。

例題 19 (P. 29) A

(1) 6個の赤い玉と5個の青い玉がある。これらを横1列に並べる並べ方の総数は？

(2) (1)の並べ方のうち，左右対称になるものの総数は？

(3) (1)の並べ方のうち，ある並べ方を180°回転させると他の並べ方に重なるとき，それらは同じ並べ方であるとみなすことにする。このとき，並べ方の総数は？

例題 20 (P. 30) B

正六角形を，中心を通る対角線を引いて6個の正三角形に分ける。これを5種の色を全部用いて塗り分けるとき，その仕方は何通りか。ただし，表だけに色を塗り，回転して重なるものは同じ塗り方とする。また，辺を共有する三角形には違う色を塗るものとする。

例題 21 (P. 32) A

KINDAI の6文字について，

(1) 異なる並べ方は何通りあるか。

(2) 少なくとも2個の母音が隣り合う並べ方は何通りあるか。

例題 22 (P.33) AA

EQUATION のすべての文字を使って順列を作る。
このとき，次のようなものはそれぞれ何通りあるか。
(1) E，N が両端にあるもの
(2) Q，A が隣り合っていないもの
(3) T，I，O，N の順がこのままのもの

練習問題 12 (P.34) AA

YOKOHAMA という語の全部の文字を用いて作る順列のうちで，子音 Y，K，H，M がこの順にあるものは何通りあるか。

練習問題 13 (P.35) A

ADDRESS という語の 7 文字を全部並べて作られる順列において，母音が両端にきて，かつ同じ文字が隣り合わない順列の数は何個あるか。

例題 23 (P.35) A

HOKKAIDO の 8 文字から 7 文字を取り出して 1 列に並べる方法は全部で何通りあるか。

例題 24 (P.36) AA

リンゴが 10 個ある。これを両親と子供 1 人の計 3 人で分けるとき，1 個ももらわない人がいてもよいとするなら，分配の仕方は何通りあるか。

例題 25 (P.37) AA

$x+y+z=10$, $x\geq 0$, $y\geq 0$, $z\geq 0$ に適する整数解は何組あるか。

練習問題 14 (P.38) AA

赤玉6個と白玉4個を,異なる3つの箱に入れる方法は何通りあるか。ただし,空箱があってもよいものとする。

練習問題 15 (P.38) (1)(2)(3) AA (4) A

3つの箱に玉を分けるとき,次の(1)〜(4)の場合,分け方は何通りあるか。ただし,玉を入れない箱があってもよい。
(1) 赤い玉が5個で,箱を区別する場合
(2) 赤い玉が5個で,箱を区別しない場合
(3) 赤い玉が5個と白い玉が2個で,箱を区別する場合
(4) 赤い玉が5個と白い玉が2個で,箱を区別しない場合

例題 26 (P.38) AA

リンゴが10個ある。これを両親と子供1人の計3人で分けるとき,どの人も少なくとも1個はもらうものとするなら,分配の仕方は何通りあるか。

例題 27 (P.38) AA

$x+y+z=10$, $x>0$, $y>0$, $z>0$ に適する整数解は何組あるか。

練習問題 16 (P.40) A

(1) $x+y+z=15$ の正の整数解は何通りあるか。
(2) (1)のうちで $x=y$ となる解は何通りあるか。
(3) (1)のうちで $x>y$ となる解は何通りあるか。

例題 28 (P.40) A

$a+b+c \leq 20$ を満たす自然数 (a, b, c) の組は何通りあるか。

練習問題 17 (P.41) B

n を 0 以上の整数とし，$\frac{x}{2}+y+z \leq n$, $x \geq 0$, $y \geq 0$, $z \geq 0$ を満たす整数 x, y, z の組 (x, y, z) の個数を求めよ。

例題 29 (P.41) AA

右図のような道路があるとき，A から B への最短の道順は全部で何通りあるか。ただし，X 印の所は通れないものとする。

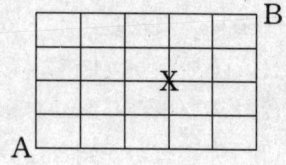

練習問題 18 (P.43) A

右図において，A から B への最短経路は何通りあるか。ただし，X 印の所は通れないものとする。

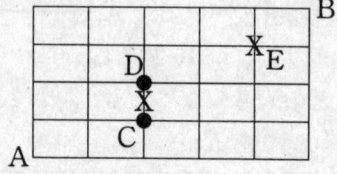

練習問題 19 (P.43) A

右図において，A から B への最短経路は次の各場合，何通りあるか。
(1) C を通って行く場合
(2) D を通らないで行く場合
(3) C を通り，D を通らないで行く場合

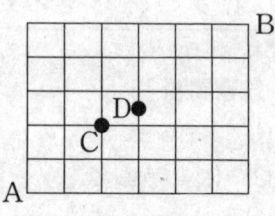

例題 30 (P.43) A

右図において，A から B への最短経路は何通りあるか。

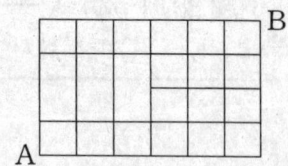

例題 31 (P.49) **AA**

重さの異なる4個の玉が入っている袋から玉を1つ取り出し,もとに戻さずにもう1つ取り出したところ,2番目の玉のほうが重かった。2番目の玉が4個の玉の中で最も重い確率を求めよ。

例題 32 (P.49) **AA**

千代田富士雄君は某大学のA,B,C 3学部に併願している。彼がそれぞれの学部に合格する確率は順に $\frac{2}{5}$, $\frac{3}{7}$, $\frac{1}{2}$ である。このとき,

(1) 少なくとも1つの学部に合格する確率を求めよ。

(2) ちょうど1つの学部に合格する確率を求めよ。

例題 33 (P.51) **AA**

袋の中に赤球が4個,白球が6個,黒球が5個入っている。この袋から2個の球を取り出すのに,次の2通りの仕方を考える。それぞれの場合について,取り出した2個の球の色が異なる確率を求めよ。

(1) 最初に1個を取り出し,袋に返してから2個目を取り出す場合

(2) 最初に1個を取り出し,袋に返さないで2個目を取り出す場合

練習問題 20 (P.53) **AA**

2つの袋A,Bがある。Aには赤球4個と白球6個が,Bには赤球3個と白球7個が入っている。

(1) Aから球を3個取り出すとき,赤球を2個以上取り出す確率を求めよ。

(2) A,Bそれぞれから球を3個ずつ取り出すとき,A,Bのうち少なくとも一方から赤球を2個以上取り出す確率を求めよ。

㉒　問題一覧表

┌─ **練習問題 21** (P.53) (1) **AA** (2) **B** ─────────────┐
　　1から9までの中から無作為に3種類の数字を選び3桁の数を作るとき，その数が次の場合である確率を求めよ。
　(1)　2の倍数である場合
　(2)　3の倍数である場合
└──────────────────────────────┘

┌─ **例題 34** (P.53) **AA** ─────────────────────┐
(1)　大，小2個のサイコロを振るとき，出た目の和が3の倍数となる確率は $\dfrac{1}{\boxed{}}$ である。

(2)　2つのサイコロを同時に4回振って，そのうち目の和が9となることがちょうど2回起こる確率は $\dfrac{\boxed{}}{2187}$ である。
└──────────────────────────────┘

┌─ **例題 35** (P.55) **AA** ─────────────────────┐
　　1枚の硬貨を続けて投げる。表の出た回数が4または裏の出た回数が4になったところで投げるのをやめる。このとき，
(1)　4回投げてもやめにならないで，5回投げてやめることになる確率を求めよ。
(2)　5回投げてもやめることにならない確率を求めよ。
└──────────────────────────────┘

┌─ **練習問題 22** (P.56) **AA** ───────────────────┐
　　右の図のような格子がある。コインを投げ，表が出たら上に1つ，裏が出たら右に1つ動かすとき，

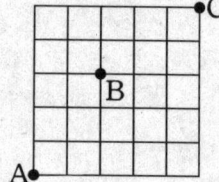

(1)　Aを出発点とし，5回コインを投げたとき，動いた点がBにくる確率を求めよ。
(2)　Aを出発点とし，10回コインを投げたとき，動いた点がCにくる確率を求めよ。（ただし，動けるところがないときは，点を動かさないで，1回投げたこととし，全部で10回投げることにする。）
└──────────────────────────────┘

練習問題 23 (P.56) A

横3マス，縦3マスの9個の正方形で作られた
道路がある。Aから出発してBに向かう人と，
Bから出発してAに向かう人が，途中で出会う
確率を(1)，(2)の各場合について求めよ。ただし，
2人は同時に出発して歩速は等しいものとする。
そして，ともに最短距離で進むものとする。
また，右または上に行けないときは行ける方向のみ進む。
Bから A に行く人についても同様とする。

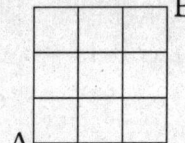

(1) A から B に行く人が，各交差点で右に行くか上に行くかを
等確率で選んで行くとき。
(2) 出発前に各人が20通りの道順の1つを等確率で選ぶとき。

例題 36 (P.57) AA

甲，乙の2人があるゲームをするとき，甲の勝つ確率は $\frac{1}{4}$，
乙の勝つ確率は $\frac{1}{4}$，引き分けの確率は $\frac{1}{2}$ であるとする。
(1) 5回のゲームのうち，甲が1勝，乙が2勝となる確率は ◯◯◯ である。
(2) 5回のゲームのうち，甲が2勝する確率は ◯◯◯ である。
ただし，引き分けの場合もゲーム数に数えるものとする。

練習問題 24 (P.58) B

2個のサイコロを同時に投げて出た目の和によって平面上の点Pを
動かす。点Pが点 (x, y) にあるとき，出た目の和が6以下のときは
点 $(x, y+1)$ に，出た目の和が7のときは点 $(x+1, y+1)$ に，
出た目の和が8以上のときは点 $(x+1, y)$ に動かす。
いま，点Pが原点にあるとき，サイコロを投げる回数が5回以下で
点 $(3, 3)$ に到達する確率を求めよ。

例題37 (P.58) AA

箱の中に10個の白球と5個の黒球が入っている。箱から順に1個ずつ5個の球を取り出して並べるとき，次の確率を求めよ。
(1) 2番目の球が黒球である確率
(2) 2番目の球と4番目の球がともに黒球である確率

例題38 (P.59) A

赤球3個と白球4個が入っている袋がある。この袋から球を2個ずつ，もとに戻さずに3回続けて取り出すとき，次の事象の確率を求めよ。
(1) 2回目に取り出される2個の球の色が異なる
(2) 2回目に取り出される赤球の数が，3回目に取り出される赤球の数より多い

練習問題25 (P.62) A

袋の中に赤玉2個，白玉4個が入っている。1個ずつ取り出して，どちらかの色の玉が袋の中になくなるまで続ける。このとき，袋の中に1個だけ玉が残っている確率は □ である。
また，袋の中に白玉が残る確率は □ である。

例題39 (P.62) (1)(2)(3) AA (4) A

3人でジャンケンをして，負けた者から順に抜けてゆき，最後に残った1人を優勝者とする。このとき，
(1) 1回で優勝者が決まる確率は □ である。
(2) 1回終了後に2人残っている確率は □ である。
(3) 3回終了後に3人残っている確率は □ である。
(4) ちょうど3回目で優勝者が決まる確率は □ である。

ただし，各人がジャンケンで，グー，チョキ，パーのどれを出すかはすべて同じ確率で，$\frac{1}{3}$ であるとする。

練習問題 26 (P.65) (1) **AA** (2) **A** (3) **B**

3人でジャンケンをして，1人の勝者を決めたい。
3人はそれぞれグー，チョキ，パーを同じ確率で出すとする。
あいこの場合は，もう一度ジャンケンをして，2人が勝った場合にはその2人でジャンケンをする。
(1) 1回目のジャンケンで，2人が勝つ確率を求めよ。
(2) 2回ジャンケンをしても，まだ勝者が1人に決まらない確率を求めよ。
(3) n回ジャンケンを続けても，勝者が1人に決まらない確率を求めよ。

例題 40 (P.65) **A**

nを正の整数とする。n枚の硬貨を同時に投げて 表の出たものを取り去り，1回後に もしも硬貨が残っていれば，残った硬貨をもう1度同時に投げて表の出たものを取り去ることにする。このとき，
(1) 全部なくなる確率を求めよ。
(2) r枚残っている確率を求めよ。
ただし，rは正の整数で $1 \leqq r \leqq n$ とする。

練習問題 27 (P.67) **B**

次のような硬貨投げの試行を考える。はじめに3枚の硬貨を投げて1回目とし，そのとき表のものがあれば，表の出た硬貨のみを投げて2回目とする。そのとき表のものがあれば，それらを投げる。
ある回で裏のみが出た場合，この試行は終了する。このとき，次の ☐ にあてはまる値を求めよ。
(1) 1回目でこの試行が終了しない確率は ☐ である。
(2) 2回目でこの試行が終了する確率は ☐ である。
(3) 2回投げてもこの試行が終了しない確率は ☐ である。
(4) 2回目で表が1枚だけ出る確率は ☐ である。

例題 41 (P.67) **A**

数直線上の動点 A の最初の位置を原点とする。サイコロを投げて，奇数の目が出たときは -1，偶数の目が出たときは $+1$，A を動かすとする。8回サイコロを投げたときの A の座標を X として，次の問いに答えよ。

(1) $X = n$（整数）となる確率を求めよ。

(2) 1回目でAが $+1$ に動き，$X = 4$ となる確率を求めよ。

練習問題 28 (P.70) **A**

数直線上の動点 P は原点 O を出発し，硬貨を投げるごとに次の規則に従って動くものとする。

　　　表が出たとき，正の向きに1だけ進み，
　　　裏が出たとき，負の向きに1だけ進む。

n 回硬貨投げを行った後の P の位置を X_n とする。
ただし，表の出る確率は p，裏の出る確率は $1-p$ であり，$p > \dfrac{1}{2}$ とする。
また，各硬貨投げは互いに独立であるとする。
整数 m に対して，$X_n = m$ となる確率を求めよ。

例題 42 (P.70) (1) **AA** (2)(3) **A**

2つの箱にそれぞれ $1 \sim n$ までの番号を1枚ずつ印刷したカードが n 枚入っている。それぞれの箱から1枚ずつ取り出して，その2枚のカードの数字の和を X とする。このとき，

(1) X が偶数になる確率 P と奇数になる確率 Q を求めよ。

(2) $X = k$ となる確率 $R(k)$ を求めよ。

(3) $X \leq k$ となる確率 $S(k)$ を求めよ。

ただし，(2), (3)において，$2 \leq k \leq 2n$ とする。

── **例題 43** (P.75) (1) **AA** (2) **A** ──────────

つぼの中に，白いボールが6個，黒いボールが m 個 $(m \geq 2)$ 入っている。

(1) つぼから3個のボールを同時に取り出すとき，白いボールが1個で黒いボールが2個である確率 P_m を求めよ。
 ただし，解は因数分解したものを示せ。

(2) P_m を最大にする m の値と，そのときの P_m の値を求めよ。

── **例題 44** (P.85) (i)(ii)(iii) **AA** (iv) **A** ──────────

動点 P が正五角形 ABCDE の頂点 A から出発して正五角形の周上を動くものとする。P がある頂点にいるとき，1秒後にはその頂点に隣接する2頂点のどちらかにそれぞれ確率 $\frac{1}{2}$ で移っているものとする。

(i) P が A から出発して3秒後に E にいる確率は □
(ii) P が A から出発して4秒後に B にいる確率は □
(iii) P が A から出発して4秒後に A にいる確率は □
(iv) P が A から出発して8秒後に A にいる確率は □
 である。

練習問題 29 (P.87) (1)(2) AA (3) A

右の図の正六面体の辺上を1秒間に辺の長さだけの速さで歩いている蟻は，頂点に来るとその頂点を端点とする辺の中から1辺を等確率で選んで歩き続け，頂点 G に達すると停止するものとする。

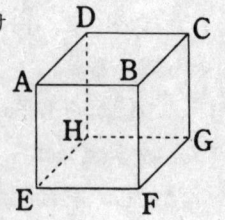

いま，正六面体の頂点を次の4つのクラス

$K_1=\{A\}$, $K_2=\{B, D, E\}$, $K_3=\{C, F, H\}$, $K_4=\{G\}$

に分けると，正六面体の辺の関係から，あるクラス内の頂点にいる蟻は1秒後には他のクラス内の頂点に移らなければならない。蟻はクラス K_1 から出発するものとして，次の問いに答えよ。

(1) 蟻が1秒後に K_2 にいる確率，2秒後に K_3 にいる確率，3秒後に K_2 にいる確率をそれぞれ求めよ。

(2) 蟻が7秒後に K_4 に達して停止する確率を求めよ。

(3) 蟻が n 秒後に K_4 に達して停止する確率を求めよ。

例題 45 (P.87) B

ある工作機械が2日連続して故障する確率は $\frac{1}{3}$，2日連続して故障しない確率は $\frac{1}{2}$ である。今日，この機械は故障した。このとき，

(1) 4日後 この機械が故障しない確率を求めよ。

(2) 5日後 この機械が故障しない確率を求めよ。

例題 46 (P.90) A

1枚の硬貨に対して，次の2種類の操作AとBを考える。

A：表を向いている場合はそのままにして，裏を向いている場合は硬貨を投げて表裏を決める。

B：裏を向いている場合はそのままにして，表を向いている場合は硬貨を投げて表裏を決める。

(1) 表を向いている場合にAを行い，次にBを行ったのちに表を向いている確率pと，
裏を向いている場合にAを行い，次にBを行ったのちに表を向いている確率qを求めよ。

(2) 投げられた硬貨にAから始めてAとBを交互にn回ずつ行ったのちに表を向いている確率r_nを求めよ。

練習問題 30 (P.91) A

2つの袋A，Bの中に白玉と赤玉が入っている。Aから玉を1個取り出してBに入れ，よく混ぜたのちBから玉を1個取り出してAに入れる。これを1回の操作と数える。初めに，Aの中に4個の白玉と1個の赤玉が，Bの中には3個の白玉だけが入っていたとして，この操作をn回繰り返した後，赤玉がAに入っている確率をp_nとする。

(1) p_{n+1}をp_nで表せ。

(2) p_nをnで表せ。

練習問題 31 (P.92) A

A，B 2人がサイコロをn回ずつ振って，そのk回目に出たA，Bそれぞれのサイコロの目をa_k，b_kとする。

このとき，$a_1b_1+a_2b_2+\cdots+a_nb_n$が偶数になる確率を$p_n$とする。

(1) p_nをp_{n-1}で表せ。

(2) p_nを求めよ。

例題 47 (P.92) AA

n 段の階段を登るのに，1段ずつ登っても，2段ずつ登っても，または両方をまぜて登ってもよいとする。このときの登り方の数を a_n とする。

a_{n+2} を a_n と a_{n+1} を用いて表せ。

練習問題 32 (P.93) A

数直線上を原点から右（正の向き）に，硬貨を投げて進む。表が出れば1進み，裏が出れば2進むものとする。このようにして，ちょうど点 n に到達する確率を p_n で表す。ただし，n は自然数とする。

(1) 2以上の n について，p_{n+1} と p_n，p_{n-1} との関係式を求めよ。
(2) $p_n (n \geq 3)$ を求めよ。

練習問題 33 (P.93) B

2人が n 個のコインを分け，ジャンケンをして勝った方は相手からコインを1個受け取るというゲームを行う。ジャンケンに引き分けはないものとし，先にすべてのコインを得たほうの人が勝ちとする。最初に k 個のコインを持っていた人が勝つ確率を $p_k (0 < k \leq n)$ として，

(1) $p_0 = 0$，$p_n = 1$ として，p_{k+1}，p_k，$p_{k-1} (0 < k \leq n)$ の間に成り立つ関係式を求めよ。
(2) $n = 3$ のときの p_1 と p_2 を求めよ。
(3) 一般の n について，$p_k (0 < k \leq n)$ を求めよ。

例題 48 (P.94) A

図のような4個の点 A, B, C, D を結んだ図形を考える。動点 P は点 A を出発点として A, B, C, D 上を移動する。P が A または C にいるときは，残りの3点にそれぞれ $\frac{1}{3}$ の確率で移動し，P が B または D にいるときは，A, C にそれぞれ $\frac{1}{2}$ の確率で移動する。n 回の移動後，P が A, B, C, D にいる確率をそれぞれ a_n, b_n, c_n, d_n とする。

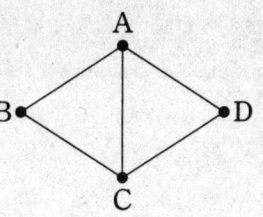

(1) a_{n+1}, c_{n+1} を a_n, b_n, c_n, d_n を用いて表せ。
(2) 数列 $\{a_n+c_n\}, \{a_n-c_n\}$ のそれぞれの漸化式を導け。
(3) a_n, c_n を求めよ。

㉜　問題一覧表

---- 練習問題 34 (P.97) B ----------------------------

下の図のように3個の箱 A, B, C があり，1匹のネズミが1秒ごとに1つの箱から隣りの箱に移動を試みるものとする。その移動の方向と確率は図に示した通りである。すなわち，ネズミが

　箱 A にいるときは，確率 p で箱 B に移り，

　箱 B にいるときは，確率 p で箱 C に移るか，または
　　　　　　　　確率 $1-p$ で箱 A に移り，

　箱 C にいるときは，確率 $1-p$ で箱 B に移る。

n 秒後にネズミが箱 A, B, C にいる確率をそれぞれ a_n, b_n, c_n とする。ただし，$n=0$ のとき，ネズミは箱 A にいるものとする。また，$0<p<1$ とする。

(1) a_n, b_n, c_n を $a_{n-1}, b_{n-1}, c_{n-1}$ および p を用いて表せ。

(2) $a_{n+1}+\alpha a_n+\beta a_{n-1}=\gamma$ $(n=1, 2, 3, \cdots)$ とするとき，α, β, γ を p の式で表せ。

(3) $p=\dfrac{1}{2}$ のとき，自然数 m に対して，a_{2m} を求めよ。

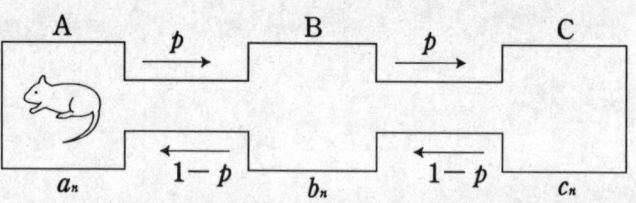

---- 例題 49 (P.100) AA ----------------------------

(1) $\displaystyle\sum_{k=0}^{n} 2^k {}_n C_k$ を求めよ。　　(2) $\displaystyle\sum_{k=0}^{n} {}_n C_k$ を求めよ。

---- 例題 50 (P.101) AA ----------------------------

${}_{99}C_0 + {}_{99}C_1 + \cdots + {}_{99}C_{49}$ を求めよ。

練習問題 35 (P.101) A

n が偶数のとき，
$${}_nC_0 + {}_nC_2 + {}_nC_4 + \cdots + {}_nC_n \text{ を求めよ。}$$

例題 51 (P.102) A

(1) $a_n = \sum_{k=0}^{n} k \cdot {}_nC_k$ を求めよ。

(2) $\sum_{k=0}^{n} k^2 {}_nC_k$ を求めよ。

ただし，n は自然数とする。

練習問題 36 (P.104) AA

$\sum_{k=0}^{n} k \cdot {}_nC_k p^k q^{n-k}$ を求めよ。ただし，$q = 1-p$ とする。

例題 52 (P.104) AA

${}_2C_2 + {}_3C_2 + {}_4C_2 + \cdots + {}_nC_2$ を求めよ。

練習問題 37 (P.105) AA

$\sum_{k=4}^{n} {}_kC_4$ を求めよ。

練習問題 38 (P.105) A

${}_{n+1}C_{r+1} = {}_nC_r + {}_{n-1}C_r + {}_{n-2}C_r + \cdots + {}_{r+1}C_r + {}_rC_r$ を証明せよ。

補題 (P.108)

サイコロを1回振ったとき，
1の目が出たら100円をもらえ，2の目が出たら200円をもらえ，……，
6の目が出たら600円をもらえるとき，
いくらもらえると期待できるか？

例題 53 (P.110) AA

サイコロを投げて出た目の数を X とおくとき，
(1) 期待値 $E(X)$ を求めよ。
(2) $E(aX^2+1)=92$ を満たす a を求めよ。

例題 54 (P.111) AA

2個のサイコロを投げて出た目の和の期待値を求めよ。

例題 55 (P.112) AA

袋の中に3つの白球と6つの赤球が入っている。この袋から同時に5つの球を取り出したときの白球の数を X とする。また，この袋から1つ取り出してはもとに戻すことを5回繰り返したときに，白球が出てきた回数を Y とする。X および Y の期待値を求めよ。

練習問題 39 (P.113) AA

n 個 $(n \geq 2)$ のサイコロと2つの袋 A，B がある。
これらのサイコロを1個ずつ振り，出た目が4以下なら袋 A へ，それ以外なら袋 B へ入れることにする。
(1) 袋 A へ入れられるサイコロが2個以下である確率を求めよ。
(2) 袋 A へ入れられるサイコロの個数の期待値を求めよ。

練習問題 40 (P.114) AA

n 枚のコインを同時に投げるとき，
表がちょうど k 枚 $(k=0, 1, \cdots, n)$ 出る確率は ① である。
いま，n 枚のコインを同時に投げて，表が出たコインが k 枚のとき，2^k 円受け取るものとする。受け取る金額の期待値は ② 円である。

練習問題 41 (P.114) A

1から6までの数字の中から，重複しないように3つの数字を無作為に選んだとき，その中の最大の数字を X とする。
(1) $X=k$ $(k=1, 2, \cdots, 6)$ となる確率を求めよ。
(2) X の期待値を求めよ。

例題 56 (P.114) A

(1) n 個 $(n \geq 2)$ のサイコロを同時に振るとき，出る目の数の最小値を X とする。このとき，
$X=k$ $(k=1, 2, \cdots, 6)$ となる確率を求めよ。
(2) $n=2$ のときの，X の期待値を求めよ。

練習問題 42 (P.117) A

n 個の球に，1から n までの番号をもれなく1つずつつけてつぼの中に入れる。そして，つぼの中から任意に球を1個取り出しその番号を X とする。次に，その球をつぼに戻し，よく混ぜて，再び任意の球を1個取り出し，その番号を Y とする。X, Y のうち小さくないほうを Z とするとき，
(1) $Z=3$ となる確率はいくらか。
(2) $1 \leq k \leq n$ を満たす正の整数 k に対して，$Z=k$ となる確率はいくらか。
(3) Z の期待値を求めよ。

練習問題 43 (P.117) B

1から$2n$までの自然数をもれなく1つずつ書いた$2n$枚のカードを入れた箱がある。この箱の中から，無作為に1枚のカードを取り出し，その数をXとする。次に，このカードを箱の中に戻し，再び無作為に1枚のカードを取り出し，その数がnより大きくないならば，その数をYとし，nより大きいならば，その数からnを減じた数をYとする。

$Z = \text{Max}(X, Y)$とするとき，次の各問いに答えよ。

ただし，$\text{Max}(a, b)$はaとbのうち小さくないほうを表す。

(1) $Z = k$ ($k = 1, 2, \cdots, 2n$) となる確率 $P(Z = k)$ を求めよ。

(2) Z の期待値を求めよ。

練習問題 44 (P.117) B

2つのチームA，Bが何回かの試合をして優勝を決定することになった。どちらか先に3勝したチームが優勝とする。個々の試合に引き分けはなく，AチームがBチームに勝つ確率はpである。優勝が決定するまでの試合回数をXとする。

(1) X の期待値をpで表せ。

(2) $q = 1 - p$, $z = pq$ とおいて，(1)で求めた期待値をzで表しその最大値を求めよ。

総合演習 1 (P.120) A

互いに同形のガラス玉g個と，互いに同形のダイヤモンドd個と，表裏のあるペンダント1個とを，まるくつないでネックレス状のものを作る。

ただし，ペンダントの両隣りはダイヤモンドにする。($d \geqq 2$, $g \geqq 1$)

(1) 何通りの作り方があるか。

(2) どの2個のダイヤモンドも隣り合わないことにしたら，何通りの作り方があるか。

[京大]

総合演習 2 (P.121) A

n 個 ($n \geq 2$) のサイコロを一度に投げるとき，1の目が少なくとも1つは出るという事象を A，偶数の目が少なくとも1つは出るという事象を B，A も B も起こらないという事象を C とする。このとき，
(1) A，B，C おのおのについて，それが起こる確率
(2) A または B が起こる確率
(3) A は起こるが B は起こらない確率
(4) A も B も起こる確率
を求めよ。

総合演習 3 (P.123) B

n 個のサイコロを同時に振り，出た目の数の最大のものを M_n，最小のものを m_n とするとき，$M_n - m_n > 1$ となる確率を求めよ。

[京大]

総合演習 4 (P.125) B

n 個のサイコロを同時に振ったときに，そのなかの最大の目を表す確率変数を X_n とし，最小の目を表す確率変数を Y_n とする。このとき，$P(X_n = 5) = \boxed{}$，$P(X_n = 5, Y_n = 2) = \boxed{}$ となる。ただし，$n \geq 2$ とする。

総合演習 5 (P.127) B or C

n 個のサイコロを同時に振り，出た目の数のうちの最大のものを M_n，最小のものを m_n とする。$1 \leq i \leq j \leq 6$ を満たす整数 i，j に対して $M_n = j$ かつ $m_n = i$ となる確率 $P(M_n = j, m_n = i)$ を n，i，j で表せ。

[京大]

総合演習 6 (P.129) B

n 個のサイコロ $A_1, A_2, \cdots, A_n$ を同時に投げる。A_i の出る目の数を $X_i (i=1, 2, \cdots, n)$ とし,$X_1, X_2, \cdots, X_n$ の最大値を X,最小値を Y とする。
(1) X が $k (k=1, 2, \cdots, 6)$ となる確率 $P(X=k)$ を求めよ。
(2) $E(X)-E(Y)$ を求めよ。

総合演習 7 (P.132) B

整数 n, k は $1 \leqq k \leqq n$ を満たすとする。相異なる n 個の数字を k 個のグループに分ける方法の総数を $_nS_k$ と記す。ただし,各グループは少なくとも 1 つの数字を含むものとする。
(1) $2 \leqq k \leqq n$ とするとき,$_{n+1}S_k = {_nS_{k-1}} + k {_nS_k}$ が成り立つことを示せ。
(2) $_5S_3$ を求めよ。

[早大-理工]

総合演習 8 (P.134) A

2 辺の長さが 1 と 2 の長方形と 1 辺の長さが 2 の正方形の 2 種類のタイルがある。縦 2,横 n の長方形の部屋をこれらのタイルで過不足なく敷きつめることを考える。そのような並べ方の総数を A_n で表す。
ただし,n は正の整数である。
たとえば,$A_1=1, A_2=3, A_3=5$ である。
(1) $n \geqq 3$ のとき,A_n を A_{n-1}, A_{n-2} を用いて表せ。
(2) A_n を n で表せ。

[東大]

総合演習 9 (P.137) A

1辺の長さが1の正方形と，1辺の長さが2の正方形でできたタイルが多数大きな袋に入っている。でたらめにタイルを1枚取り出すとき小さいタイルが取り出される確率を p，大きいタイルが取り出される確率を $q=1-p$ とする。縦の長さが3，横の長さが6の長方形に，取り出されたタイルを敷きつめていくとき，ちょうど n 回でこの長方形が過不足なく敷きつめられる確率を求めよ。　　　　　[京大]

総合演習 10 (P.139) A

N 色 ($N \geq 3$) の絵の具セットがある。1つの立方体の面を各面独立に，各色を確率 $\dfrac{1}{N}$ で選んで塗る。このとき，塗られた結果が，使用された色の数が3以内で，かつ，同色の面が隣り合うことになっていない確率 $P(N)$ を求めよ。　　　　　[京大]

総合演習 11 (P.141) A

平面上に正四面体が置いてある。平面と接している面の3辺の1つを任意に選び，これを軸として正四面体を倒す。n 回の操作の後に最初に平面と接していた面が再び平面と接する確率 P_n を求めよ。　　　　　[東大]

総合演習 12 (P.143) A

直線上に，赤と白の旗を持った何人かの人が，番号 0, 1, 2, …をつけて並んでいる。番号 0 の人は，赤と白の旗を等しい確率で無作為に上げるものとし，他の番号 j の人は，番号 $j-1$ の人の上げた旗の色を見て，確率 p で同じ色，確率 $1-p$ で異なる色の旗を上げるものとする。このとき，番号 0 の人と番号 n の人が同じ色の旗を上げる確率 p_n を求めよ。　　　　　[東大]

総合演習 13 (P.144) B

n人（$n \geq 3$）の生徒が校庭で1つの円周上に等間隔で並んでいる。各生徒は，片側が赤で裏返すと白になる帽子を持っていて，先生の笛の合図で赤または白にした帽子をかぶることにする。ただし，生徒の帽子の色の選び方は互いに独立で，各生徒が赤，白を選ぶ確率はそれぞれ $\frac{1}{2}$ であるものとする。

(1) 白い帽子の生徒数の平均値（期待値）を求めよ。

(2) 隣り合う生徒の帽子の色が異なるとき，2人の間に先生が旗を立ててまわる。

　　立てた旗の数がちょうど k である確率を p_k（$k=0, 1, \cdots, n$）とする。

(ア) p_0, p_1, p_2 を求めよ。

(イ) 一般の p_k を求めよ。

総合演習 14 (P.147) A

サイコロを n 回続けて投げるとき，k 回目に出る目の数を X_k とし $Y_n = X_1 + X_2 + \cdots + X_n$ とする。Y_n が7で割り切れる確率を p_n とする。

(1) p_n を p_{n-1} を用いて表せ。

(2) p_n を求めよ。

[京大]

総合演習 15 (P.149) B

サイコロを繰り返し n 回振って，出た目の数を掛け合わせた積を X とする。すなわち，k 回目に出た目の数を Y_k とすると，$X = Y_1 \cdot Y_2 \cdot \cdots \cdot Y_n$ である。

(1) X が3で割り切れる確率 p_n を求めよ。

(2) X が6で割り切れる確率 q_n を求めよ。

(3) X が4で割り切れる確率 r_n を求めよ。

[京大]

総合演習 16 (P.152) B or C

A, B, Cの3人が色のついた札を1枚ずつ持っている。はじめにA, B, Cの持っている札の色はそれぞれ赤，白，青である。Aがサイコロを投げて，3の倍数の目が出たらAはBと持っている札を交換し，その他の目が出たらAはCと持っている札を交換する。

この試行をn回繰り返した後に，赤い札をA, B, Cが持っている確率をそれぞれa_n, b_n, c_nとする。

(1) $n \geq 2$のとき，a_n, b_n, c_nをa_{n-1}, b_{n-1}, c_{n-1}で表せ。

(2) a_nを求めよ。

[京大]

総合演習 17 (P.158) B

袋の中にN個の白玉と3個の赤玉がある。「袋の中の$(N+3)$個の玉から無作為に1個を取り出し，次に（外部にある）白玉を1個袋に入れる」という試行を繰り返す。n回目の試行で赤玉を取り出す確率P_nを求めよ。

[京大]

総合演習 18 (P.159) A

図のような正方形の4頂点A, B, C, Dを次の規則で移動する動点Qがある。サイコロを振って1の目が出れば反時計まわりに隣の頂点に移動し，1以外の目が出れば時計まわりに隣の頂点に移動する。Qは最初Aにあるものとし，n回移動した後の位置をQ_n ($n = 1, 2, \cdots$)とする。$Q_{2n} = A$である確率をa_nとおく。

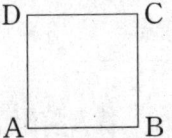

(1) a_1を求めよ。

(2) a_{n+1}をa_nを用いて表せ。

(3) a_nを求めよ。

[阪大]

総合演習 19 (P.161) B

正6角形の頂点を反時計まわりの順に，A_0，A_1，…，A_5 とし，次のルール①，②，③に従ってゲームを行う。
① A_0 を出発点とする。
② コインを投げ，表が出たら反時計まわりに隣の頂点に移動し，裏が出たら，時計まわりに隣の頂点に移動する。
③ A_0 の反対側の頂点 A_3 に到達したらゲームは終了する。

整数 $n (n \geq 0)$ に対して，
$p_n = (2n+1)$ 回コインを投げ移動を行ってもゲームの終了しない確率
$q_n = $ ちょうど $(2n+1)$ 回目の移動によってゲームの終了する確率
とする。コインを投げたとき，表裏の出る確率はそれぞれ $\dfrac{1}{2}$ である。
p_n および q_n を求めよ。

[京大]

総合演習 20 (P.165) B

半径1の円に内接する正6角形の頂点を A_1，A_2，…，A_6 とする。これらから任意に（無作為に）選んだ3点を頂点とする3角形の面積の期待値を求めよ。ただし，2つ以上が一致するような3点が選ばれたときは，3角形の面積は0と考える。

[東大]

総合演習 21 (P.170) B

ある店で弁当を売っている。1日の需要が k 個 ($k=1, 2, …, 100$) である確率は $\dfrac{1}{100}$ である。1個につき，仕入れ値は 600 円，売り値は 1000 円である。その日に売れ残った弁当は捨てるものとする。
1日に仕入れる個数を n ($n=1, 2, …, 100$) とするとき，
(1) 売り切れる確率 p_n を求めよ。
(2) 1日の利益の期待値（平均値）E_n を求めよ。
(3) E_n を最大にする n を求めよ。

[早大－理工]

総合演習 22 (P.173) A

校庭に，南北の方向に1本の白線が引いてある。ある人が，白線上のA点から西へ5メートルの点に立ち，銅貨を投げて，表が出たときは東へ1メートル進み，裏が出たときは北へ1メートル進む。白線に達するまで，これを続ける。
(1) A点から n メートル北の点に到達する確率 p_n を求めよ。
(2) p_n を最大にする n を求めよ。

[京大]

総合演習 23 (P.175) B

サイコロを n 回投げる。ただし，$n \geq 2$ とする。そして次のルールで得点を与える。
(i) 1の目が2回以上出た場合には，得点 -30 点を与える。
(ii) 上記以外の場合には，サイコロを投げるたびに，1の目が出れば -10 点，1以外の目が出れば 10 点を与えて，n 回の合計を得点として与える。

n を $n \geq 2$ の範囲で変化させるとき，得点の期待値を最大にする n を求めよ。

[慶大-医]

総合演習 24 (P.178) A

Aが100円硬貨を4枚，Bが50円硬貨を3枚投げ，硬貨の表が出た枚数の多いほうを勝ちとし，同じ枚数のときは引き分けとする。硬貨の表，裏の出る確率はすべて $\frac{1}{2}$ であるものとする。
(1) Aの勝つ確率，Bの勝つ確率，引き分けの確率を求めよ。
(2) もし，勝ったほうが相手の投げた硬貨を全部もらえるとしたらAとBのどちらが有利か。

[東大]

総合演習 25 (P.182) A

4人でジャンケンをして，負けたものが順次去って，残りでジャンケンをして，勝者が1人になるまで続けるものとする。また，4人はそれぞれ独立に，グー（石），チョキ（はさみ），パー（紙）を確率 $\dfrac{1}{3}$ で出すものとする。

(1) 1回でゲームが終了する確率 p_1，および2回目の勝負が m 人 ($m=2, 3, 4$) で行われる確率 p_m を求めよ。

(2) 2回でこのゲームが終了する確率 q を求めよ。 [京大]

総合演習 26 (P.185) B

3人で"ジャンケン"をして勝者を決めることにする。たとえば，1人が"紙"を出し，他の2人が"石"を出せば，ただ1回でちょうど1人の勝者が決まることになる。3人で"ジャンケン"をして，負けた人は次の回に参加しないことにして，ちょうど1人の勝者が決まるまで"ジャンケン"を繰り返すことにする。このとき，k 回目に，初めてちょうど1人の勝者が決まる確率を求めよ。 [東大]

総合演習 27 (P.187) A

次のようなゲームがある。

① 最初の持ち点は2である。
② サイコロを振って，奇数の目が出れば持ち点が1点増し，偶数の目が出れば持ち点が1点減る。このような操作を5回する。ただし，途中で持ち点が0になったら，その時点でゲームは終了する。

このゲームについて，5回サイコロを振ることができる確率，およびゲームが終わったときの持ち点の期待値を求めよ。 [京大]

総合演習 28 (P.189) B

ある硬貨を投げるとき,表と裏がおのおの確率 $\frac{1}{2}$ で出るものとする。この硬貨を8回繰り返して投げ,n 回目に表が出れば $X_n=1$, 裏が出れば $X_n=-1$ とし,$S_n=X_1+X_2+\cdots+X_n$ $(1\leqq n\leqq 8)$ とおく。このとき,次の確率を求めよ。

(1) $S_2\neq 0$ かつ $S_8=2$ となる確率
(2) $S_4=0$ かつ $S_8=2$ となる確率

[東大]

総合演習 29 (P.191) A

3人の選手 A, B, C が次の方式で優勝を争う。まず A と B が対戦する。そのあとは,1つの対戦が終わると,その勝者と休んでいた選手が勝負をする。このようにして対戦を繰り返し,先に2勝した選手を優勝者とする。(2連勝でなくてもよい。)

各回の勝負で引き分けはなく,A と B は互角の力であるが,C が A, B に勝つ確率はともに p である。

(1) 2回の対戦で優勝者が決まる確率を求めよ。
(2) ちょうど4回目の対戦で優勝者が決まる確率を求めよ。
(3) A, B, C の優勝する確率が等しくなるような p の値を求めよ。

[京大]

総合演習 30 (P.193) A

A, B が先に2連勝したほうが優勝,という約束でゲームを始めたところ,まず A が勝った。このとき,A が優勝する確率を求めよ。ただし,各回において,A, B が勝つ確率はそれぞれ $\frac{1}{3}$, $\frac{2}{3}$ である。

総合演習 31 (P.194) B

A，B，Cの3高校が野球の試合をする。まず2校が対戦して，勝ったほうが残りの1校と対戦する。これを繰り返して，2連勝した高校が優勝する。A校がB，C校に勝つ確率をそれぞれ p，q とし，B校がC校に勝つ確率を $\frac{1}{2}$ とする。次の確率をそれぞれ求めよ。ただし，$0<p<1$，$0<q<1$ とする。

(1) 第1戦にA校とB校が対戦しA校が勝ち，さらにA校が優勝する確率
(2) 第1戦にA校とB校が対戦しA校が負け，さらにA校が優勝する確率
(3) 第1戦にB校とC校が対戦し，最終的にA校が優勝する確率

[京大]

総合演習 32 (P.198) B

2人が1つのサイコロを1回ずつ振り，大きい目を出したほうを勝ちとすることにした。ただし，このサイコロは必ずしも正しいものではなく，kの目の出る確率は p_k ($k=1, 2, 3, 4, 5, 6$) である。このとき，

(1) 引き分けになる確率 P を求めよ。
(2) $P \geqq \frac{1}{6}$ であることを示せ。また，$P=\frac{1}{6}$ ならば $p_k=\frac{1}{6}$ である ($k=1, 2, 3, 4, 5, 6$) ことを示せ。

[京大]

総合演習 33 (P.200) (1) AA (2) A (3) B

サイコロを振って出た目の数だけ，原点から出発して，数直線上にコマを進める。1回目は正の方向に，2回目は負の方向に，3回目は正の方向に，4回目は負の方向に動くものとする。次の確率を求めよ。
(1) 2回目に原点にもどる確率
(2) 3回目に原点にもどる確率
(3) 4回目に原点にもどる確率

[上智大－理工]

総合演習 34 (P.203) B or C

箱の中に n 個 ($n \geq 3$) の球があり，連続した n 個の整数 $a, a+1, \cdots, a+n-1$ がそれぞれの球に1つずつ記されている。以下では，n の値は知らされているが，a の値は知らされていないものとする。
(1) この箱から無作為に1個の球を取り出し，記されている整数を調べる。ただし，取り出した球は箱に戻さない。これを繰り返して，k 回目に初めて a の値が分かるものとする。
 (i) $X = k$ となる（▶ k 回目に初めて a の値が分かる）確率を求めよ。
 (ii) X の期待値 $E(X)$ を求めよ。
(2) この箱から無作為に1個の球を取り出し，記されている整数を調べて箱に戻すことを k 回繰り返す。この操作により a の値が分かる確率を求めよ。

[早大－理工]

総合演習 35 (P.207) B

　A, B, C, D, Eの5人が1つのサイコロと，1組53枚（ジョーカー1枚を含む）のトランプを使って，次のゲームを行う。トランプのカードは よくきって重ねてふせておく。

　まず，Aがサイコロを振り，出た目が a ならば，上から順に a 枚のカードを取る。その a 枚の中に ジョーカーがあれば，「Aの勝ち」でゲームが終了する。
ジョーカーがなければ，今度はBがサイコロを振り，出た目が b ならば，残りのカードの上から順に b 枚を取る。その b 枚の中に ジョーカーがあれば，「Bの勝ち」でゲームは終了する。
ジョーカーがなければ，今度はCがサイコロを振る。
このようにしてゲームを続ける。
ただし，5人目のEがカードを取って その中にジョーカーがなければ，「引き分け」でゲームは終了する。

(1) Aが勝つ確率は □ である。
(2) Bが勝つ確率は □ である。
(3) ゲームが引き分けになる確率は □ である。　　　［慶大－理工］

総合演習 36 (P.212) B or C

サイコロを n 回投げて、xy 平面上の点 P_0, P_1, $\cdots$, P_n を次の規則 (a), (b) によって定める。

(a)　$P_0 = (0, 0)$

(b)　$1 \leq k \leq n$ のとき、k 回目に出た目の数が 1, 2, 3, 4 のときには P_{k-1} をそれぞれ東、北、西、南に $\left(\dfrac{1}{2}\right)^k$ だけ動かした点を P_k とする。また、k 回目に出た目の数が 5, 6 のときには $P_k = P_{k-1}$ とする。ただし、y 軸の正の向きを北と定める。

このとき、以下の問いに答えよ。

(1) P_n が x 軸上にあれば、P_0, P_1, $\cdots$, P_{n-1} もすべて x 軸上にあることを示せ。

(2) P_n が第 1 象限 $\{(x, y) \mid x > 0, y > 0\}$ にある確率を n で表せ。[東大]

<メモ>

Section 1　場合の数の求め方

　この章では「場合の数」の求め方について
初歩から解説していきます。

「場合の数」を求めるには，いくつかの"原則的な考え方"
さえ身に付けておけば十分で，あとは
それらを応用していくだけで解けてしまうのです。

　この章で，「場合の数」を求める際に
知っておくべき原則的な考え方はすべて解説するので，
知らなかった考え方などはひとつひとつ
しっかり覚えていくこと！

　なお，
「場合の数」について勉強したことがない人は
まずはP.216の One Point Lesson の
場合の数の「ルール」について を確認しておいて
ください。

まず，中学生のときに「場合の数」を習ったよね。
そのときに（場合の数を計算する際に）
「＋にするのか×にするのかがよく分からなかった」"
という人は意外に多いんだよ。

そこで，まずはその"判別方法"から解説しよう。

STEP1

考えている事象が次の（Ⅰ），（Ⅱ）のどちらに該当するのかを判別する。

（Ⅰ）「〇〇 して △△ して □□ する」　◀これを「連続操作」と呼ぶ

▶例えば，3ケタの整数を決定するときは
「百の位を決定して，十の位を決定して，一の位を決定する。」

（Ⅱ）「〇〇 または △△」

▶例えば，5の倍数について考えるときは
「一の位が 0 または 一の位が 5」で場合分けをする。

STEP2

（Ⅰ）の「連続操作」であれば×にする。　◀Point 1.2
（Ⅱ）の「または」であれば＋にする。　◀Point 1.4

以上のことを踏まえて，
とりあえず次の問題をやってみよう。

例題1

1000から9999までの4桁の整数のうち，5で割り切れるものはいくつあるか。

[考え方]

まず，次の **Point 1.1** は"常識"にしておこう。

> **Point 1.1** 〈5で割り切れる条件〉
> 「5で割り切れる」 → 下1ケタ(▶一の位)が 0 or 5

よって，千，百，十，一の位の数はそれぞれ次の表のようになるよね。

千の位	百の位	十の位	一の位
1〜9の 9通り	0〜9の 10通り	0〜9の 10通り	0 or 5の 2通り

さらに，この問題では
「千の位を決めて，百の位を決めて，十の位を決めて，一の位を決める」
と考えればいいので，Step 2 の (I) の「連続操作」であることが分かるよね。

よって，
$9 \times 10 \times 10 \times 2$ が求める答えになる！

> **Point 1.2** 〈場合の数の数え方①〉
> 「連続操作」は掛け算！

[解答] $9 \times 10 \times 10 \times 2 = \underline{1800 \text{通り}}$ ◀ 連続操作

さて，次の「2で割り切れる条件」や「3で割り切れる条件」や「4で割り切れる条件」もよく出題されるので，これらについても"常識"にしておくこと！

One Point Lesson

① 「2で割り切れる」⇒ 下1ケタが 0, 2, 4, 6, 8
② 「3で割り切れる」⇒ 各位の和が3で割り切れる
③ 「4で割り切れる」⇒ 下2ケタが4で割り切れる

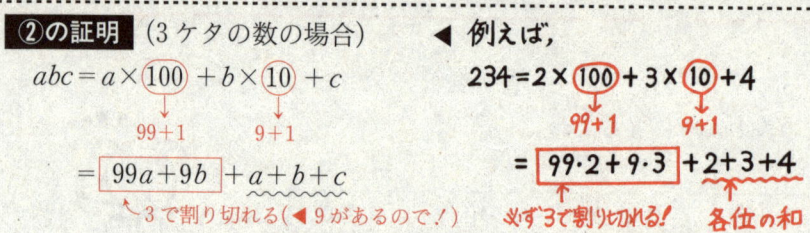

②の証明 (3ケタの数の場合)

$abc = a \times ⓘ00 + b \times ⑩ + c$
　　　　　　99+1　　　9+1

$= \boxed{99a + 9b} + a + b + c$
　↑3で割り切れる(◀9があるので！)

◀ 例えば，
$234 = 2 \times ⓘ00 + 3 \times ⑩ + 4$
　　　　　99+1　　　9+1
$= \boxed{99 \cdot 2 + 9 \cdot 3} + 2+3+4$
　必ず3で割り切れる！　　各位の和

よって，abc が3で割り切れるためには
$a+b+c$ (各位の和) が3で割り切れればよい。

③の証明 (5ケタの数の場合)

$abcde = a \times ⓘ0000 + b \times ⓘ000 + c \times ⓘ00 + de$
　　　　　100×100　　100×10　　100×1

$= \boxed{100(100 \cdot a + 10 \cdot b + c)} + \underline{de}$
　↑4で割り切れる(◀100があるので！)

よって，$abcde$ が4で割り切れるためには
$\underline{de}$ (下2ケタ) が4で割り切れればよい。

▶ 例えば，
$23456 = 2 \times ⓘ0000 + 3 \times ⓘ000 + 4 \times ⓘ00 + 56$
　　　　　100×100　　100×10　　100×1

$= \boxed{100(200 + 30 + 4)} + 56$
　↑必ず4で割り切れる！

---- 例題2 ----

　赤，黄，青，黒，白の5色から3色選んで信号を作る。このとき，信号は何通り作れるか。
ただし，同じ色は何回用いてもよい。

[考え方]

　①　②　③　　◀ ①の色を選んで，②の色を選んで，
　↑　↑　↑　　　③の色を選ぶ
5通り 5通り 5通り

[解答]　$5 \times 5 \times 5 = \underline{125\text{通り}}$　◀ 連続操作

---- 例題3 ----

　0～9の10個の数字から，異なる3個を選んで3桁の整数を作るとき，
(1) 全部で何通りできるか。
(2) 偶数は何通りできるか。

[考え方]
(1) 　百の位 ➡ （0以外の）1～9の 9通り　　◀ まず百の位を決める
　　　十の位 ➡ 百の位で使った1つを除く 9通り　◀ 次に十の位を決める
　　　一の位 ➡ 百と十の位で使った2つを除く 8通り　◀ 最後に一の位を決める

[解答]
(1) $9 \times 9 \times 8 = \underline{648\text{通り}}$　◀ 連続操作

[考え方]
(2) まずは，次の「場合の数の考え方の原則」を知っておくこと！

Point 1.3 〈場合の数の考え方の原則〉

場合の数を求めるときは, "制限"の強い順から考えていけ！

この問題における"制限"は, 次のようになっているよね。

$$\begin{cases} 百の位 \rightarrow 0を使ってはいけない！ \\ 十の位 \rightarrow 特にナシ \\ 一の位 \rightarrow 0, 2, 4, 6, 8以外の数は使ってはいけない！ \end{cases}$$

よって, 次のように考えればいいよね。

② ③ ①　◀考える順番

百の位　十の位　一の位

0以外の数　　　0, 2, 4, 6, 8の5通り

まず一の位を決めて
次に百の位を決めて
最後に十の位を決める

[解答]

(2) (i) 一の位が0のとき　◀百の位が0になることはありえない！

$$\begin{cases} 一の位 \rightarrow 1通り \quad ◀0だけ \\ 百の位 \rightarrow 1\sim 9の9通り \\ 十の位 \rightarrow 1\sim 9で, 百の位で使った1つを除く8通り \end{cases}$$

∴ $1 \times 9 \times 8 = \underline{72通り}$　◀連続操作

(ii) 一の位が0以外のとき　◀百の位が0になるかもしれない！

$$\begin{cases} 一の位 \rightarrow 2, 4, 6, 8の4通り \quad ◀「偶数」なので \\ 百の位 \rightarrow 一の位の数と0以外の8通り \quad ◀「3ケタの数」なので0はダメ！ \\ 十の位 \rightarrow 0\sim 9で, 一と百の位で使った2つを除く8通り \end{cases}$$

∴ $4 \times 8 \times 8 = \underline{256通り}$　◀連続操作

Point 1.4 〈場合の数の数え方②〉

「または」は, たし算！

よって, $72 + 256 = \underline{328通り}$　◀(i) or (ii)

場合の数の求め方　7

「Aの余事象」とは「A以外のもの」のことである。
→ (偶数)の余事象は(奇数)である。

[(2)別解] ◀ 余事象 を考える

(全体)=(偶数)+(奇数)より，(奇数)について考える。
(1)より，648通り
[解答]の(i), (ii)のような場合分けが不要になる!!

$$\begin{cases} 一の位 \to 1, 3, 5, 7, 9 の5通り \\ 百の位 \to 一の位の数と0以外の8通り \\ 十の位 \to 0\sim9で，一と百の位で使った2つを除く8通り \end{cases}$$

◀ "奇数"なので，0を使う必要がない！
◀ 「3ケタの数」なので0はダメ

∴ (奇数)=5×8×8　◀ 連続操作
　　　　=320通り

よって，
(偶数)=648−320　◀ (全体)−(奇数)
　　　=328通り

練習問題1

1〜9の9個の数字から，異なる5個を選んで5桁の整数を作るとき，奇数番目に必ず奇数がある場合は何通りあるか。

練習問題2

6個の数字 0, 1, 2, 3, 4, 5 がある。
(1) 異なる3個の数字を用いてできる3桁の数はいくつできるか。
(2) (1)のうち，偶数はいくつあるか。
(3) (1)のうち，3の倍数はいくつあるか。
(4) (1)のうち，5の倍数はいくつあるか。

練習問題 3

0，1，2，3，4，5，6 の 7 個の数字を用いて作られる 4 桁の整数のうち，5 でも 4 でも割り切れないものはいくつあるか。
ただし，同じ数字は何回用いてもよい。

例題 4

n 人を左から 1 列に並べるとき，並べ方の総数を求めよ。

[考え方] ◀ この問題の結果は頻繁に使うので，必ず覚えておくこと！

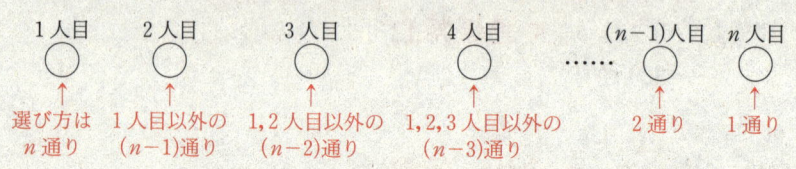

1人目	2人目	3人目	4人目	……	$(n-1)$人目	n人目
○	○	○	○	……	○	○

- 1人目：選び方は n 通り
- 2人目：1人目以外の $(n-1)$ 通り
- 3人目：1,2人目以外の $(n-2)$ 通り
- 4人目：1,2,3人目以外の $(n-3)$ 通り
- $(n-1)$人目：2 通り
- n人目：1 通り

[解答] $n \times (n-1) \times (n-2) \times \cdots \times 2 \times 1 = n!$ 通り ◀ 連続操作

Point 1.5 〈異なる n 個の順列〉

「異なる n 個のものを 順番を考えて 1 列に並べる」 ➡ $n!$ 通り

例題 5

男子 3 人，女子 4 人が 1 列に並ぶのに，女子 2 人が両端にくる場合は □ 通りで，女子 4 人が隣り合う場合は □ 通りである。

[前半の考え方]

4通り → 女$_1$ ○ ○ ○ ○ ○ 女$_2$ ← 3通り

5!（▶残りの5人を1列に並べる）

[前半の解答] $4 \times 3 \times 5! = 1440$ 通り ◀ 連続操作

場合の数の求め方　9

[後半の考え方]　まず，次の **Point** は常識にしておくこと！

┌─ **Point 1.6** 〈「隣り合う」の処理の仕方〉─────────┐
│「隣り合う」→ 隣り合うものを"1つの塊"とみなす！　　　│
└─────────────────────────────────────┘

㊛₁ ㊛₂ ㊛₃ ㊛₄　◀ 隣り合う女子を"1つの塊"とみなす！（Point1.6）
　└─ 女子の並べ方は 4! 通り ─┘　◀ Point1.5

女子の塊
　↓
㊛ ㊚₁ ㊚₂ ㊚₃
└─ "4人"の並べ方は 4! 通り ─┘　◀ Point1.5

[後半の解答]　$4! \times 4! = 576$ 通り　◀ 連続操作

┌─ 例題 6 ──────────────────────────┐
│　1から5までの番号が1つずつついたカード5枚を1列に並べると　│
│　□ 通りあり，これを円形に並べると □ 通りある。　　　　│
└─────────────────────────────────┘

[前半の解答]　$5!$ 通り（$=120$ 通り）　◀ Point1.5

[後半の考え方]

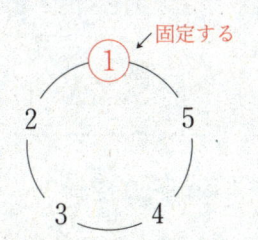

　　　　　　　　　　まず，単に5枚のカードを円形に並べてみると，
　　①←固定する　　[解説]（I）のように　◀ P.10を見よ！
　2　　5　　　　　円にするとダブリが存在してしまう。
　3　　4　　　　　そこで，左図のように1つを固定して，
　　　　　　　　　残りの4枚のカードの並べ方を考えてみると，
　　　　　　　　　[解説]（II）のように　◀ P.10を見よ！
　　　　　　　　　円にしてもダブリが存在しなくなる！

　　　　　　　　　つまり，円形に並べる問題では1を固定して
　　　　　　　　　残りの2, 3, 4, 5の並べ方を考えればいいので，
　　　　　　　　　$4!$ 通り が答えになる。　◀ 2,3,4,5の並べ方は 4! 通り

[解説]

(I) 1つを固定しないと，どうなるか。

1, 2, 3, 4, 5
2, 3, 4, 5, 1 ｝ 円にすると 一致する。

(II) 1つを固定すると，どうなるか。

2, 3, 4, 5 ⟶
3, 4, 5, 2 ⟶ ｝ 円にしても 一致しない！

以上の結果をまとめると次のようになる。

Point 1.7 〈円順列の解法の原則〉

円順列の問題（円形に並べる問題）では，1つを固定して考えよ。

Point 1.8 〈円順列の公式〉

「異なる n 個のものを円形に並べる」 ⟶ $(n-1)!$ 通り

[後半の解答]　$4!$ 通り　◀ Point 1.8

練習問題 4

両親と4人の子供が円形のテーブルに着くとき，両親が隣り合うような座り方は◯◯◯◯通りである。

例題7

立方体の6つの面に1から6までの数字を1つずつ書いて，サイコロのようなものを作る。異なるものは何通りできるか。
また，そのうち，相対する2つの面の数字の和が すべて 7 になっているものは何通りあるか。

[解答]
（前半）

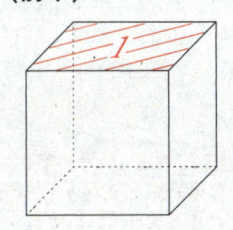

まず，上面を1に固定する。

▶1は必ずどこかになければならないので，考えやすくするために 1の場所を常に上面にして考える，ということ！

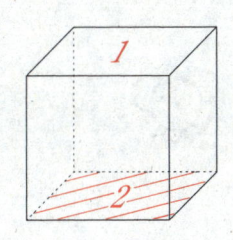

次に，下面を2にすると，自動的に側面は 3, 4, 5, 6 の4つになる。

◀とりあえず，下面が2の場合について考える

さらに，側面は3, 4, 5, 6の円順列であることを考え，

(4−1)!   ◀Point 1.8
= 3!
= 6通り ……①

▶上から見ると，

表(1)と裏(2)は区別があるので，ひっくり返すことはできない‼

◀下図を見よ！

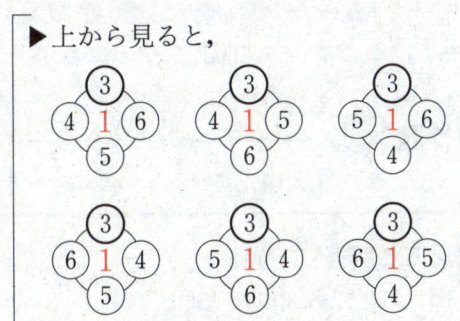

また，
|下面が3の場合| と |下面が4の場合| と |下面が5の場合| と
|下面が6の場合| も考えられるが，
それらはすべて |下面が2の場合| と同様に
<u>6通り</u> ……① であることが分かるので， ◀ 対等性から明らか！
サイコロの作り方は 全部で
　5×6　◀ 6+6+6+6+6
＝<u>30通り</u>

（後半）

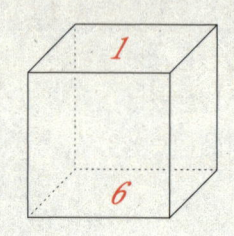

|上面を1に固定する| と，
下の面は6になる。 ◀「相対する2面の数字の和がすべて7になっているもの」だから！

上から見ると，

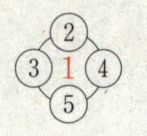

(2)   (2)
(3)(1)(4) と (4)(1)(3) の2つが題意を満たす。
(5)   (5)

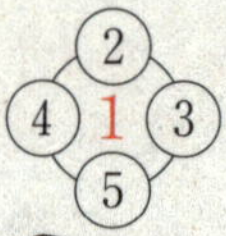

よって，<u>2通り</u>

さて，ここで次の **補題** をやってみよう。

―**補題**――――――――――――――――――――――
　5人から3人選んで1列に並べるとき，並べ方の総数を求めよ。
――――――――――――――――――――――――――

[考え方と解答]

　これはとても簡単だよね。
　次のように"連続操作"によって5人から3人を選べばいいよね。

場合の数の求め方　13

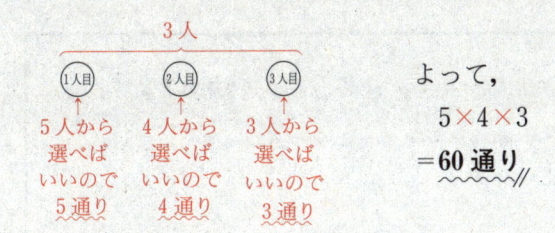

```
      3人
 ┌─────────────┐
 ①人目  ②人目  ③人目
5人から 4人から 3人から
選べば  選べば  選べば
いいので いいので いいので
5通り  4通り  3通り
```

よって，
$5 \times 4 \times 3$
$= 60$ 通り

この**補題**を踏まえて次の**例題8**をやってみよう。

─ 例題8 ─────────────────────────
n 人から r 人選んで1列に並べるとき，並べ方の総数を求めよ。
─────────────────────────────

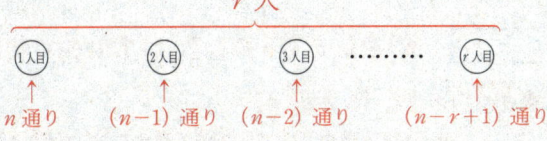

[考え方]
```
          r人
 ┌──────────────────────┐
 ①人目   ②人目   ③人目  ……  ⓡ人目
 $n$通り  $(n-1)$通り $(n-2)$通り   $(n-r+1)$通り
```

[解答]　$n \cdot (n-1) \cdot (n-2) \cdot \cdots \cdot (n-r+1)$ 通り　◀ 連続操作
　　　　　　　　　　＝
　　　　　　　　${}_n\mathrm{P}_r$ 通り　とも書く。

以上の結果を 公式としてまとめると 次のようになる。

取り出す順番を考え1列に並べるときの並べ方を「**順列**」という！

┌─ **Point 1.9**　〈順列の公式〉 ──────────────┐
│   │
│ 異なる n 個のものから r 個を取り出し，1列に並べるときの並べ方 │
│ (▶取り出した順に 左から1列に並べていけばよい！) は │
│ ${}_n\mathrm{P}_r = n(n-1)(n-2)\cdots(n-r+1)$ 通り ある。│
│ ただし，$r = 0, 1, 2, \ldots, n$ とし，   │
│ $r \neq 0, 1, 2, \ldots, n$ のときは ${}_n\mathrm{P}_r = 0$ とする。│
└────────────────────────────────┘

▶取り出す順番を考える!!　[**Point 1.11**(P.17) と比較せよ。]

例題9

男子7人と女子6人の会社で，会長，社長，部長を決める。
(1) 選び方の総数を求めよ。
(2) 会長が女子のときは社長が男子であるとするとき，選び方の総数を求めよ。

[解答]

(1) 1番目に選んだ人を会長にして，
   2   〃   社長にして，
   3   〃   部長にすると決める   と， ◀選ぶ順番を考える！

$_{13}P_3 = \underline{13 \cdot 12 \cdot 11} = \underline{\underline{1716}}$ 通り   ◀ Point 1.9
         3個の積

(2) (i) 会長が男子のとき   ◀「会長が男子のとき」は特に何の制約もない

$\begin{cases} 会長 \to {}_7P_1 & ◀ 男子7人から1人を選ぶ \\ 社長, 部長 \to {}_{12}P_2 & ◀ 会長以外の12人から順番を考えて2人を選ぶ \end{cases}$

∴ ${}_7P_1 \times {}_{12}P_2$ 通り ……①   ◀連続操作

(ii) 会長が女子のとき

$\begin{cases} 会長 \to {}_6P_1 & ◀ 女子6人から1人を選ぶ \\ 社長 \to {}_7P_1 & ◀「会長が女子のとき」は社長は必ず男子である！ \\ 部長 \to {}_{11}P_1 & ◀ 会長, 社長以外の11人から1人を選ぶ \end{cases}$

∴ ${}_6P_1 \times {}_7P_1 \times {}_{11}P_1$ 通り ……②   ◀連続操作

以上より
(i) or (ii) を考え，   ◀ ①+②

${}_7P_1 \times {}_{12}P_2 + {}_6P_1 \times {}_7P_1 \times {}_{11}P_1 = \underline{\underline{1386}}$ 通り   ◀ $\begin{cases} {}_7P_1 = 7 \\ {}_{12}P_2 = 12 \cdot 11 \\ {}_6P_1 = 6 \\ {}_{11}P_1 = 11 \end{cases}$

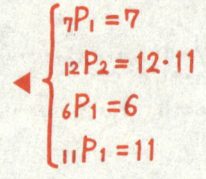

(注)
(2)の問題文は「女子が必ず会長になる」とは言っていない！
「(会長になるのは男子 or 女子の2通りが考えられるが) 女子が会長になる場合は…」という女子が会長になる場合の条件を言っているだけである。

── 例題10 ──

男子4人と女子3人を1列に並べるとき，
(1) 女子3人が隣り合うようにするのは何通りあるか。
(2) 女子が隣り合わないようにするのは何通りあるか。
(3) 女子が両端に来ないようにするのは何通りあるか。

[解答]

(1) ㊛₁ ㊛₂ ㊛₃ ←女子の並べ方は **3!** 通り ……①

㊛ ㊚₁ ㊚₂ ㊚₃ ㊚₄
女子の塊　並べ方は **5!** 通り ……②

①かつ②より　◀ 連続操作

$3! \times 5! = \underline{720}$ 通り

[考え方と解答]

(2) まず，"隣り合わない"という条件が出てくる問題では，次の **Point** のように考えるのは"常識"にしておくこと！

Point 1.10 〈「隣り合わない」の処理の仕方〉

「Aの集団が隣り合わない」
　　↓
「A以外のものを1列に並べて その間にAを入れていく」と考える！

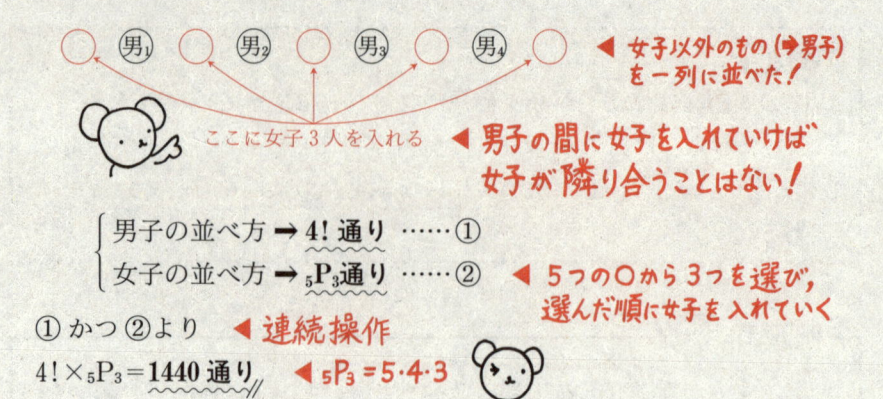

○ (男₁) ○ (男₂) ○ (男₃) ○ (男₄) ○   ◀ 女子以外のもの(→男子)を一列に並べた！

ここに女子3人を入れる   ◀ 男子の間に女子を入れていけば女子が隣り合うことはない！

{ 男子の並べ方 → **4!** 通り ……①
　女子の並べ方 → $_5P_3$ 通り ……②   ◀ 5つの○から3つを選び、選んだ順に女子を入れていく

①かつ②より   ◀ 連続操作

$4! \times _5P_3 = 1440$ 通り   ◀ $_5P_3 = 5 \cdot 4 \cdot 3$

[解答]

(3) ┌──────────────┐
     │ 女子が両端に来ない │
     │   ＝   │
     │ 男子が両端に来る │
     └──────────────┘

ここに男子を入れる → $_4P_2$ 通り … ①   ◀ 男子4人から順番を考えて2人を選ぶ

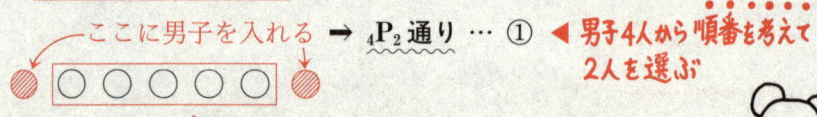

● ○ ○ ○ ○ ○ ●

残りの5人を1列に並べる → $5!$ 通り …②

よって、①かつ②より   ◀ 連続操作

$_4P_2 \times 5! = 1440$ 通り   ◀ $_4P_2 = 4 \cdot 3$

練習問題5

　男子4人，女子2人の計6人を1列に並べ，両側が男子であるようにする。
(1)　並べ方は全部で何通りあるか。
(2)　特に女子は隣り合わないようにすると何通りあるか。
(3)　(2)の場合，さらに特定の男女1組は隣り合わないようにすると何通りあるか。

例題 11

n 人から r 人を選ぶとき，選び方の総数を求めよ。
（r 人を選ぶだけで1列には並べない！）

[考え方]

$\boxed{n \text{人から} r \text{人を選んで1列に並べる}}$ ……①　◀ 例題8

$\parallel$

$\boxed{n \text{人から} r \text{人を選ぶ}}$ そして $\boxed{\text{その} r \text{人を1列に並べる}}$ ……②　▲ 連続操作

$\begin{cases} ① \to {}_nP_r & \blacktriangleleft \text{Point 1.9} \\ ② \to \boxed{n \text{人から} r \text{人を選ぶ}} \times r! & \blacktriangleleft \text{連続操作} \end{cases}$

①＝② より

${}_nP_r = \boxed{n \text{人から} r \text{人を選ぶ}} \times r!$

∴ $\boxed{n \text{人から} r \text{人を選ぶ}} = \dfrac{{}_nP_r}{r!}$ 通り

$\parallel$

${}_nC_r$ 通り とも書く。

以上の結果を 公式としてまとめると 次のようになる。

Point 1.11 〈組合せの公式〉

異なる n 個のものから r 個を取り出すときの取り出し方は

$${}_nC_r = \dfrac{n(n-1)(n-2)\cdots(n-r+1)}{r!} \text{ 通りある。}$$

ただし，$r = 0, 1, 2, \cdots, n$ とし，

$r \neq 0, 1, 2, \cdots, n$ のときは ${}_nC_r = 0$ とする。

▶ 取り出す順番は考えない!! [**Point 1.9** (P.13) と比較せよ。]

[解答] ${}_nC_r$ 通り

例題12

(1) 相異なる9冊の本から6冊を取り出して 左右1列に並べる方法は ［(ア)］ 通りあり，単に6冊を取り出す方法は ［(イ)］ 通りある。

(2) 1から6までの6個の数字から3個を取って 左から1列に並べるとき，小さい方から並べると何通りあるか。

[考え方]

(1) (ア) 取り出して1列に並べるので，$_nP_r$ を使えばよい。

　　(イ) 取り出すだけで1列に並べないので，$_nC_r$ を使えばよい。

(2) 例えば 3と5と1 が取り出されたとしよう。◀ 取り出し方は $_6C_3$ 通り
このとき "小さい方から並べる" 場合の並べ方は ［1, 3, 5］ の1通りだけである。つまり，この問題では，並べ方は常に1通りなので，僕らは単に6個の数字から（順番を考えずに）3個を取り出せばよい！

[解答]

(1) (ア) $_9P_6 = 60480$ 通り　◀ $_9P_6 = 9 \cdot 8 \cdot 7 \cdot 6 \cdot 5 \cdot 4$

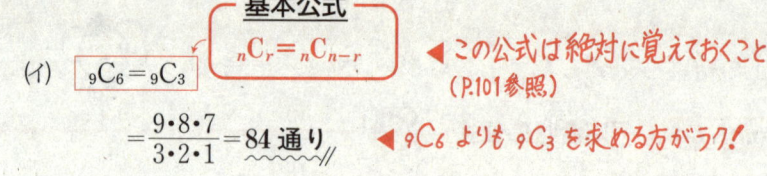

基本公式
$$_nC_r = {}_nC_{n-r}$$
◀ この公式は絶対に覚えておくこと！（P.101参照）

　　(イ) $_9C_6 = {}_9C_3$

$= \dfrac{9 \cdot 8 \cdot 7}{3 \cdot 2 \cdot 1} = 84$ 通り　◀ $_9C_6$ よりも $_9C_3$ を求める方がラク！

(2) $_6C_3 = 20$ 通り　◀ 単に6個の数字から順番を考えずに3個を取り出せばよい！

▶ 3個の数字があれば自動的に小さい方から順に
（1通りの方法で）一列に並べることができるので，
いちいち取り出す順番を考える必要はない！

例題13

15人を次のような人数の3つのグループに分ける方法は 何通りか。

(1) 6人，5人，4人

(2) (i) A組5人，B組5人，C組5人

　　(ii) 5人，5人，5人

[考え方]

(1) まず，6人のグループのメンバーを選ぶ
→ $_{15}C_6$ 通り …… ①　◀ 15人から6人を選ぶ

次に，5人のグループのメンバーを選ぶ
→ $_9C_5$ 通り …… ②　◀ 残りの9人から5人を選ぶ

最後に，4人のグループのメンバーを選ぶ
→ $_4C_4$ 通り …… ③　◀ 残りの4人から4人を選ぶ

①かつ②かつ③より　◀ 連続操作
$_{15}C_6 \times {}_9C_5 \times {}_4C_4$ 通り

[解答]

(1) $_{15}C_6 \times {}_9C_5 \times {}_4C_4 = 630630$ 通り

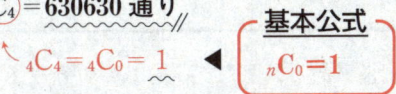

$_4C_4 = {}_4C_0 = 1$　◀ 基本公式 $_nC_0 = 1$

(2) (i) 5人ずつを選んだ順に A組，B組，C組にふり分ける と，
$_{15}C_5 \times {}_{10}C_5 \times {}_5C_5 = 756756$ 通り
　　　⇑　　⇑　　⇑
　　　A組　B組　C組

[考え方]

(2) (ii) (1)では "6人の組，5人の組，4人の組" のように
3つの組の区別がついていて，
(i)でも "A組，B組，C組" のように
3つの組の区別がついていた。

しかし，(ii)では3つの組の区別がついていない！

一般に，組の区別がついていないと直接求めることは困難なので，
(i)の結果をうまく使って求めることにしよう。

20　Section 1

$$\boxed{5人，5人，5人をA組，B組，C組にふり分ける} \quad ←(\text{i})の問題$$
$$\|$$
$$\boxed{5人，5人，5人を選ぶ} \text{ そして } \boxed{A組，B組，C組にふり分ける}$$
　　　↖(ii)の問題　　　　　　　　　　↖3!　　　▲連続操作

よって，$\boxed{(\text{ii})の問題} \times 3! = \boxed{(\text{i})の問題}$

∴ $\boxed{(\text{ii})の問題} = \dfrac{756756}{3!}$ ◀(i)の答えは756756通り

以上の結果を公式としてまとめると次のようになる。

Point 1.12 〈組にふり分ける問題〉

　組にふり分ける問題で，区別のない組が存在する場合は次のように考えればよい。 ◀下の《注》を見よ

┌─ **Step 1** ─────────────────┐
│　すべての組に区別がある，として組にふり分ける。　　│
└──────────────────────┘

┌─ **Step 2** ─────────────────┐
│　Step 1 の結果を (区別のない組の個数)! で割る。　　│
└──────────────────────┘

《注》

Point 1.12 はあくまで
"どの組にも少なくとも1人が入る問題"にだけ使える公式である！
つまり，"どの組にも少なくとも1人が入る問題"ではない
場合は，◀入試ではほとんど出ない！
Point 1.12 のような"うまい解法"が存在しないので，その場合は
1つ1つを地道に求めていくしかないのである。

[解答]

(2) (ii) $\dfrac{756756}{3!} = \underline{126126 \text{通り}}$　◀Point 1.12

例題 14

6人を3つの組に分けたい。その際，どの組にも少なくとも1人は入るとし，組には区別がないとすると，分け方は何通りあるか。

[考え方]

6人を3つの組にイッキに分けるのは大変そうなので，次のように分けて考えよう。

STEP1

"3つの組"の人数を決める。
(問題文より，どの組にも少なくとも1人は入ることに注意せよ！)

Step 1 より次の3通りの場合が得られる。

$$\begin{cases} 1人，1人，4人 \text{ の } 3\text{つの組} \\ 1人，2人，3人 \text{ の } 3\text{つの組} \\ 2人，2人，2人 \text{ の } 3\text{つの組} \end{cases}$$

STEP2

"6人の誰がどの組に入るのか"を決める。

[1人，1人，4人の場合]

"3つの組に区別がある"とする と， ◀ Point 1.12 (Step 1)

$_6C_1 \times _5C_1 \times _4C_4$ ……ⓐ

↑　　　↑　　　↑
6人から　残り5人　残り4人
1人を選ぶ　から1人　から4人
　　　　を選ぶ　を選ぶ

しかし 実際は

1人と1人の組の区別はないので $2!$ で割る と， ◀ Point 1.12 (Step 2)

$_6C_1 \times _5C_1 \times _4C_4 \div 2!$ 通り ◀ ⓐ÷2!

同様に，2人，2人，2人の場合 についても，
"3つの組に区別がある"とする と， ◀ Point 1.12 (Step 1)

$${}_6C_2 \times {}_4C_2 \times {}_2C_2 \quad \cdots\cdots ⓑ$$

↑　　　↑　　　↑
6人から　残り4人　残り2人
2人を選ぶ　から2人　から2人
　　　を選ぶ　を選ぶ

しかし 実際は
2人と2人と2人の組の区別はないので 3! で割る と， ◀ Point 1.12 (Step 2)

$${}_6C_2 \times {}_4C_2 \times {}_2C_2 \div 3! \text{ 通り}$$ ◀ ⓑ÷3!

ちなみに，1人，2人，3人の場合 については，
もともと"3つの組に区別がある"ので，**Point 1.12** は 必要にならない。

[解答]

$$\begin{cases} 1人，1人，4人 \Rightarrow {}_6C_1 \cdot {}_5C_1 \cdot {}_4C_4 \div 2! \quad \cdots\cdots ① & \blacktriangleleft \text{区別のない組が2つある} \\ 1人，2人，3人 \Rightarrow {}_6C_1 \cdot {}_5C_2 \cdot {}_3C_3 \quad \cdots\cdots ② & \\ 2人，2人，2人 \Rightarrow {}_6C_2 \cdot {}_4C_2 \cdot {}_2C_2 \div 3! \quad \cdots\cdots ③ & \blacktriangleleft \text{区別のない組が3つある} \end{cases}$$

↳組の区別がある場合

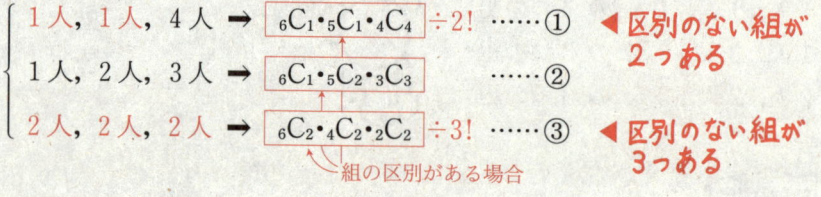

①＋②＋③ より ◀ ① or ② or ③

90 通り

練習問題 6

1から5までの番号のついた箱がある。それぞれの箱に，赤，白，青の玉のうちどれか1個を入れるとき，入れ方は全部で何通りあるか。ただし，どの色の玉も少なくとも1個は入れるものとする。

例題 15

$1, 2, 3, \cdots, n\ (n \geq 3)$ の各数字を1つずつ記入した n 枚のカードがある。これらを A，B，C の3つの箱に分けて入れる。
(1) 空の箱があってもよいものとすると，分け方は何通りあるか。
(2) どれか1つの箱だけが空になる分け方は何通りあるか。
(3) 空の箱があってはならないとすると，分け方は何通りあるか。

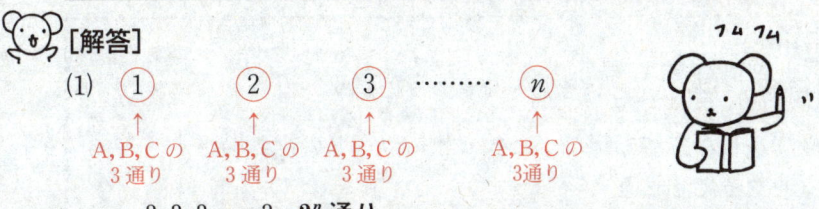

[解答]

(1) ① ② ③ ……… ⓝ
   ↑ ↑ ↑   ↑
  A,B,Cの A,B,Cの A,B,Cの A,B,Cの
  3通り 3通り 3通り   3通り

$\underbrace{3 \cdot 3 \cdot 3 \cdots \cdots 3}_{n 個} = 3^n$ 通り

(2) まず，\boxed{A だけが空になる場合} について考える。

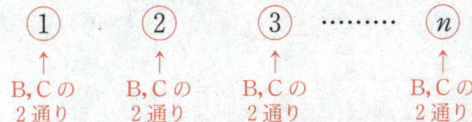

   ① ② ③ ……… ⓝ
   ↑ ↑ ↑   ↑
  B,Cの B,Cの B,Cの B,Cの
  2通り 2通り 2通り 2通り

$1 \sim n$ のカードが B or C に入る場合は 2^n 通りあるが，
これは \boxed{B も空になる場合} と \boxed{C も空になる場合} を含んでいる。
　　　　　　　　1通り（◀ 全部 C に入る）　1通り（◀ 全部 B に入る）

よって，\boxed{A だけが空になる場合} は，
$(2^n - 2)$ 通り ある。

同様に，
　　\boxed{B だけが空になる場合} と \boxed{C だけが空になる場合} もあるので，
　　　　　$(2^n - 2)$ 通り　　　　　$(2^n - 2)$ 通り

どれか1つの箱だけが空になる場合は ◀ A だけが空 or B だけが空 or C だけが空
$3(2^n - 2)$ 通り　◀ $(2^n - 2) + (2^n - 2) + (2^n - 2)$

[考え方] ◀(1)と(2)の結果をうまく使って求める！

(3) n 枚のカードを3つの箱に分けるとき，その分け方は"空の箱があってもよい"とすると次の3通りが考えられるよね。

> Case 1；空の箱がない ◀すべての3つの箱にカードがある
> Case 2；空の箱が1つある ◀2つの箱にカードがある
> Case 3；空の箱が2つある ◀1つの箱だけにカードがある

(注)
空の箱が3つある，ということはありえない！
▶3つの箱がすべて空だったら n 枚のカードの行き場がなくなってしまう！

よって，

(n 枚のカードを3つの箱に分けるとき，空の箱があってもよい場合)
=(空の箱がない場合) ◀Case1 ←(3)の問題
+(1つの箱だけが空の場合) ◀Case2 ←(2)で求めた！
+(2つの箱が空の場合) ◀Case3
　　　　　　　　　　　　　　　　　　　　↖(1)で求めた！

が得られる‼ ◀(3)の(空の箱がない場合)は直接求めようとするとかなり面倒くさい。しかし，この関係に着目すれば(1)と(2)のような"簡単な問題"を解くだけで簡単に求めることができてしまうのである！

[解答]

(3) (空の箱がない場合)
= (空の箱があってもよい場合) − (1つの箱だけが空の場合)
　　　↖3^n 通り ◀(1)　　　　　↖$3(2^n-2)$ 通り ◀(2)
　− (2つの箱が空の場合) ←これはすべてのカードが
　　　↖3通り　　　　　　Aだけに入っている場合と ◀1通り
　　　　　　　　　　　　Bだけに入っている場合と ◀1通り
　　　　　　　　　　　　Cだけに入っている場合 ◀1通り
　　　　　　　　　　　　の3通り

$= 3^n - 3(2^n - 2) - 3$
$= 3^n - 3\cdot 2^n + 3$ 通り //

場合の数の求め方　25

練習問題 7

n 人を3つの部屋に分けるとき，どの部屋にも少なくとも1人は入る分け方は何通りあるか。ただし，部屋には区別がないものとする。

例題 16

黄色のカードが6枚，赤色のカードが6枚，青色のカードが6枚ある。同じ色の6枚のカードには，それぞれ1から6までの数字が書かれている。これら18枚のカードから続けて5枚を抜き取り，これらのカードを左から並べる。

(1) 5枚のカードがすべて黄色である順列は何通りできるか。
(2) 3枚のカードが青色で，残りの2枚のカードが赤色である順列は何通りできるか。
(3) 5枚のカードの数字の合計が7である順列は何通りできるか。
(4) 5枚のカードの中の3枚が同じ数字で，残りの2枚も同じ数字である順列は何通りできるか。

[解答]

(1)　1枚目 ➡ 6通り　◀ 黄色の6枚から1枚選ぶ
　　2枚目 ➡ 5通り　◀ 残りの黄色の5枚から1枚選ぶ
　　3枚目 ➡ 4通り　◀ 残りの黄色の4枚から1枚選ぶ
　　4枚目 ➡ 3通り　◀ 残りの黄色の3枚から1枚選ぶ
　　5枚目 ➡ 2通り　◀ 残りの黄色の2枚から1枚選ぶ

∴ $6 \cdot 5 \cdot 4 \cdot 3 \cdot 2 = 720$ 通り

（$_6P_5$ と同じ）

[考え方]

(2) $_6P_3 \cdot _6P_2$ が答えだと思う人が多いけど，これは間違い！

　　青だけの　　赤だけの
　　3つの並べ方　2つの並べ方

だって，$_6P_3 \cdot _6P_2$ は
"青と赤の個々の並べ方"を考えているだけで，
"青と赤の全体での並べ方"について考えていないでしょ！

[解答]

(2) $\boxed{{}_6C_3 \cdot {}_6C_2} \times \boxed{5!} = \underline{\underline{36000 \text{ 通り}}}$

　　とりあえず5枚選ぶ　　選んだ5枚を1列に並べる

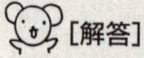

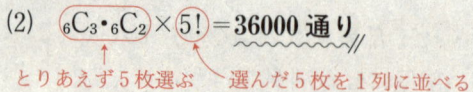

(3) $\boxed{\text{数字の合計が } 7 \rightarrow 1 \text{ が } 3 \text{ 枚}, 2 \text{ が } 2 \text{ 枚}}$

$\begin{cases} 1 \text{ を } 3 \text{ 枚選ぶ} \rightarrow \underline{1 \text{ 通り}} & \blacktriangleleft 3枚から3枚を選ぶ \rightarrow {}_3C_3=1 \\ 2 \text{ を } 2 \text{ 枚選ぶ} \rightarrow \underline{{}_3C_2 = 3 \text{ 通り}} & \blacktriangleleft 3枚から2枚を選ぶ \end{cases}$

$\boxed{1 \cdot 3} \times \boxed{5!} = \underline{\underline{360 \text{ 通り}}}$

　とりあえず　　選んだ5枚を1列に並べる
　5枚選ぶ

(4) $\boxed{(3) は (4) の 1 つの例}$ なので、　◀ (3)では、1 を $\boxed{3枚のもの}$ にして

$\boxed{{}_6P_2} \times 360 = \underline{\underline{10800 \text{ 通り}}}$　　　　2 を $\boxed{2枚のもの}$ にしている

　　　↑
　　　(3)

6つの数字から $\boxed{3枚のもの}$ と $\boxed{2枚のもの}$ の2つを"取り出す順番を考えて"選ぶ。

▶ 6つの数字から最初に選んだものを $\boxed{3枚のもの}$ にして、
　次に選んだものを $\boxed{2枚のもの}$ にする。

練習問題 8

右図において，四角形は全部で
いくつあるか。

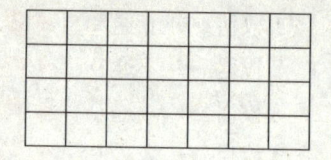

練習問題 9

平面上に 11 個の相異なる点がある。このとき，2 点ずつを結んで
できる直線が全部で 48 本であるとする。

(1) 与えられた 11 個の点のうち 3 個以上の点を含む直線は何本あるか。
また，その各々の直線上に何個の点が並ぶか。

(2) 与えられた 11 個の点から 3 点を選び三角形を作ると，全部で何個
できるか。

練習問題 10

数直線上の整数点 $x=1, 2, 3, \cdots, n$ に，合計 n 個の黒または白の石を1つずつ，黒石どうしは隣り合わないように置く。黒石を3個使う置き方は何通りあるか。ただし，$n \geq 5$ とする。

練習問題 11

$x_1, x_2, \cdots, x_n$ $(n \geq 3)$ は ± 1，± 2 の4通りの値をとることができるとき，$x_1 x_2 \cdot \cdots \cdot x_n = 8$ を満たす $(x_1, x_2, \cdots, x_n)$ の解は何通りあるか。

例題 17

SHIBAURAの8文字から3文字を選ぶ組合せの数は何個あるか。

[考え方]

まず，この問題では，
Aのダブリがあるので $_nC_r$ の公式は使えないよね。だけど，もしもAがなければ（他はすべて異なる文字なので），$_nC_r$ の公式が使えるよね。
そこで，$_nC_r$ の公式が使えるように，Aについて場合分けをしてA以外の文字について考えよう！

[解答]

(i) Aを2つ選ぶとき

　$_6C_1$ 通り　◀ A以外の異なる6つから残りの1つを選ぶ

(ii) Aを1つ選ぶとき

　$_6C_2$ 通り　◀ A以外の異なる6つから残りの2つを選ぶ

(iii) Aを選ばないとき

　$_6C_3$ 通り　◀ A以外の異なる6つから残りの3つを選ぶ

よって,
$_6C_1 + {}_6C_2 + {}_6C_3 = \underline{\underline{41 \text{ 通り}}}$ ◀ (i) or (ii) or (iii)

(注)
(ii)と(iii)の場合分けをせずに イッキに $_7C_3$ 通りとしてもよい。
▶ (i)以外の場合についてはAが2つ必要ない ◀ Aを2つ選ぶことはないので！
ので，Aを1つ除いた7文字から3文字を選ぶ
組合せを考えてもよいから！

例題 18

a が3個，b が2個の計5個を1列に並べるとき，並べ方の総数を求めよ。

[考え方] ◀ 参考までに (▶ P.29 の [Comment] を見よ！)

すべての文字が異なるとする。

| 異なる5つの文字を1列に並べる | ← 5!
= | a と b をそれぞれ 同じものとみなして1列に並べる | ← 例題18
× | a と b のそれぞれの並べ方を考える | ◀ 連続操作
　　　　　　　　　　　　　　　　　　　　↳ 3!×2!

を考え，

| a と b をそれぞれ 同じものとみなして1列に並べる | ときの並べ方は

$\dfrac{5!}{3! \times 2!}$ 通り

これを一般化すると次のようになる。

Point 1.15 〈同じものを含むものを1列に並べるときの並べ方〉

Aが a 個，Bが b 個，Cが c 個，…… の計 n 個を1列に並べるときの並べ方は

$\dfrac{n!}{a! \, b! \, c! \cdots}$ 通り　($n = a + b + c + \cdots$)

[Comment]
　この問題は多少考えにくいし，実際の入試でも この問題の考え方は必要にならないので，よく分からない人は この **Point 1.15** を覚えるだけで十分です。

[解答]
$$\frac{5!}{3! \times 2!} = 10 \text{ 通り}$$

── 例題 19 ──
(1)　6個の赤い玉と5個の青い玉がある。これらを横1列に並べる並べ方の総数は？
(2)　(1)の並べ方のうち，左右対称になるものの総数は？
(3)　(1)の並べ方のうち，ある並べ方を180°回転させると他の並べ方に重なるとき，それらは同じ並べ方であるとみなすことにする。このとき，並べ方の総数は？

[解答]
(1)　$\dfrac{11!}{6!5!} = 462$ 通り　◀ **Point 1.15**

[考え方]
(2)　○○○○○ ● ○○○○○
　　　赤3, 青2　青　赤3, 青2

▲左右対称にするためには 中央を青にして，
　左側に 赤3個, 青2個を並べ，
　それと左右対称に，右側に 赤3個, 青2個を並べればよい。
↓
　つまり，
　左側を並べれば，右側は自動的に決まるので，　◀左右対称にすればよい！
　僕らは 左側の並べ方だけを考えればよい！

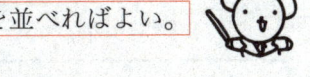

[解答]

(2) $\dfrac{5!}{3!2!} = 10$ 通り ◀ 左側の赤3個, 青2個の並べ方だけを考えればよい！

[考え方]

(3) ほとんどの場合は Pair が存在する。◀（左右対称ではなく）180°回転させると一致するもの

しかし, Pair が存在しないもの もある。
↓
左右対称なもの！ ◀ ○●○●○ （5つの場合）

[解答]

(3) $\dfrac{\text{Pair が存在するもの}}{2} + \text{Pair が存在しないもの}$ ◀ (3)では, 1組のPairを1個と考えるので, Pairが存在するものは半分になる！

$= \dfrac{462-10}{2} + 10$ ◀ $\dfrac{(1)-(2)}{2} + (2)$

$= 236$ 通り

(注) (1)では ●●●●●●/●●●●●● は ◀ 180°回転させると一致する！

2通りであるが,

(3)では "1組のPair" として 1通りとみなされてしまう！

例題20

正六角形を, 中心を通る対角線を引いて6個の正三角形に分ける。これを5種の色を全部用いて塗り分けるとき, その仕方は何通りか。ただし, 表だけに色を塗り, 回転して重なるものは同じ塗り方とする。また, 辺を共有する三角形には違う色を塗るものとする。

[解答]

色を ①, ②, ③, ④, ⑤ とすると,

塗る場所が6か所あるので, 2度使う色が1つだけある。

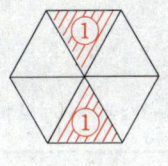

2度使う色が①の場合

この場合は，左の2通りが考えられる。

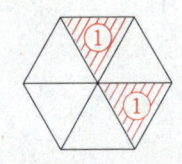

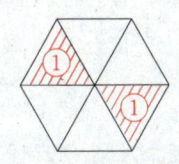

Case 1　**Case 2**

(注)
左図のように，他の場合は，回転させると Case 1, 2 と一致する。

Case 1 の場合は，残り4つの正三角形を②，③，④，⑤の4色で塗ればいいので，**4! 通り** ……ⓐ が考えられる。

Case 2 の場合も，ⓐと同様に，**4! 通り** が考えられるが，この場合はすべて，

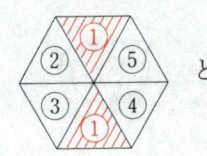

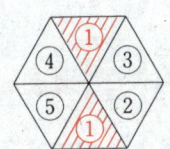

と のように，180°回転させると一致する Pair が存在するので，

$\dfrac{4!}{2}$ **通り** ……ⓑ

ⓐ or ⓑ より，

(2度使う色が①の場合) $= 4! + \dfrac{4!}{2}$ ◀ Point 1.4

　　　　　　　　　　$= 24 + 12 =$ **36 通り** ……(*)

また，同様に ②，③，④，⑤を2度使う場合 も考えられるので，(*) より，

$5 \times 36 =$ **180 通り** ◀ ①を2度使う or ②を2度使う or ③を2度使う or ④を2度使う or ⑤を2度使う
（それぞれ 36 通り）

例題 21

KINDAI の 6 文字について，
(1) 異なる並べ方は何通りあるか。
(2) 少なくとも 2 個の母音が隣り合う並べ方は何通りあるか。

[解答]

(1) $\dfrac{6!}{2!} = 360$ 通り ◀ Point 1.15

　　↑ I が 2 つあるので

[考え方]

(2) まず，次の **Point** は常識にしておくこと！

Point 1.16 〈「少なくとも」の処理の仕方〉

「少なくとも」が出てきたら "余事象" を考えよ！

▶(全部の並べ方)＝(少なくとも 2 個の母音が隣り合う並べ方)
　　　　　　　＋(母音が隣り合わない並べ方) ……(*)

[解答]

(2) (母音が隣り合わない並べ方) を求める。 ◀ Point 1.16

母音以外の K，N，D を 1 列に並べるときの並べ方は
$3!$ 通り …… ①

　　□ K □ N □ D □ ◀ Point 1.10

4 つの □ から 2 つを選んで，その 2 つに I を入れるのは
$_4C_2$ 通り …… ②

残り 2 つの □ の 1 つに A を入れるのは
2 通り …… ③　　　　　　　　　　　◀《注》を見よ

① かつ ② かつ ③ より， ◀ 連続操作
(母音が隣り合わない並べ方) ＝ $3! \cdot {}_4C_2 \cdot 2 = 72$ 通り

よって，(1)より
(少なくとも2個の母音が隣り合う並べ方) ＝ 360 − 72　◀ (*)より
　　　　　　　　　　　　　　　　　　　 ＝ **288 通り**

> (注)
> 異なる3つの文字を □ に入れるのであればイッキに $_4P_3$ 通りだと分かり，同じ3つの文字を □ に入れるのであればイッキに $_4C_3$ 通りだと分かるのだが，この問題では2つが同じ文字で1つが別の文字なのですぐに公式を使って求めることはできない！

─ 例題22 ─────────────────────
EQUATION のすべての文字を使って順列を作る。このとき，次のようなものはそれぞれ何通りあるか。
(1)　E，N が両端にあるもの
(2)　Q，A が隣り合っていないもの
(3)　T，I，O，N の順がこのままのもの
─────────────────────────────

[解答]
(1)　「E，N が両端にある」場合は
$$\begin{cases} \text{E}\ \boxed{}\ \text{N} \\ \text{N}\ \boxed{}\ \text{E} \end{cases}$$ の **2 通り** ……①

　　Q，U，A，T，I，O を $\boxed{}$ に並べるのは **6! 通り** ……②　◀ Point 1.5

　　①かつ②より，　◀ 連続操作
　　$2 \times 6! = \mathbf{1440\ 通り}$

(2)　Q，A 以外のものを並べる ➡ **6! 通り** ……③
　　□ E □ U □ T □ I □ O □ N □
　　Q，A を □ に入れる ➡ $_7P_2$ **通り** ……④　◀ Point 1.10

③ かつ ④ より， ◀連続操作
$6! \times {}_7P_2 = \underline{30240 \text{ 通り}}$

[考え方]
(3) まず，E, Q, U, A と "4つの ●" を1列に並べると ◀T, I, O, N のかわりに ●, ●, ●, ● を考える！

```
● U ● ● A E ● Q
E ● A ● ● Q ● U
```
のようなものが得られる。

これらの並べ方は $\dfrac{8!}{4!}$ 通り ……ⓐ ◀Point 1.15

並べ終わったら，● に左から順に T, I, O, N を入れていくと，

```
T U I ● A E N Q    ◀T, I, O, N の順になっている!!
E T A I ● Q N U    ◀T, I, O, N の順になっている!!
```

が得られる！

T, I, O, N の並べ方は **1通り** ……ⓑ なので，

ⓐ かつ ⓑ より， ◀連続操作

$\dfrac{8!}{4!} \times 1 = \dfrac{8!}{4!}$ が答えになる。

[解答]

(3) E, Q, U, A, ●, ●, ●, ● を1列に並べて，その後 ● に左から順に T, I, O, N を入れる と考えると，

$\dfrac{8!}{4!} = \underline{1680 \text{ 通り}}$

練習問題 12

YOKOHAMA という語の全部の文字を用いて作る順列のうちで，子音 Y, K, H, M がこの順にあるものは何通りあるか。

練習問題 13

ADDRESS という語の7文字を全部並べて作られる順列において，母音が両端にきて，かつ同じ文字が隣り合わない順列の数は何個あるか。

例題 23

HOKKAIDO の8文字から7文字を取り出して1列に並べる方法は全部で何通りあるか。

[考え方]

HOKKAIDO は K と O が2個ずつあるので，$_nP_r$ の公式は使えないよね。えっ，なぜかって？
だって，$_nP_r$ は
「異なる n 個のものから r 個を取り出し，1列に並べるときの並べ方」
だから，"ダブリ"がある問題では使えないでしょ！
そこで，
"特殊な K と O"に着目して，取り出さない1つの文字について 場合分けをすることによって，うまく公式が使える形を導こう！

[解答]

(i) 取り出さない文字が O のとき

残りの H, K, K, A, I, D, O の並べ方

→ $\dfrac{7!}{2!}$ 通り　◀K が2つある

(ii) 取り出さない文字が K のとき

(i)と同じで，$\dfrac{7!}{2!}$ 通り　◀O が2つある

(iii) 取り出さない文字が O, K 以外のとき

取り出さない文字は4通り……① 考えられる。　◀H or A or I or D

残りの7文字の並べ方 → $\dfrac{7!}{2!2!}$ 通り……②　◀O と K が2つずつある

①かつ②より, ◀取り出さない文字を1つ選んで,
$4 \times \dfrac{7!}{2!2!}$ 通り　　　それ以外の7文字を1列に並べる(連続操作)

以上より, ◀(i) or (ii) or (iii)
$\dfrac{7!}{2!} + \dfrac{7!}{2!} + 4 \times \dfrac{7!}{2!2!} = \underline{\underline{10080 \text{ 通り}}}$

[別解] ◀参考までに (分からなければ無理に分からなくてもいいです)

とりあえず, 8文字を並べる → $\dfrac{8!}{2!2!}$ 通り　　◀OとKが2つずつある

Ⓗ O K K A I D O
Ⓞ H K K A I D O　　次に, 初めの1文字を取り去る と,
Ⓚ O A K I H O D　　求める7文字を1列に並べる順列が得られる。
　　　　　　　　　　つまり,　　　　　　　　(注)を見よ

8文字から7文字を取り出して1列に並べることは
8文字を1列に並べることと同じこと　なので,

$\dfrac{8!}{2!2!} = \underline{\underline{10080 \text{ 通り}}}$

(注) 2文字以上を取り去る場合は, このように上手くはいかない。

── 例題 24 ────────────────────────

リンゴが10個ある。これを両親と子供1人の計3人で分けるとき,
1個ももらわない人がいてもよいとするなら, 分配の仕方は
何通りあるか。

[考え方]

リンゴ10個を3人で分けるためには 次のように,
リンゴ10個を2つの▮(仕切り)を使って3つに分ければよい!

○○▮○○○○▮○○○○　◀ 父が2個
㊗　　　㊡　　　㊢　　　　母が4個
　　　　　　　　　　　　　子が4個

▮▮○○○○○○○○○○　◀子供が10個の場合

| ○○○○○○○○○○ | ◀ 母が10個の場合

[解答]

10個のりんごと2つの | (仕切り) の並べ方について考えればよい。

よって，$\dfrac{12!}{10!2!} = 66$ 通り ◀ Point 1.15

── 例題 25 ──────────────────────
$x+y+z=10$, $x \geqq 0$, $y \geqq 0$, $z \geqq 0$ に適する整数解は何組あるか。
─────────────────────────────

[考え方]

この問題は次の **Point** のように考えれば，例題 24 の "リンゴと仕切りの問題" と全く同じ問題だと分かる！

┌─ Point 1.17 〈リンゴと仕切りの問題〉 ──────────┐

リンゴが A 個あり，これを両親と子供1人で分ける。
(1個ももらわない人がいてもよいとする。)

父親，母親，子供のリンゴの個数をそれぞれ x, y, z とおくと

$\begin{cases} x+y+z=A & ◀ 3人のリンゴの合計は A 個 \\ x \geqq 0 & ◀ 父親のリンゴの個数は 0 以上 \\ y \geqq 0 & ◀ 母親のリンゴの個数は 0 以上 \\ z \geqq 0 & ◀ 子供のリンゴの個数は 0 以上 \end{cases}$

が得られる。

よって，
$x+y+z=A$, $x \geqq 0$, $y \geqq 0$, $z \geqq 0$ を満たす整数 (x, y, z) の組の個数は，A 個のリンゴと2つの仕切りの並べ方について考えればよい！

└──────────────────────────────┘

[解答]

(例題 24 と同じで) **66 通り**

練習問題 14

赤玉6個と白玉4個を，異なる3つの箱に入れる方法は何通りあるか。ただし，空箱があってもよいものとする。

練習問題 15

3つの箱に玉を分けるとき，次の(1)～(4)の場合，分け方は何通りあるか。ただし，玉を入れない箱があってもよい。
(1) 赤い玉が5個で，箱を区別する場合
(2) 赤い玉が5個で，箱を区別しない場合
(3) 赤い玉が5個と白い玉が2個で，箱を区別する場合
(4) 赤い玉が5個と白い玉が2個で，箱を区別しない場合

例題 26

リンゴが10個ある。これを両親と子供1人の計3人で分けるとき，どの人も少なくとも1個はもらうものとするなら，分配の仕方は何通りあるか。

[解答]

父親，母親，子供のリンゴの個数をそれぞれ x, y, z とおくと
$x+y+z=10$, $x>0$, $y>0$, $z>0$ が得られる。

以下，次の **例題 27** と同じ。

例題 27

$x+y+z=10$, $x>0$, $y>0$, $z>0$ に適する整数解は何組あるか。

[考え方]

まず，x と y と z は整数なので，

$x>0,\ y>0,\ z>0$ は
$x\geqq 1,\ y\geqq 1,\ z\geqq 1$ のように書き直すことができる よね。 ◀《注》を見よ

さらに，
$x+y+z=10,\ x\geqq 1,\ y\geqq 1,\ z\geqq 1$ を満たす $(x,\ y,\ z)$ の組は次の **Point** のように考えると，これまでのような "リンゴと仕切りの問題" として解くことができる！

Point 1.18 〈Point 1.17 の応用例〉

$x+y+z=A,\ x\geqq 1,\ y\geqq 1,\ z\geqq 1$ ……(∗)

を満たす整数 $(x,\ y,\ z)$ の組を考えるのは面倒くさいので，(∗) を

$(x-1)+(y-1)+(z-1)=A-3,$
$(x-1)\geqq 0,\ (y-1)\geqq 0,\ (z-1)\geqq 0$ ◀1を左辺に移項して
$\geqq 0$ の形をつくった！

のように変形して

$x-1=a,\ y-1=b,\ z-1=c$ とおけ！

すると，$a+b+c=A-3,\ a\geqq 0,\ b\geqq 0,\ c\geqq 0$ が得られるので，
リンゴと｜(仕切り)の問題(**Point 1.17**)として考えることができる！！

[解答]

$x+y+z=10,\ x>0,\ y>0,\ z>0$

⇔ $x+y+z=10,\ x\geqq 1,\ y\geqq 1,\ z\geqq 1$ ◀《注》を見よ

⇔ $x+y+z=10,\ x-1\geqq 0,\ y-1\geqq 0,\ z-1\geqq 0$ ◀1を移項して
$\geqq 0$ の形をつくった！

⇔ $(x-1)+(y-1)+(z-1)=7,$
$(x-1)\geqq 0,\ (y-1)\geqq 0,\ (z-1)\geqq 0$

ここで，

$x-1=a,\ y-1=b,\ z-1=c$ とおく と， ◀Point 1.18

$a+b+c=7,\ a\geqq 0,\ b\geqq 0,\ c\geqq 0$　◀ 例題25と同じ形！

○○｜○○○｜○○　◀ 7個のリンゴと2つの▮の並べ方
　a　　b　　c　　　について考えればよい！

∴ $\dfrac{9!}{7!2!}=36$ 通り　◀ Point 1.15

(注) x は整数なので $x>0 \Rightarrow x\geqq 1$ がいえる！（y と z も同様）

0 より大きい整数は 1 以上の整数である！

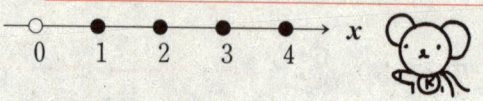

練習問題 16

(1) $x+y+z=15$ の正の整数解は何通りあるか。
(2) (1)のうちで $x=y$ となる解は何通りあるか。
(3) (1)のうちで $x>y$ となる解は何通りあるか。

例題 28

$a+b+c\leqq 20$ を満たす自然数 (a, b, c) の組は何通りあるか。

[解答]

$a+b+c\leqq 20,\ a\geqq 1,\ b\geqq 1,\ c\geqq 1$
$\Leftrightarrow a+b+c+d=20,\ a\geqq 1,\ b\geqq 1,\ c\geqq 1,\ d\geqq 0$

◀ 不等式だと考えにくいので、$d(\geqq 0)$ を導入して等式に変えた！ [《注》を見よ]

$a-1=A,\ b-1=B,\ c-1=C,\ d=D$ とおくと，　◀ Point 1.18
$A+B+C+D=17,\ A\geqq 0,\ B\geqq 0,\ C\geqq 0,\ D\geqq 0$

∴ $\dfrac{20!}{17!3!}=1140$ 通り　◀ 17個のリンゴと3つの▮の並べ方！

↑ 17個のリンゴを A, B, C, D の4つに分けるので
仕切りが3つ必要になる

(注)
　当たり前のことだけど，$A \leqq B$ という式は「A が B より小さい(or 等しい)」ということを意味しているんだよね。

　そこで，B と比べて A が足りない分 $x(\geqq 0)$ を A に加えてやると $A \leqq B \Leftrightarrow A + x = B$ のように等式が得られる！

練習問題 17

　n を 0 以上の整数とし，$\dfrac{x}{2} + y + z \leqq n$, $x \geqq 0$, $y \geqq 0$, $z \geqq 0$ を満たす整数 x, y, z の組 (x, y, z) の個数を求めよ。

例題 29

　右図のような道路があるとき，A から B への最短の道順は全部で何通りあるか。ただし，X 印の所は通れないものとする。

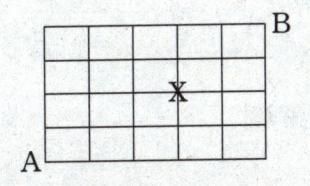

[考え方]
　このような "最短の道順" に関する問題では次の公式が重要になる。

Point 1.19 〈最短経路の公式〉

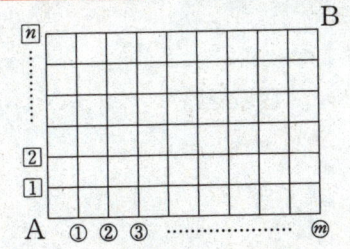

A→B の最短経路は
$\dfrac{(m+n)!}{m! \, n!}$ 通り

Ex. ～タテが3でヨコが5の場合～

AからBに最短経路で行くときの道順は、例えば下図のようなものがあるよね。

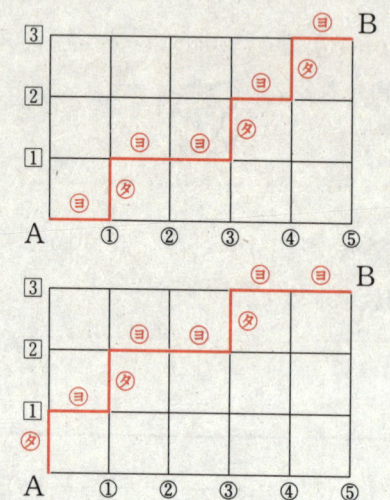

要は、タテに3進んでヨコに5進めばいいので、"夕の3個"と"ヨの5個"の並べ方を考えればいいよね。

よって、

AからBに最短経路で行くには
$\begin{cases} 夕 \to 3個 \\ ヨ \to 5個 \end{cases}$ であればいい ので、

$\dfrac{8!}{3!5!}$ 通り ◀ Point 1.15

[解答]

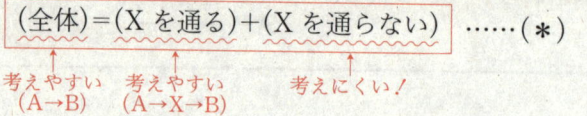

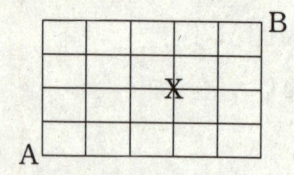

(全体) = (Xを通る) + (Xを通らない) ……(*)

考えやすい (A→B)　考えやすい (A→X→B)　考えにくい！

◀ このように余事象を考えると Point 1.19 だけを使って解ける！

$\begin{cases} (A \to B の最短経路) = \dfrac{9!}{4!5!} = \underline{126 通り} \cdots\cdots ① \quad ◀ Point 1.19 \\ (A \to X \to B の最短経路) = \underbrace{\dfrac{5!}{3!2!}}_{A \to X} \times \underbrace{\dfrac{4!}{2!2!}}_{X \to B} = \underline{60 通り} \cdots\cdots ② \quad ◀ Point 1.19 \end{cases}$

よって、(*)を考え、

(Xを通らない最短経路)
= 126 − 60　◀ ①−②
= **66 通り**

練習問題 18

右図において，AからBへの最短経路は何通りあるか。ただし，X印の所は通れないものとする。

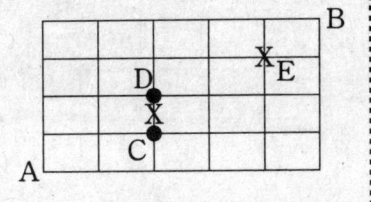

練習問題 19

右図において，AからBへの最短経路は次の各場合，何通りあるか。
(1) Cを通って行く場合
(2) Dを通らないで行く場合
(3) Cを通り，Dを通らないで行く場合

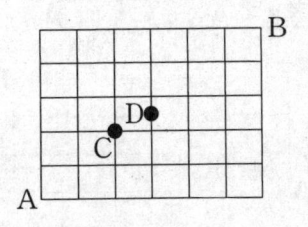

例題 30

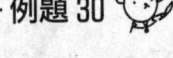

右図において，AからBへの最短経路は何通りあるか。

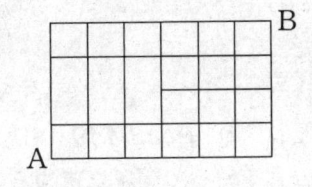

[考え方]

まず，この **例題 30** については，これまでの問題と違って"抜けている道"があるから考えにくいよね。
そこで，次の **Point** が重要になる。

Point 1.20 〈最短経路の特性〉

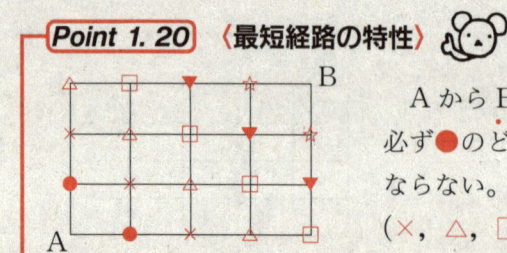

A から B へ最短経路で行くためには必ず●のどれか1点だけを通らなければならない。 ◀1つの対角線上の点に着目する！
(×, △, □, ▼, ☆についても同様)

この **Point** を使って，［図1］の"A から B への最短経路"について考えてみよう。

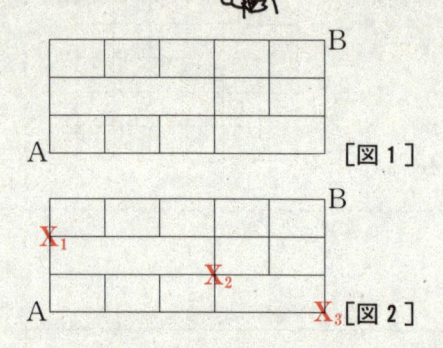

まず，A→B のどの最短経路も必ず［図2］の X_1 か X_2 か X_3 のどれか1点だけを通るよね。
そこで，
A→X_1→B, A→X_2→B, A→X_3→B という"3つの場合"について考えればいいよね。

えっ，なんでこのような場合分けをするのかって？
だって，
A→X_1→B, A→X_2→B, A→X_3→B のように考えればそれぞれ **Point 1.19** が使える形になるので， ◀それぞれ"抜けている道"が存在しなくなる！
公式を使って簡単に求めることができるでしょ！

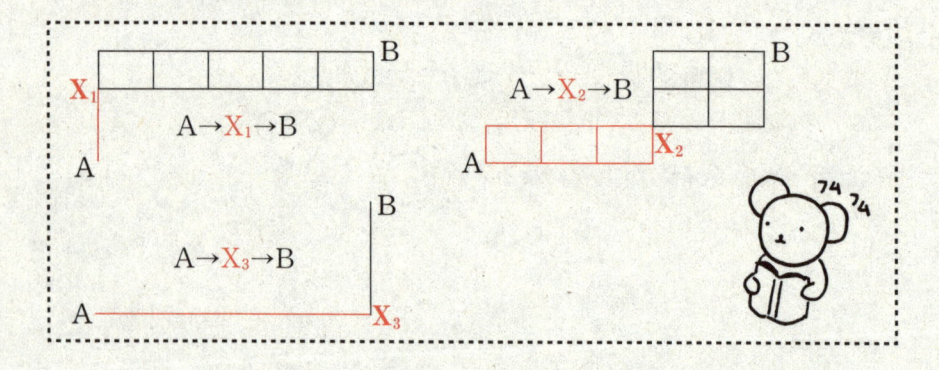

A→X_1→B

A→X_2→B

A→X_3→B

よって，**Point 1.19** より，

$1 \times \dfrac{6!}{5!1!}$ ◀ A→X₁→B

$+ \dfrac{4!}{3!1!} \times \dfrac{4!}{2!2!}$ ◀ A→X₂→B

$+ 1 \times 1$ ◀ A→X₃→B

$= \underline{\underline{31 \text{ 通り}}}$

さて，以上のことを踏まえて，実際に **例題30** を解いてごらん。

[解答]

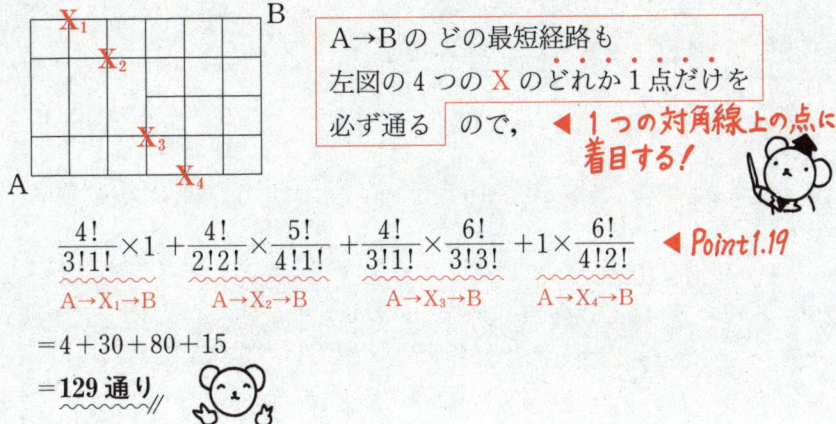

A→B のどの最短経路も 左図の4つの X のどれか1点だけを 必ず通る ので， ◀ 1つの対角線上の点に着目する！

$\dfrac{4!}{3!1!} \times 1 + \dfrac{4!}{2!2!} \times \dfrac{5!}{4!1!} + \dfrac{4!}{3!1!} \times \dfrac{6!}{3!3!} + 1 \times \dfrac{6!}{4!2!}$ ◀ Point 1.19

(A→X₁→B) (A→X₂→B) (A→X₃→B) (A→X₄→B)

$= 4 + 30 + 80 + 15$

$= \underline{\underline{129 \text{ 通り}}}$

(注)

例えば X を下図のように設定してしまうと，
A→X₃→B を考えるとき "抜けている道" が出てくるため，[解答] のように **Point 1.19** を使って簡単に求めることができなくなってしまう！

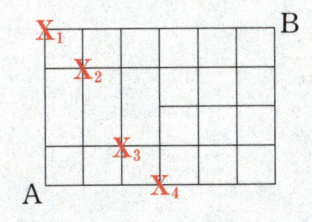

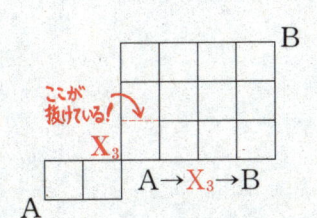

ここが抜けている！
A→X₃→B

<メモ>

Section 2　確率の求め方

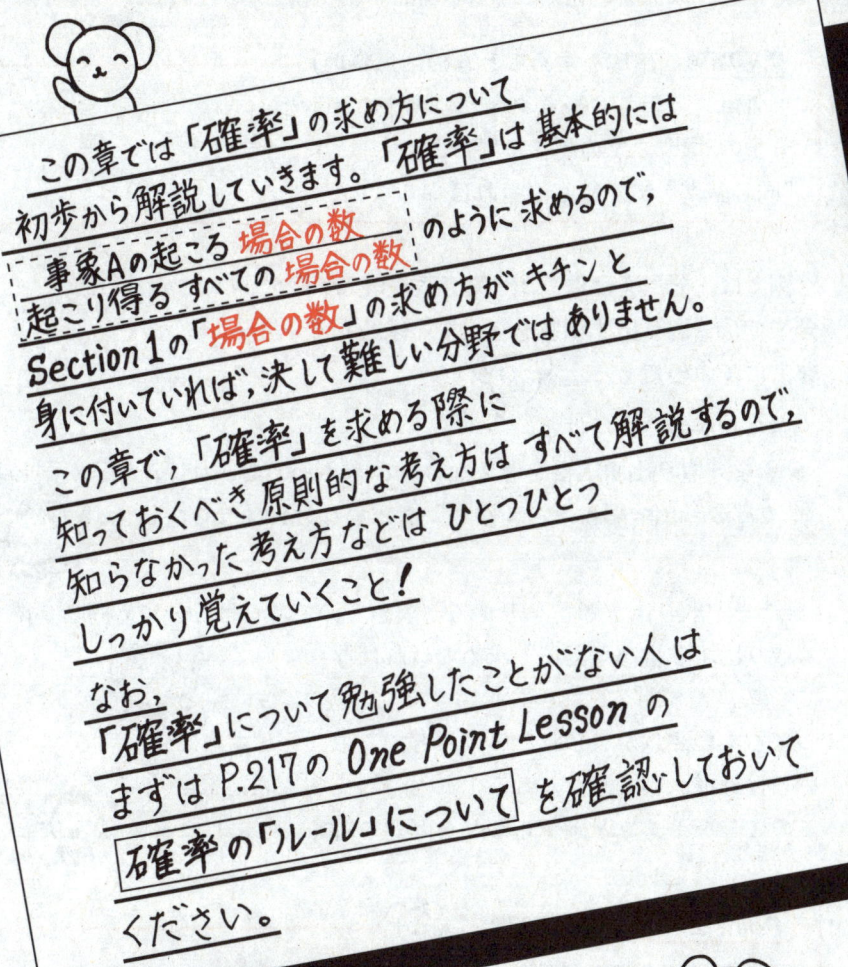

この章では「確率」の求め方について初歩から解説していきます。「確率」は基本的には $\dfrac{\text{事象Aの起こる 場合の数}}{\text{起こり得る すべての 場合の数}}$ のように求めるので，Section1の「場合の数」の求め方がキチンと身に付いていれば，決して難しい分野ではありません。この章で，「確率」を求める際に知っておくべき原則的な考え方はすべて解説するので，知らなかった考え方などはひとつひとつしっかり覚えていくこと！

なお，「確率」について勉強したことがない人はまずはP.217の One Point Lesson の 確率の「ルール」について を確認しておいてください。

まず，確率の定義は $P(A) = \dfrac{\text{事象 A の起こる場合の数}}{\text{起こり得るすべての場合の数}}$ なので，要は **Section 1** の"場合の数"さえ分かってしまえば ほとんど勉強するものはないのである。

ただし，次のことは 絶対に気を付けなければならない。

―― **重要事項**（確率を求めるときの注意事項）――
　分母の「起こり得るすべての場合の数」と
分子の「事象 A の起こる場合の数」は
"同じ基準"で計算しなければならない！

例えば，分母を"取り出す順番を考えない"で求めているのに，分子では"取り出す順番を考えて"求めたりする人が非常に多いのである。

当たり前のことだけど，

分母を"取り出す順番を考えない"で求めるのであれば，分子も同じ基準で"取り出す順番を考えない"で求めなければならない！

同様に，

分母を"取り出す順番を考えて"求めるのであれば，分子も同じ基準で"取り出す順番を考えて"求めなければならない！

つまらない注意かもしれないけれど，このことが本当に分かっていなければ，いろんなところでつまずくことになるのでこのことをキチンと確認しながら問題を解くようにしよう！

―― **Point 2.1** 〈確率の定義〉――
　事象 A の起こる確率を $P(A)$ とおくと，
$$P(A) = \dfrac{\text{事象 A の起こる場合の数}}{\text{起こり得るすべての場合の数}}$$

例題31

重さの異なる4個の玉が入っている袋から玉を1つ取り出し，もとに戻さずにもう1つ取り出したところ，2番目の玉のほうが重かった。2番目の玉が4個の玉の中で最も重い確率を求めよ。

[解答]

重さの異なる4個の玉を $a,\ b,\ c,\ d\ (a<b<c<d)$ とおく。

1番目の玉より2番目の玉のほうが重いのは，

(1番目の玉, 2番目の玉)$= (a,\ b),\ (a,\ c),\ (a,\ d)$
$(b,\ c),\ (b,\ d),\ (c,\ d)$

の **6通り** ……① が考えられる。

この中で2番目の玉が d である場合は **3通り** ……② である。 ◀上を見よ

よって，①，②より

$\dfrac{3}{6} = \dfrac{1}{2}$ ◀ Point 2.1

例題32

千代田富士雄君は某大学の A，B，C 3学部に併願している。彼がそれぞれの学部に合格する確率は順に $\dfrac{2}{5},\ \dfrac{3}{7},\ \dfrac{1}{2}$ である。このとき，

(1) 少なくとも1つの学部に合格する確率を求めよ。
(2) ちょうど1つの学部に合格する確率を求めよ。

[考え方]

まず，確率は $\dfrac{\text{場合の数}}{\text{場合の数}}$ と書けるので，Section 1 の

Point 1.2(▶「連続操作」は掛け算！) がそのまま使える！

また，

Point 2.1 からも分かるように，◀ 分子が"起こり得るすべての場合の数"のとき！
(全体の確率)＝1 がいえるのは 常識にしておくこと！

[解答]

(1) まず，

(全体)＝(少なくとも1つ受かる)＋(すべて落ちる) ……(*)

がいえる。ここで，

(すべて落ちる確率)$=\left(1-\dfrac{2}{5}\right)\left(1-\dfrac{3}{7}\right)\left(1-\dfrac{1}{2}\right)$ ◀連続操作

　　　　　　　　　　Aに落ちる　Bに落ちる　Cに落ちる

$\qquad\qquad\qquad=\dfrac{6}{35}$ を考え，◀ $\dfrac{3}{5}\cdot\dfrac{4}{7}\cdot\dfrac{1}{2}$

▲Point 1.16

(*) より，

(少なくとも1つ受かる確率)$=1-\dfrac{6}{35}$

$\qquad\qquad\qquad\qquad\quad=\dfrac{29}{35}$

(2) (1つだけ合格する)
　＝(Aだけ合格する) or (Bだけ合格する) or (Cだけ合格する) より

(1つだけ合格する確率)

$=\dfrac{2}{5}\left(1-\dfrac{3}{7}\right)\left(1-\dfrac{1}{2}\right)$ ◀Aだけに合格する確率

　Aに合格する　Bに落ちる　Cに落ちる

$\quad+\dfrac{3}{7}\left(1-\dfrac{2}{5}\right)\left(1-\dfrac{1}{2}\right)$ ◀Bだけに合格する確率

$\quad+\dfrac{1}{2}\left(1-\dfrac{2}{5}\right)\left(1-\dfrac{3}{7}\right)$ ◀Cだけに合格する確率

$=\dfrac{8}{70}+\dfrac{9}{70}+\dfrac{12}{70}$

$=\dfrac{29}{70}$

例題 33

袋の中に赤球が4個，白球が6個，黒球が5個入っている。この袋から2個の球を取り出すのに，次の2通りの仕方を考える。それぞれの場合について，取り出した2個の球の色が異なる確率を求めよ。
(1) 最初に1個を取り出し，袋に返してから2個目を取り出す場合
(2) 最初に1個を取り出し，袋に返さないで2個目を取り出す場合

[解答]

(1) （1個目の球の色，2個目の球の色）とする とき，題意を満たすものは次の6通りが考えらえる。

赤球は15個のうち4個ある
白球は15個のうち6個ある

(赤, 白) or (白, 赤) → $\dfrac{4}{15} \cdot \dfrac{6}{15} + \dfrac{6}{15} \cdot \dfrac{4}{15}$ ◀ 球の合計は常に15個なので分母は常に15である!!

$= \dfrac{4}{15} \cdot \dfrac{6}{15} \times 2$ ……①

(黒, 白) or (白, 黒) → $\dfrac{5}{15} \cdot \dfrac{6}{15} \times 2$ ……②

(赤, 黒) or (黒, 赤) → $\dfrac{4}{15} \cdot \dfrac{5}{15} \times 2$ ……③

赤 4
白 6
黒 5

①＋②＋③ ◀ ① or ② or ③ より

$= \left(\dfrac{24}{225} + \dfrac{30}{225} + \dfrac{20}{225} \right) \times 2 = \dfrac{148}{225}$

(2)
[解Ⅰ] (取り出す順番を考える) ◀ 順列で考える

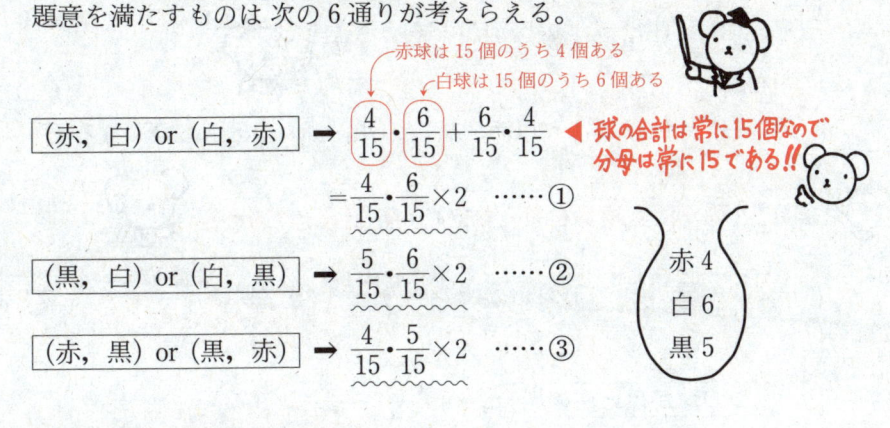

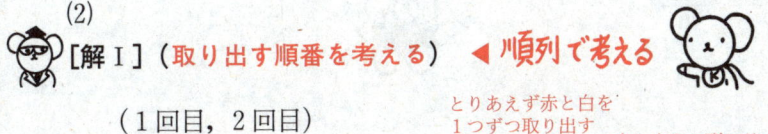

（1回目, 2回目）

(赤, 白) or (白, 赤) → $\dfrac{{}_4C_1 \cdot {}_6C_1 \times 2!}{{}_{15}P_2}$ ……④

とりあえず赤と白を1つずつ取り出す
赤と白を1列に並べる
15個の球から順番を考えて2個取り出す

$$\boxed{(黒,白) \text{ or } (白,黒)} \Rightarrow \frac{{}_5C_1 \cdot {}_6C_1 \times 2!}{{}_{15}P_2} \quad \cdots\cdots ⑤$$

$$\boxed{(赤,黒) \text{ or } (黒,赤)} \Rightarrow \frac{{}_4C_1 \cdot {}_5C_1 \times 2!}{{}_{15}P_2} \quad \cdots\cdots ⑥$$

④+⑤+⑥ ◀ ④ or ⑤ or ⑥ より

$$= \frac{(24+30+20) \times 2}{15 \cdot 14} = \frac{74}{105}$$ ◀ $\frac{4 \cdot 6 \times 2}{15 \cdot 14} + \frac{5 \cdot 6 \times 2}{15 \cdot 14} + \frac{4 \cdot 5 \times 2}{15 \cdot 14}$

[解Ⅱの考え方]

組合せで考えると 取り出す順番を考えなくて済むので
(赤, 白) と (白, 赤) の区別がなくなる！

同様に
(黒, 白) と (白, 黒) や (赤, 黒) と (黒, 赤) の区別もなくなる。

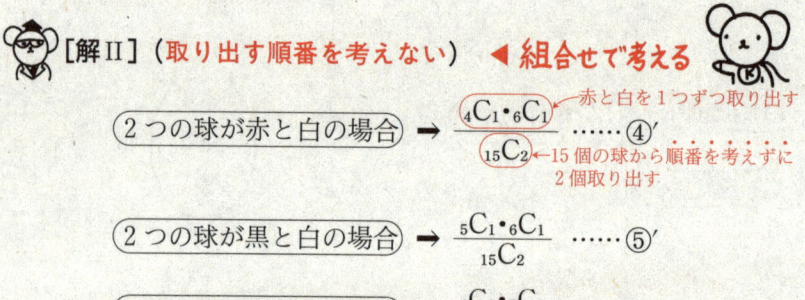

[解Ⅱ] (取り出す順番を考えない) ◀ 組合せで考える

$$\boxed{2\text{つの球が赤と白の場合}} \Rightarrow \frac{\boxed{{}_4C_1 \cdot {}_6C_1}}{\boxed{{}_{15}C_2}} \quad \cdots\cdots ④'$$

← 赤と白を1つずつ取り出す
← 15個の球から順番を考えずに2個取り出す

$$\boxed{2\text{つの球が黒と白の場合}} \Rightarrow \frac{{}_5C_1 \cdot {}_6C_1}{{}_{15}C_2} \quad \cdots\cdots ⑤'$$

$$\boxed{2\text{つの球が赤と黒の場合}} \Rightarrow \frac{{}_4C_1 \cdot {}_5C_1}{{}_{15}C_2} \quad \cdots\cdots ⑥'$$

④'+⑤'+⑥' ◀ ④' or ⑤' or ⑥' より

$$= \frac{24+30+20}{105} = \frac{74}{105}$$

練習問題 20

2つの袋 A, B がある。A には赤球 4 個と白球 6 個が，B には赤球 3 個と白球 7 個が入っている。
(1) A から球を 3 個取り出すとき，赤球を 2 個以上取り出す確率を求めよ。
(2) A, B それぞれから球を 3 個ずつ取り出すとき，A, B のうち少なくとも一方から赤球を 2 個以上取り出す確率を求めよ。

練習問題 21

1 から 9 までの中から無作為に 3 種類の数字を選び 3 桁の数を作るとき，その数が次の場合である確率を求めよ。
(1) 2 の倍数である場合
(2) 3 の倍数である場合

例題 34

(1) 大，小 2 個のサイコロを振るとき，出た目の和が 3 の倍数となる確率は $\dfrac{1}{\boxed{}}$ である。
(2) 2 つのサイコロを同時に 4 回振って，そのうち目の和が 9 となることがちょうど 2 回起こる確率は $\dfrac{\boxed{}}{2187}$ である。

[解答]

(1) 大，小2つのサイコロの目の組合せは
$$6 \cdot 6 = \underline{36 \text{ 通り}} \cdots\cdots ①$$

◀この表は サイコロの問題では 頻出なので，覚えて すぐに 書けるようにしておくこと!!

2つのサイコロの目の和	2	3	4	5	6	7	8	9	10	11	12
場合の数	1	2	3	4	5	6	5	4	3	2	1

(1,1) (1,2)(2,1) (1,3)(2,2)(3,1) (5,6)(6,5) (6,6)

また，上の表から，2つのサイコロの目の和が3の倍数になるのは
$$2+5+4+1 = \underline{12 \text{ 通り}} \cdots\cdots ②$$
◀(3の倍数)= 3 or 6 or 9 or 12

よって，①，②より，
$$\frac{12}{36} = \underline{\frac{1}{3}} /\!/$$

(2) 「2つのサイコロの目の和が9になる」確率 p は
$$p = \frac{4}{36} = \frac{1}{9}$$
◀表を見よ

よって，4回のうち2回だけサイコロの目の和が9になる確率は
$${}_4C_2 \cdot p^2 (1-p)^2 = \underline{\frac{128}{2187}} /\!/$$
◀ $\frac{4 \cdot 3}{2!} \left(\frac{1}{9}\right)^2 \left(1-\frac{1}{9}\right)^2$

「和が9になる」ことが2回起こる
「和が9にならない」ことが2回起こる

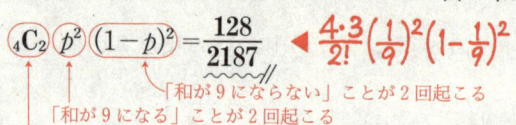

「和が9になる場合」を p，「和が9にならない場合」を q とおくと
p と q の並べ方は 次の6通りが考えられる。

　　$ppqq$
　　$pqpq$
　　$pqqp$
　　$qppq$
　　$qpqp$
　　$qqpp$

このように実際に書き出さなくても，
「4回のうちの2回を選び，そこに p を入れ 残りの2回を q にする」と考えると，並べ方は ${}_4C_2$ 通りだと分かる！

$\left[\text{または，} \dfrac{4!}{2!2!} \text{でもよい。} \right]$

◀2つの p と 2つの q を 1列に並べるときの並べ方 を考えてもよい！

確率の求め方　55

以上の結果を公式としてまとめると次のようになる。

Point 2.3 〈反復試行の確率〉

事象 A が起こる確率が常に p（一定）のとき，
n 回のうち，k 回だけ A が起こる確率は　◀ 残りの $n-k$ 回は A が起こらない
$${}_n C_k \, p^k (1-p)^{n-k}$$

― 例題 35 ―

1枚の硬貨を続けて投げる。表の出た回数が 4 または裏の出た回数が 4 になったところで投げるのをやめる。このとき，
(1) 4回投げてもやめにならないで，5回投げてやめることになる確率を求めよ。
(2) 5回投げてもやめることにならない確率を求めよ。

[解答]
(1) 1枚のコインを投げたとき，
"表の出る確率"と"裏の出る確率"はそれぞれ $\dfrac{1}{2}$ である。

(表の回数, 裏の回数) とおく と，
4回投げてもやめにならないで，5回投げてやめることになる場合は次の2通りが考えられる。

$$\begin{cases} \boxed{(3,\,1)\text{ の次に表}} \to {}_4C_3\left(\dfrac{1}{2}\right)^3\left(\dfrac{1}{2}\right)^1 \times \left(\dfrac{1}{2}\right) \cdots\cdots ① & \blacktriangleleft \text{Point 2.3} \\ \text{or} & \\ \boxed{(1,\,3)\text{ の次に裏}} \to {}_4C_1\left(\dfrac{1}{2}\right)^1\left(\dfrac{1}{2}\right)^3 \times \left(\dfrac{1}{2}\right) \cdots\cdots ② & \blacktriangleleft \text{Point 2.3} \end{cases}$$

（表が出る／(3, 1) になる／裏が出る／(3, 1) になる）

よって，
　①＋② より，$\dfrac{1}{4}$ //

(2) 5回投げてもやめることにならない場合は次の2通りが考えられる。

$$\begin{cases} \boxed{(3,\ 2)} \to {}_5C_3\left(\frac{1}{2}\right)^3\left(\frac{1}{2}\right)^2 \cdots\cdots ③ \\ \text{or} \\ \boxed{(2,\ 3)} \to {}_5C_2\left(\frac{1}{2}\right)^3\left(\frac{1}{2}\right)^2 \cdots\cdots ④ \end{cases}$ ◀ Point 2.3

◀ Point 2.3

よって,

③+④ より, $\underline{\dfrac{5}{8}}$ //

練習問題 22

右の図のような格子がある。コインを投げ,表が出たら上に1つ,裏が出たら右に1つ動かすとき,
(1) Aを出発点とし,5回コインを投げたとき,動いた点がBにくる確率を求めよ。
(2) Aを出発点とし,10回コインを投げたとき,動いた点がCにくる確率を求めよ。(ただし,動けるところがないときは,点を動かさないで,1回投げたこととし,全部で10回投げることにする。)

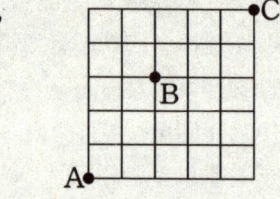

練習問題 23

横3マス,縦3マスの9個の正方形で作られた道路がある。Aから出発してBに向かう人と,Bから出発してAに向かう人が,途中で出会う確率を(1),(2)の各場合について求めよ。ただし,2人は同時に出発して 歩速は等しいものとする。そして,ともに最短距離で進むものとする。また,右または上に行けないときは 行ける方向のみ進む。BからAに行く人についても同様とする。
(1) AからBに行く人が,各交差点で右に行くか 上に行くかを等確率で選んで行くとき。
(2) 出発前に各人が20通りの道順の1つを等確率で選ぶとき。

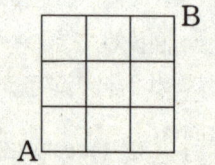

確率の求め方　57

例題 36

甲, 乙の2人があるゲームをするとき, 甲の勝つ確率は $\frac{1}{4}$,
乙の勝つ確率は $\frac{1}{4}$, 引き分けの確率は $\frac{1}{2}$ であるとする。
(1) 5回のゲームのうち, 甲が1勝, 乙が2勝となる確率は ☐ である。
(2) 5回のゲームのうち, 甲が2勝する確率は ☐ である。
ただし, 引き分けの場合もゲーム数に数えるものとする。

[考え方]
(1) ゲームを5回して
「甲が1勝、乙が2勝する」ということは、
「残りの2回は引き分け」ということだよね。

[解答]
(1) 甲, 乙が勝つ場合をそれぞれ 甲, 乙とする。

　　甲, 乙, 乙, 引, 引 の順番に起こる確率　◀ とりあえず"代表"として
　　　　　　　　　　　　　　　　　　　　　　　この場合を考える！
→ $\frac{1}{4} \cdot \left(\frac{1}{4}\right)^2 \cdot \left(\frac{1}{2}\right)^2$ ……①

　　甲, 乙, 乙, 引, 引 の並べ方　◀ "全体"の並べ方を考える！

→ $\frac{5!}{2!2!}$ 通り ……② ◀ 乙と引が2つずつある

よって, ①と②より,

$\frac{5!}{2!2!} \times \frac{1}{4}\left(\frac{1}{4}\right)^2\left(\frac{1}{2}\right)^2$ ◀ ①が $\frac{5!}{2!2!}$ 通り……②ある！

$= \frac{15}{128}$

[考え方]

(2) ゲームを5回して「甲が2勝する」ということは,「残り3回は"甲が勝たない"」ということだよね。
"甲が勝たない確率"は「余事象」を使えば簡単に求められるよね!

[解答]

(2) 甲が2勝する確率は

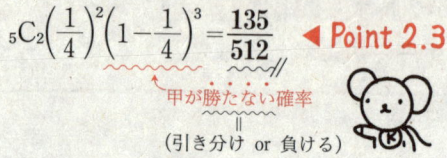

$${}_5C_2\left(\frac{1}{4}\right)^2\left(1-\frac{1}{4}\right)^3 = \frac{135}{512}$$ ◀ Point 2.3

甲が勝たない確率
＝
(引き分け or 負ける)

── 練習問題 24 ──

2個のサイコロを同時に投げて出た目の和によって平面上の点Pを動かす。点Pが点 (x, y) にあるとき,出た目の和が6以下のときは点 $(x, y+1)$ に,出た目の和が7のときは点 $(x+1, y+1)$ に,出た目の和が8以上のときは点 $(x+1, y)$ に動かす。
いま,点Pが原点にあるとき,サイコロを投げる回数が5回以下で点 $(3, 3)$ に到達する確率を求めよ。

── 例題 37 ──

箱の中に10個の白球と5個の黒球が入っている。箱から順に1個ずつ5個の球を取り出して並べるとき,次の確率を求めよ。
(1) 2番目の球が黒球である確率
(2) 2番目の球と4番目の球がともに黒球である確率

[解答] ◀ [考え方] については P.220 からの One Point Lesson を見よ!

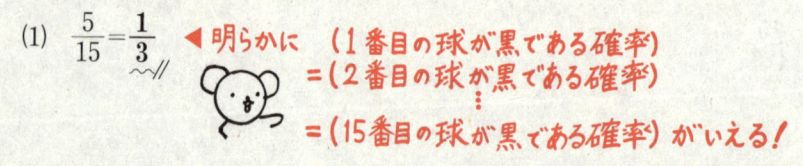

(1) $\dfrac{5}{15} = \dfrac{1}{3}$ ◀ 明らかに (1番目の球が黒である確率)
＝ (2番目の球が黒である確率)
⋮
＝ (15番目の球が黒である確率) がいえる!

(2)　$\dfrac{5}{15} \times \boxed{\dfrac{4}{14}} = \dfrac{2}{21}$

　　　　　↑ 14個のうち白10，黒4のとき，黒を取り出す確率

(注)
　(2)は
「2番目の球と3番目の球がともに黒球である確率」であっても
「2番目の球と5番目の球がともに黒球である確率」であっても
当然，答えは同じである！

── 例題38 ──────────────────────────
　赤球3個と白球4個が入っている袋がある。この袋から球を
2個ずつ，もとに戻さずに3回続けて取り出すとき，次の事象の
確率を求めよ。
(1)　2回目に取り出される2個の球の色が異なる
(2)　2回目に取り出される赤球の数が，3回目に取り出される赤球の数
　　　より多い
────────────────────────────────

[考え方]
　まず，(実質的には)

「n 個の球を袋から"もとに戻さず"取り出す問題」というのは
「1列に並べられた n 個の球に関する問題」と同じ　◀下図を見よ！

なんだよ。

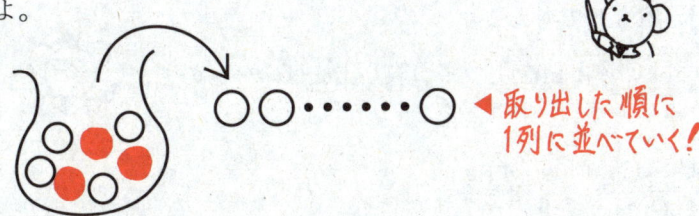

◀取り出した順に
1列に並べていく！

つまり，
「1番目に取り出した球」というのは
「1番目に並べられている球」とみなすことができて，

「2番目に取り出した球」についても
「2番目に並べられている球」とみなすことができるんだよ。

よって、この問題は、次のような
「1列に並べられた7個の球に関する問題」として
考えていけばよい！

```
1番目 2番目   3番目 4番目   5番目 6番目   7番目
 ○   ○  |  ○   ○  |  ○   ○  |  ○
  1回目        2回目        3回目
```

(1)

[解Ⅰ]（順列で考える）

2回目に取り出される球の色が異なるためには、
（3番目，4番目）＝（赤，白）or（白，赤）であればよい。

$$\begin{cases} (赤, 白) \to \dfrac{3}{7} \times \dfrac{4}{6} = \dfrac{2}{7} \cdots\cdots ⓐ \\ (白, 赤) \to \dfrac{4}{7} \times \dfrac{3}{6} = \dfrac{2}{7} \cdots\cdots ⓑ \end{cases}$$

↑3番目が赤である確率　↑3番目が赤のとき4番目が白である確率
↑3番目が白である確率　↑3番目が白のとき4番目が赤である確率

よって、$\dfrac{2}{7} + \dfrac{2}{7} = \dfrac{4}{7}$　◀ ⓐ or ⓑ

[解Ⅱ]（組合せで考える）

2回目で赤と白を1つずつ取り出せばいい　ので、

↑赤を1つ取り出す
　↑白を1つ取り出す

$$\dfrac{{}_3C_1 \cdot {}_4C_1}{{}_7C_2} = \dfrac{3 \cdot 4}{7 \cdot 6} \cdot 2 = \dfrac{4}{7}$$

↑7個から2つ取り出す

確率の求め方

[解答]（組合せで考える）◀ 順列で考えてもよい

(2)

> (2回目の赤球の数, 3回目の赤球の数) とおくと、
> 3回目よりも2回目の赤球のほうが多くなるためには
> (2, 1), (2, 0), (1, 0) であればよい。

(i) (2, 1) のとき ◀ (2回目, 3回目)=(赤2つ, 赤1つと白1つ)

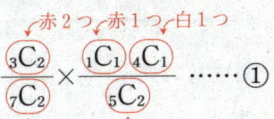

$$\frac{{}_3C_2}{{}_7C_2} \times \frac{{}_1C_1 \cdot {}_4C_1}{{}_5C_2} \cdots\cdots ①$$

7個から2つ取り出す　　(2回目で選んだ2個を除く)5個の球から2つ取り出す

(ii) (2, 0) のとき ◀ (2回目, 3回目)=(赤2つ, 白2つ)

$$\frac{{}_3C_2}{{}_7C_2} \times \frac{{}_4C_2}{{}_5C_2} \cdots\cdots ②$$

7個から2つ取り出す　　(2回目で選んだ2個を除く)5個の球から2つ取り出す

(iii) (1, 0) のとき ◀ (2回目, 3回目)=(赤1つと白1つ, 白2つ)

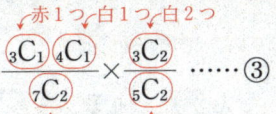

$$\frac{{}_3C_1 \cdot {}_4C_1}{{}_7C_2} \times \frac{{}_3C_2}{{}_5C_2} \cdots\cdots ③$$

7個から2つ取り出す　　(2回目で選んだ2個を除く)5個の球から2つ取り出す

① or ② or ③ より，

$$\underline{\frac{11}{35}}\!\!/\quad ◀ \frac{2}{35}+\frac{3}{35}+\frac{6}{35}$$

(注)

(2)は，例題37と同様に

「1回目に取り出される赤球の数が，2回目に取り出される赤球の数より多い確率を求めよ」であっても　当然，答えは同じ！

練習問題 25

袋の中に赤玉2個，白玉4個が入っている。1個ずつ取り出して，どちらかの色の玉が袋の中になくなるまで続ける。このとき，袋の中に1個だけ玉が残っている確率は ☐ である。
また，袋の中に白玉が残る確率は ☐ である。

例題 39

3人でジャンケンをして，負けた者から順に抜けてゆき，最後に残った1人を優勝者とする。このとき，
(1) 1回で優勝者が決まる確率は ☐ である。
(2) 1回終了後に2人残っている確率は ☐ である。
(3) 3回終了後に3人残っている確率は ☐ である。
(4) ちょうど3回目で優勝者が決まる確率は ☐ である。
　ただし，各人がジャンケンで，グー，チョキ，パーのどれを出すかはすべて同じ確率で，$\frac{1}{3}$ であるとする。

[解答]

(1) 3人を A，B，C とおき，
(Aの出した手，Bの出した手，Cの出した手) とする。

3人で1回ジャンケンをするときの手の出し方は
　　$3 \times 3 \times 3 = \underline{27 通り}$ ……① ◀ 例えばAだったらグー，チョキ，パーの3通りある

また，1回でAが優勝するのは
　　(グ，チ，チ)，(チ，パ，パ)，(パ，グ，グ) の3通りで，
同様に，1回でB，Cが優勝するのもそれぞれ3通り。

よって，
　　1回で優勝者が決まるのは **9通り** ……② ◀ 3+3+3

①，②より，$\frac{9}{27} = \underline{\frac{1}{3}}$

確率の求め方　63

(2) $\boxed{1回終了後に2人残る確率}$
　　　　　=
　　$\boxed{1回終了後に1人負ける確率}$
　　　　　= ◀対称性より明らか
　　$\boxed{1回終了後に1人勝つ確率}$　を考え，◀前の問題の結果を使う！

(1)より，$\dfrac{1}{3}$　◀(1)のようにまじめに(?)求めてもよい

(3) $1 = \boxed{1回終了後に1人残る確率} + \boxed{1回終了後に2人残る確率}$
　　　　　　　　↑(1)より$\frac{1}{3}$　　　　　　　↑(2)より$\frac{1}{3}$
　　　$+ \boxed{1回終了後に3人残る確率}$　を考え，◀前の問題の結果を使う！

　　$\boxed{1回終了後に3人残る確率} = \dfrac{1}{3}$ ……③　◀$1-\dfrac{1}{3}-\dfrac{1}{3}$

よって，
$\boxed{3回終了後に3人残るためには③が3回起これextrabilityばいい}$　ので，
$\dfrac{1}{3} \cdot \dfrac{1}{3} \cdot \dfrac{1}{3} = \dfrac{1}{27}$

（注） これをまじめに(?)やると，次のようになる。

[(3)の別解]

1回のジャンケンでアイコ（引き分け）になるのは，
(グ，グ，グ)，(チ，チ，チ)，(パ，パ，パ)
(グ，チ，パ)，(チ，グ，パ)，(パ，グ，チ)
(グ，パ，チ)，(チ，パ，グ)，(パ，チ，グ) の**9通り** ……ⓐ

よって，①，ⓐより

　　1回のジャンケンで3人残る確率は $\dfrac{9}{27} = \dfrac{1}{3}$ ……ⓑ

$\boxed{3回終了後に3人残るためにはⓑが3回起こればいい}$　ので，
$\dfrac{1}{3} \cdot \dfrac{1}{3} \cdot \dfrac{1}{3} = \dfrac{1}{27}$

[解答]

(4) 3回目で優勝者が決まるのは 次の 3 通りが考えられる。

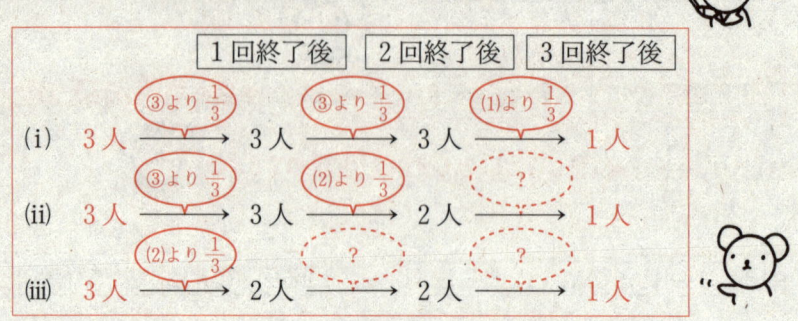

	1回終了後	2回終了後	3回終了後
(i) 3人	③より $\frac{1}{3}$ → 3人	③より $\frac{1}{3}$ → 3人	(1)より $\frac{1}{3}$ → 1人
(ii) 3人	③より $\frac{1}{3}$ → 3人	(2)より $\frac{1}{3}$ → 2人	? → 1人
(iii) 3人	(2)より $\frac{1}{3}$ → 2人	? → 2人	? → 1人

1回のジャンケンで 2人→1人 になる場合は

(一方の出した手, 他方の出した手) = (グ, チ), (グ, パ)
(チ, グ), (チ, パ)
(パ, グ), (パ, チ)

の **6通り**

よって,

| 1回で 2人→1人 になる確率 | は, $\frac{6}{9} = \frac{2}{3}$ ……④

◀ 2人で1回ジャンケンを するときの手の出し方は 3×3=9 通り

また,

$1 =$ | 1回で 2人→1人 になる確率 | $+$ | 1回で 2人→2人 になる確率 |

を考え, ◀④の結果を使う!

| 1回で 2人→2人 になる確率 | $= \frac{1}{3}$ ……⑤ ◀ $1 - \frac{2}{3}$

よって,

3回目で優勝者が決まる確率は, (i) or (ii) or (iii) より ◀上図を見よ!

$$\frac{1}{3} \cdot \frac{1}{3} \cdot \frac{1}{3} + \frac{1}{3} \cdot \frac{1}{3} \cdot \frac{2}{3} + \frac{1}{3} \cdot \frac{1}{3} \cdot \frac{2}{3} = \frac{5}{27}$$ ◀④と⑤を代入した

確率の求め方　65

練習問題 26

　3人でジャンケンをして，1人の勝者を決めたい。
3人はそれぞれグー，チョキ，パーを同じ確率で出すとする。
あいこの場合は，もう一度ジャンケンをして，2人が勝った場合には
その2人でジャンケンをする。
(1) 1回目のジャンケンで，2人が勝つ確率を求めよ。
(2) 2回ジャンケンをしても，まだ勝者が1人に決まらない確率を
　　求めよ。
(3) n回ジャンケンを続けても，勝者が1人に決まらない確率を
　　求めよ。

例題 40

　nを正の整数とする。n枚の硬貨を同時に投げて 表の出たものを取
り去り，1回後に もしも硬貨が残っていれば，残った硬貨をもう1度
同時に投げて表の出たものを取り去ることにする。このとき，
(1) 全部なくなる確率を求めよ。
(2) r枚残っている確率を求めよ。
　　ただし，rは正の整数で $1 \leqq r \leqq n$ とする。

[考え方]

　まず，知っておくべきことは，
「n枚のコインを**同時に**投げる」ということと
「n枚のコインを**1つずつ**投げる」ということは
(結局は)同じこと　なんだよ。

一般に "n枚を同時に投げる" よりは "n枚を1つずつ投げる" ほうが
考えやすいので，
コインの問題では次の **Point** が重要になる。

> **Point 2.4** 〈n 枚のコインを同時に投げる問題〉
>
> 「n 枚のコインを同時に投げる操作」は，次のように考えればよい．
>
> > **Step 1**
> > n 枚のコインに区別をつける．
>
> ▶ n 枚のコインを ①，②，③，…，Ⓝ とおく．
>
> > **Step 2**
> > 1 枚のコインを投げる，という操作を
> > ①，②，③，…，Ⓝ の順に行う．

[解答]

> n 枚のコインを ①，②，…，Ⓝ とおき，1 枚のコインを
> 続けて 2 回投げることを ①，②，…，Ⓝ の順に行う，と考える．

(1) 1 枚のコインを 2 回投げたとき，そのコインがなくならない確率は

$$\frac{1}{2} \cdot \frac{1}{2} = \frac{1}{4} \quad \cdots\cdots ⓐ$$

◀ 1 回目と 2 回目が共に裏であればよい

また，

> 1 枚のコインがなくなるためには
> 少なくとも 1 回表が出ればいい

ので，

◀ (少なくとも 1 回表が出る)
　= (全体) − (2 回とも裏)

1 枚のコインを 2 回投げたとき，そのコインがなくなる確率は

$$1 - \frac{1}{4} = \frac{3}{4} \quad \cdots\cdots ⓑ$$

◀ (全体) − (コインがなくならない) = (コインがなくなる)
　　　↑ 2 回とも裏が出る (▶ⓐ)　　↑ 少なくとも 1 回表が出る

よって，

> 2 回投げたときにすべてのコインがなくなるためには
> ①，②，…，Ⓝ のすべてについて ⓑ が起こればいい

ので，

$$\underbrace{\frac{3}{4} \cdot \frac{3}{4} \cdots\cdots \frac{3}{4}} = \left(\frac{3}{4}\right)^n$$

[考え方]
(2) 「n 枚のうち，r 枚残る」ということは，
「r 枚残って，$n-r$ 枚がなくなる」……(＊) ということだから，
(＊)のようになる確率を求めればよい！

[解答]
(2) r 枚残って，$n-r$ 枚なくなる確率は，ⓐとⓑより

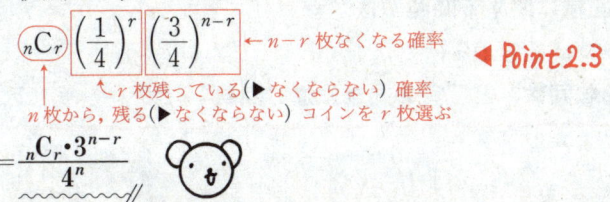

$${}_nC_r \left(\frac{1}{4}\right)^r \left(\frac{3}{4}\right)^{n-r}$$

←$n-r$ 枚なくなる確率
←r 枚残っている（▶なくならない）確率
n 枚から，残る（▶なくならない）コインを r 枚選ぶ

◀ Point 2.3

$$= \frac{{}_nC_r \cdot 3^{n-r}}{4^n}$$

練習問題27

次のような硬貨投げの試行を考える。はじめに3枚の硬貨を投げて1回目とし，そのとき表のものがあれば，表の出た硬貨のみを投げて2回目とする。そのとき表のものがあれば，それらを投げる。ある回で裏のみが出た場合，この試行は終了する。このとき，次の ☐ にあてはまる値を求めよ。
(1) 1回目でこの試行が終了しない確率は ☐ である。
(2) 2回目でこの試行が終了する確率は ☐ である。
(3) 2回投げてもこの試行が終了しない確率は ☐ である。
(4) 2回目で表が1枚だけ出る確率は ☐ である。

例題41

数直線上の動点 A の最初の位置を原点とする。サイコロを投げて，奇数の目が出たときは -1，偶数の目が出たときは $+1$，A を動かすとする。8回サイコロを投げたときの A の座標を X として，次の問いに答えよ。
(1) $X = n$（整数）となる確率を求めよ。
(2) 1回目で A が $+1$ に動き，$X = 4$ となる確率を求めよ。

[考え方]

サイコロや コインの問題で
「数直線上の座標に関する問題」 がよく出題されるが,
これは 次のように "回数" に着目すると 考えやすくなる！

> **Point 2.6** 〈数直線上の座標に関する問題〉
>
> 数直線上の座標に関する問題では,
> (直接, 座標について考えるのではなく)
> "正の向きに進む回数" と "負の向きに進む回数" について考えよ！

[解答]

(1) サイコロを8回投げたとき, 偶数が x 回, 奇数が y 回出たとする と,

$$\begin{cases} x+y=8 & \cdots\cdots ① \\ X=x-y & \cdots\cdots ② \end{cases}$$

◀ サイコロを8回投げるので！

◀ 偶数が出たら $+1$, 奇数が出たら -1 動くので, 偶数が x 回, 奇数が y 回出たら, 座標 X は $X = x\cdot 1 + y(-1) = x-y$ になる

$X = n$ より,

$$\begin{cases} x+y=8 & \cdots\cdots ① \\ x-y=n & \cdots\cdots ②' \end{cases}$$

◀ ②に $X=n$ を代入した

①, ②' より,

$$\begin{cases} x=\dfrac{8+n}{2} & \cdots\cdots ③ \\ y=\dfrac{8-n}{2} & \cdots\cdots ④ \end{cases}$$

ここで,

> x と y は整数なので, ③, ④ より n は偶数でなければならない。 ……(*)

◀ n が奇数のときは, $\dfrac{8+n}{2}$ と $\dfrac{8-n}{2}$ は整数にはならない！

また,
偶数が x 回, 奇数が y 回出る確率は

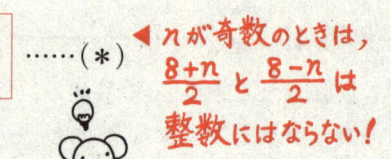

$${}_8C_x \left(\dfrac{1}{2}\right)^x \left(\dfrac{1}{2}\right)^y$$

← 奇数が y 回出る確率
← 偶数が x 回出る確率
8回のうち偶数が x 回出る順番を決める

◀ Point 2.3

$= {}_8C_{\frac{8+n}{2}}\left(\frac{1}{2}\right)^{x+y}$ ◀ $x=\frac{8+n}{2}$ ……③ を代入, $\left(\frac{1}{2}\right)^x\cdot\left(\frac{1}{2}\right)^y=\left(\frac{1}{2}\right)^{x+y}$

$= {}_8C_{\frac{8+n}{2}}\left(\frac{1}{2}\right)^8$ ◀ $x+y=8$ ……① を代入した

よって, (*) を考え,

n が奇数のとき 0, n が偶数のとき $\dfrac{{}_8C_{\frac{8+n}{2}}}{256}$ ◀ $2^8=256$

(注)
厳密にいうと, $x=0, 1, \cdots, 8$ を考え

$\begin{cases} \dfrac{{}_8C_{\frac{8+n}{2}}}{256} & (n=-8, -6, -4, -2, 0, 2, 4, 6, 8) \\ 0 & (n\neq -8, -6, -4, -2, 0, 2, 4, 6, 8) \end{cases}$

---

(2) 　1回目が偶数で,残る7回のうち
　　偶数が x 回, 奇数が y 回出たとすると,
　　$\begin{cases} x+y=7 & \cdots\cdots ⑤ \\ X=1+x-y & \cdots\cdots ⑥ \end{cases}$

$X=4$ より,

$\begin{cases} x+y=7 & \cdots\cdots ⑤ \\ x-y=3 & \cdots\cdots ⑥' \end{cases}$ ◀ ⑥に $X=4$ を代入した

⑤, ⑥' より,

$\begin{cases} x=5 \\ y=2 \end{cases}$

よって,
1回目が偶数で,残る7回のうち
偶数が x 回, 奇数が y 回出る確率は

$\boxed{\dfrac{1}{2}} \cdot \boxed{{}_7C_x\left(\dfrac{1}{2}\right)^x\left(\dfrac{1}{2}\right)^y}$

↑　　　↑7回のうち 偶数が x 回, 奇数が y 回出る確率
1回目に偶数が出る確率

$$= \frac{1}{2} \cdot {}_7C_5 \left(\frac{1}{2}\right)^5 \left(\frac{1}{2}\right)^2 \quad \blacktriangleleft x=5 \text{ と } y=2 \text{ を代入した}$$

$$= {}_7C_2 \left(\frac{1}{2}\right)^8 \quad \blacktriangleleft {}_nC_k = {}_nC_{n-k} \text{ より, } {}_7C_5 = {}_7C_2$$

$$= \frac{21}{256} /\!/ \quad \blacktriangleleft {}_7C_2 = \frac{7 \cdot 6}{2 \cdot 1} = 21, \left(\frac{1}{2}\right)^8 = \frac{1}{256}$$

練習問題 28

数直線上の動点 P は原点 O を出発し, 硬貨を投げるごとに次の規則に従って動くものとする。

　　表が出たとき, 正の向きに 1 だけ進み,
　　裏が出たとき, 負の向きに 1 だけ進む。

n 回硬貨投げを行った後の P の位置を X_n とする。
ただし, 表の出る確率は p, 裏の出る確率は $1-p$ であり, $p > \frac{1}{2}$ とする。
また, 各硬貨投げは互いに独立であるとする。
整数 m に対して, $X_n = m$ となる確率を求めよ。

例題 42

2 つの箱にそれぞれ 1〜n までの番号を 1 枚ずつ印刷したカードが n 枚入っている。それぞれの箱から 1 枚ずつ取り出して, その 2 枚のカードの数字の和を X とする。このとき,
(1) X が偶数になる確率 P と奇数になる確率 Q を求めよ。
(2) $X = k$ となる確率 $R(k)$ を求めよ。
(3) $X \leq k$ となる確率 $S(k)$ を求めよ。
　　ただし, (2), (3) において, $2 \leq k \leq 2n$ とする。

確率の求め方

[考え方]

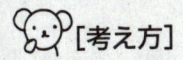

(1)

$\boxed{1}, \boxed{2}, \cdots\cdots, \boxed{n}$ $\boxed{1}, \boxed{2}, \cdots\cdots, \boxed{n}$

$\boxed{n \text{ が偶数のとき}}$ ◀ 例えば $n=8$ のとき，
$\begin{cases} \text{偶数のカード} & \dfrac{n}{2} \text{枚} \\ \text{奇数のカード} & \dfrac{n}{2} \text{枚} \end{cases}$
偶数のカード 4枚 ◀ $\dfrac{8}{2}=4$
奇数のカード 4枚 ◀ $\dfrac{8}{2}=4$
(偶数と奇数は同じ枚数！)

$\boxed{n \text{ が奇数のとき}}$ ◀ 例えば $n=7$ のとき，
$\begin{cases} \text{偶数のカード} & \dfrac{n-1}{2} \text{枚} \\ \text{奇数のカード} & \dfrac{n+1}{2} \text{枚} \end{cases}$
偶数のカード 3枚 ◀ $\dfrac{7-1}{2}=3$
奇数のカード 4枚 ◀ $\dfrac{7+1}{2}=4$
(奇数は偶数よりも1枚多い！)

2つの数字の和が偶数になるためには，
2枚のカードが 共に偶数 or 共に奇数 であればよい！

また，(この問題では必要ないが) ◀ 余事象を使えばいいので！

2つの数字の和が奇数になるためには，
2枚のカードの1枚が偶数で，もう1枚が奇数であればよい！

[解答]

(1) (i) n が偶数のとき

$P = \underbrace{\dfrac{n}{2}}_{\text{偶数が出る確率}} \cdot \underbrace{\dfrac{n}{2}}_{\text{奇数が出る確率}} + \dfrac{\frac{n}{2}}{n} \cdot \dfrac{\frac{n}{2}}{n} = \dfrac{1}{2}$ ◀ 2枚とも偶数 or 2枚とも奇数

$\boxed{Q = 1-P}$ ◀ (奇数)=(全体)-(偶数)

$= \dfrac{1}{2}$

(ii) n が奇数のとき

$$P = \boxed{\dfrac{\frac{n-1}{2}}{n}} \cdot \boxed{\dfrac{\frac{n-1}{2}}{n}} + \boxed{\dfrac{\frac{n+1}{2}}{n}} \cdot \boxed{\dfrac{\frac{n+1}{2}}{n}}$$

◀ 2枚とも偶数 or 2枚とも奇数

↑偶数が出る確率　　↑奇数が出る確率

$$= \dfrac{n^2+1}{2n^2}$$

$\boxed{Q = 1 - P}$　◀(奇数)=(全体)-(偶数)

$$= \dfrac{n^2-1}{2n^2}$$

(2)

2つの数字の和	2	3	…	n	$n+1$	$n+2$	…	$2n-1$	$2n$
場合の数	1	2	…	$n-1$	n	$n-1$	…	2	1

この表は必ず覚えること!!

(注)　2つのサイコロの場合　◀P.54参照

2つの数字の和	2	3	4	5	6	7	8	9	10	11	12
場合の数	1	2	3	4	5	6	5	4	3	2	1

2つの箱からカードを1枚ずつ取り出すとき，
2つのカードの組合せは

$n \cdot n = n^2$ 通り　……①

また，

$X = k$ $(k=2, 3, \cdots, n)$ となる場合の数は $k-1$ 通りで，◀表を見よ
$X = k$ $(k=n+1, n+2, \cdots, 2n)$ となる場合の数は $2n-k+1$ 通り

なので，①より　　　　　　　　　　　　　　　　　[解説Ⅰ]を見よ！

$k = 2, 3, \cdots, n$ のとき，$R(k) = \dfrac{k-1}{n^2}$

$k = n+1, n+2, \cdots, 2n$ のとき，$R(k) = \dfrac{2n-k+1}{n^2}$

(3) $\begin{cases} 2\leq k\leq n \text{ のとき } X=k \text{ となる確率 } R_1(k)=\dfrac{k-1}{n^2} \cdots\cdots ⓐ \\ k=2,3,\cdots,n \\ n+1\leq k\leq 2n \text{ のとき } X=k \text{ となる確率 } R_2(k)=\dfrac{2n-k+1}{n^2} \cdots\cdots ⓑ \\ k=n+1,n+2,\cdots,2n \end{cases}$

(I) $2\leq k\leq n$ のとき

$X\leq k$ となる確率 $S(k)$ は,

$S(k)=R_1(2)+R_1(3)+\cdots+R_1(k)$

$=\dfrac{1}{n^2}+\dfrac{2}{n^2}+\cdots+\dfrac{k-1}{n^2}$ ◀ $R_1(k)=\dfrac{k-1}{n^2}\cdots\cdots$ⓐを代入した

$=\dfrac{1}{n^2}\{1+2+\cdots+(k-1)\}$ ◀ $\dfrac{1}{n^2}$ でくくった

$=\dfrac{1}{n^2}\cdot\dfrac{k-1}{2}\{1+(k-1)\}$ ◀ 初項1, 公差1, 末項 $k-1$, 項数 $k-1$ の等差数列の和!

$=\underline{\dfrac{k(k-1)}{2n^2}}$ (等差数列の和)$=\dfrac{(項数)}{2}\{(初項)+(末項)\}$

(II) $n+1\leq k\leq 2n$ のとき

$X\leq k$ となる確率 $S(k)$ は,

$S(k)=R_1(2)+R_1(3)+\cdots+R_1(n)$
$+R_2(n+1)+R_2(n+2)+\cdots+R_2(k)$

$=\dfrac{1}{n^2}+\dfrac{2}{n^2}+\cdots+\dfrac{n-1}{n^2}$ ◀ ⓐを代入した

$+\dfrac{2n-(n+1)+1}{n^2}+\dfrac{2n-(n+2)+1}{n^2}+\cdots+\dfrac{2n-k+1}{n^2}$ ◀ ⓑを代入した

$=\dfrac{1}{n^2}\{1+2+\cdots+(n-1)\}+\dfrac{n}{n^2}+\dfrac{n-1}{n^2}+\cdots+\dfrac{2n-k+1}{n^2}$

$=\dfrac{1}{n^2}\cdot\dfrac{(n-1)n}{2}+\dfrac{1}{n^2}\{n+(n-1)+\cdots+(2n-k+1)\}$

$=\dfrac{n^2-n}{2n^2}+\dfrac{1}{n^2}\cdot\dfrac{-n+k}{2}\{n+(2n-k+1)\}$ ◀ [解説Ⅱ]を見よ

$=\dfrac{1}{2n^2}\{n^2-n+(-n+k)(3n-k+1)\}$ ◀ $\dfrac{1}{2n^2}$ でくくった

$=\underline{\dfrac{-k^2+k(4n+1)-2n^2-2n}{2n^2}}$ ◀ 展開して整理した

[解説 I] $X=k$ $(k=n+1,\ n+2,\ \cdots,\ 2n)$ となる場合の数について

2つの数字の和 X	$n+1$	$n+2$	$\cdots$	$2n-1$	$2n$
場合の数	n	$n-1$	$\cdots$	2	1

上の表を使って
$X=k$ $(k=n+1,\ n+2,\ \cdots,\ 2n)$ となる場合の数を求めよう。

まず，式を見やすくするために
$k=n+1,\ n+2,\ \cdots,\ \boxed{n+n}$ を $2n$
$k=n+\ell$ $[\ell=1,\ 2,\ \cdots,\ n]$ とおこう。

すると，上の表から
$\begin{cases} k(=X)=n+1 \text{ となる場合の数は } n & \blacktriangleleft \ell=1 \text{ のとき} \\ k(=X)=n+2 \text{ となる場合の数は } n-1 & \blacktriangleleft \ell=2 \text{ のとき} \\ \vdots & \vdots \\ k(=X)=n+n \text{ となる場合の数は } 1 & \blacktriangleleft \ell=n \text{ のとき} \end{cases}$
（右側に -1, -1 の注釈）

がいえるので，場合の数 a_ℓ $[\ell=1,\ 2,\ \cdots,\ n]$ は
初項 n，公差 -1 の等差数列である ……(*) ことが分かる！

よって，(*) より
$k(=X)=n+\ell$ $[\ell=1,\ 2,\ \cdots,\ n]$ となる場合の数 a_ℓ は
$a_\ell = n+(\ell-1)(-1)$ ◀ $a_\ell = \underset{\text{初項}}{a_1} + (\ell-1)\underset{\text{公差}}{d}$
$\quad = n-\ell+1$
$\quad = n-(k-n)+1$ ◀ $k=n+\ell \Rightarrow \ell=k-n$ を代入して ℓ を消去した
$\quad = 2n-k+1$ 通り //

[解説 II] $n+(n-1)+\cdots+(2n-k+1)$ について

$n+(n-1)+(n-2)+\cdots+(2n-k+1)$ は（矢印に -1, -1）
初項 n，公差 -1，末項 $2n-k+1$，
項数 $n-(2n-k+1)+1=-n+k$ ◀ 10から1の中に整数は
の等差数列の和なので， $\qquad\qquad\quad$ $10-1+1=10$ 個 ある

$$\text{(等差数列の和)} = \frac{\text{(項数)}}{2}\{\text{(初項)}+\text{(末項)}\} \text{ を考え,}$$

$$n+(n-1)+\cdots+(2n-k+1) = \frac{-n+k}{2}\{n+(2n-k+1)\}$$

例題 43

つぼの中に，白いボールが 6 個，黒いボールが m 個 ($m \geq 2$) 入っている。

(1) つぼから 3 個のボールを同時に取り出すとき，白いボールが 1 個で黒いボールが 2 個である確率 P_m を求めよ。
　ただし，解は因数分解したものを示せ。
(2) P_m を最大にする m の値と，そのときの P_m の値を求めよ。

[解答]

(1) $m+6$ 個のボールから 3 個のボールを取り出す組合せは

$$_{m+6}C_3 = \frac{(m+6)(m+5)(m+4)}{6} \text{ 通り } \cdots\cdots ①$$

◀ $\frac{(m+6)(m+5)(m+4)}{3!}$

6 個の白いボールから 1 個を取り出し，m 個の黒いボールから 2 個を取り出す組合せは

$$_6C_1 \cdot {_m}C_2 = 3m(m-1) \text{ 通り } \cdots\cdots ②$$

◀ $6 \cdot \frac{m(m-1)}{2!}$

よって，①，② より

$$P_m = \frac{18m(m-1)}{(m+6)(m+5)(m+4)}$$

◀ $\frac{②}{①}$ より，$3m(m-1) \frac{6}{(m+6)(m+5)(m+4)}$

[考え方]

(2) まず，$P_m = \frac{18m(m-1)}{(m+6)(m+5)(m+4)}$ のような

"分数型の数列の最大値" なんて よく分からないよね。

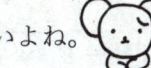

だけど，実は
確率における "数列の最大・最小問題" では，
次の **Point** を使えば たいていは解けてしまうんだよ。

Point 2.7 〈数列 P_m の最大・最小の求め方〉

数列 P_m の増減を調べるためには，$P_{m+1}-P_m$ の符号を考えよ。

例えば，$P_{m+1}-P_m$ の符号を調べた結果，

$\begin{cases} m\leq 2 \text{ のとき，} P_{m+1}-P_m>0 \cdots\cdots ⓐ \\ m=3 \text{ のとき，} P_{m+1}-P_m=0 \cdots\cdots ⓑ \\ m\geq 4 \text{ のとき，} P_{m+1}-P_m<0 \cdots\cdots ⓒ \end{cases}$

であったとしよう。

まず，$P_{m+1}-P_m>0 \cdots\cdots ⓐ \Leftrightarrow P_m<P_{m+1}$ を考え，
$m\leq 2$ のとき，
$P_1<P_2<P_3 \cdots\cdots ⓐ'$ ◀ $\begin{cases} m=1 \text{ のとき } P_2>P_1 \\ m=2 \text{ のとき } P_3>P_2 \end{cases}$
がいえることが分かるよね。

また，$P_{m+1}-P_m=0 \cdots\cdots ⓑ \Leftrightarrow P_m=P_{m+1}$ を考え，
$m=3$ のとき，
$P_3=P_4 \cdots\cdots ⓑ'$ がいえることが分かるよね。

また，$P_{m+1}-P_m<0 \cdots\cdots ⓒ \Leftrightarrow P_m>P_{m+1}$ を考え，
$m\geq 4$ のとき，
$P_4>P_5>P_6>P_7 \cdots\cdots ⓒ'$ ◀ $\begin{cases} m=4 \text{ のとき } P_4>P_5 \\ m=5 \text{ のとき } P_5>P_6 \\ m=6 \text{ のとき } P_6>P_7 \end{cases}$
がいえることが分かるよね。

よって，ⓐ' とⓑ' とⓒ' より
$P_1<P_2<P_3=P_4>P_5>P_6>P_7 \cdots\cdots (*)$
が得られるよね。

$(*)$ は

$\boxed{P_1<P_2<P_3=P_4>P_5>P_6>P_7\cdots}$
　　←P_m が増加していく　←P_m が減少していく

を意味しているので，

P_m は P_3 or P_4 で最大になることが分かるよね！

このように，確率における"数列の最大・最小問題"では，**Point 2.7** に従って $P_{m+1} - P_m$ の符号について考えればいいんだよ。

[解答]

(2) $\displaystyle P_{m+1} - P_m = \frac{18(m+1)m}{(m+7)(m+6)(m+5)} - \frac{18m(m-1)}{(m+6)(m+5)(m+4)}$ ◀ Point 2.7

$\displaystyle = \frac{18m}{(m+6)(m+5)}\left\{\frac{m+1}{m+7} - \frac{m-1}{m+4}\right\}$ ◀ $\frac{18m}{(m+6)(m+5)}$ でくくった

$\displaystyle = \frac{18m}{(m+6)(m+5)}\left\{\frac{(m+1)(m+4) - (m-1)(m+7)}{(m+7)(m+4)}\right\}$

▲ 分母をそろえた

$\displaystyle = \frac{18m}{(m+6)(m+5)}\left\{\frac{(m^2+5m+4) - (m^2+6m-7)}{(m+7)(m+4)}\right\}$

$\displaystyle = \boxed{\frac{18m}{(m+7)(m+6)(m+5)(m+4)}}(-m+11)$

正　　これの符号によって $P_{m+1} - P_m$ の符号が決まる！

よって，$m \geq 2$ を考え，

$\begin{cases} 2 \leq m \leq 10 \text{ のとき，} & P_{m+1} - P_m > 0 \Rightarrow P_{m+1} > P_m \quad \cdots\cdots ⓐ \\ m = 11 \text{ のとき，} & P_{m+1} - P_m = 0 \Rightarrow P_{m+1} = P_m \quad \cdots\cdots ⓑ \\ m \geq 12 \text{ のとき，} & P_{m+1} - P_m < 0 \Rightarrow P_{m+1} < P_m \quad \cdots\cdots ⓒ \end{cases}$ がいえる。

さらに，ⓐ，ⓑ，ⓒ より

$\boxed{P_2 < P_3 < \cdots < P_{10} < P_{11} = P_{12} > P_{13} > P_{14} > \cdots}$ がいえる ので，

P_m は $m = 11, 12$ のとき最大値 $\dfrac{33}{68}$ をとる。 ◀ $P_{11} = \dfrac{18 \cdot 11 \cdot 10}{17 \cdot 16 \cdot 15}$

$= \dfrac{2^2 \cdot 3^2 \cdot 5 \cdot 11}{2^4 \cdot 3 \cdot 5 \cdot 17}$

$= \dfrac{3 \cdot 11}{2^2 \cdot 17} = \dfrac{33}{68}$

さて，ここで，**例題44** の準備として次の**補題**をやってみよう。

補題

正方形 ABCD の各辺の中点を図のように E, F, G, H とし，線分 EG と線分 FH の交点を I とする。

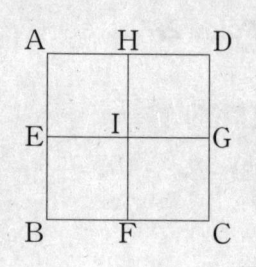

以下，A, B, C, D, E, F, G, H, I を分岐点と呼び，二つの分岐点を結ぶ線分を辺と呼ぶ。

動点 P が A を始点とし，1 秒間に辺を一つずつ移動してできる経路の全体を考える。ただし，以前通った辺を再び通ることはできるが，各分岐点で直ちに後戻りはできないものとする。このとき，次の ☐ にあてはまる値を求めよ。

動点 P は始点 A を時刻 0 に出発し，各分岐点で動ける方向がいくつかある場合は，どの方向に進むかは等しい確率で決まるものとする。

4 秒後に P が A に戻る確率は ☐ である。

4 秒後に P が C に到達する確率は ☐ である。

[考え方]

まず，<u>4 秒間に P がどのように移動するのか</u> について考えてみよう。

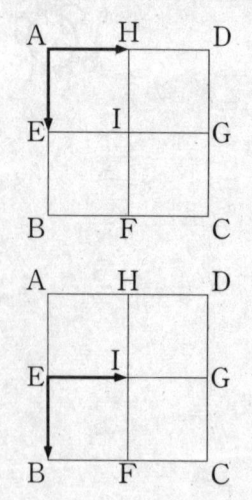

まず，
P が A を出発して
1 秒後に到達する分岐点は
E or H だよね。

(I) 1 秒後に E に到達する場合

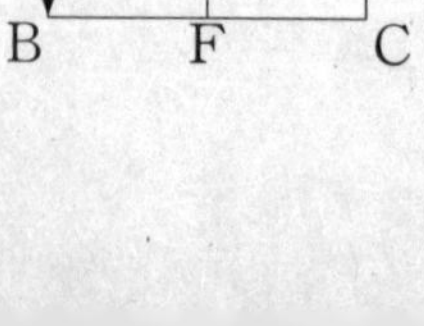

さらに，
E から 1 秒後に到達する分岐点は，
B or I だよね。

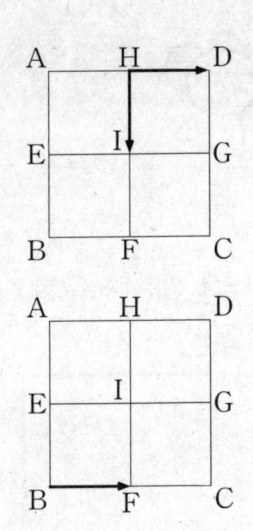

|(II) 1秒後に H に到達する場合|

同様に,
H から1秒後に到達する分岐点は,
D or I だよね。

|(i) 2秒後に B に到達する場合|

また (I) のとき,
B から1秒後に到達する分岐点は,
F だよね。

|(ii) 2秒後に D に到達する場合|
⋮

|(iii) 2秒後に I に到達する場合|
⋮

このように, 1つ1つ場合分けをしながら考えていくと,
いろんな場合がありすぎて,
4秒後については ものすごく大変になってしまうよね。

また,
1つ1つ数えあげようとしても, いろんな場合が考えられるときは,
たいてい, 見落したり, 同じ場合を2度数えたりするものだよね。

それに, たとえ 数えあげたとしても, 正しいかどうかは Check できないので, 不安になるよね。

このように "どんどん状態が変わっていく問題" では,
今までのように「場合分け」や「しらみつぶし」で考えたら
とても大変になるんだよ。

ちなみに，

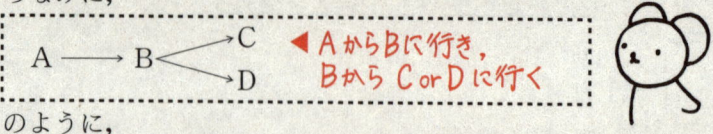

```
A ──→ B ─┬─ C     ◀ AからBに行き，
         └─ D       BからC or Dに行く
```

のように，
状態がどんどん変わっていく問題のことを
「状態推移の問題」というんだけれど，実は
この状態推移の問題では，次の **Point** を使えばたいていうまく解けるんだよ。

Point 2.8　〈状態推移の問題の考え方〉

　状態推移の問題では，樹形図をかいて考えよ。

ただし，
樹形図をかくのが大変すぎる問題では，
漸化式をつくって考えよ！

まず，**Point 2.8** に従って
4秒後についての樹形図をかくと次のようになるよね。

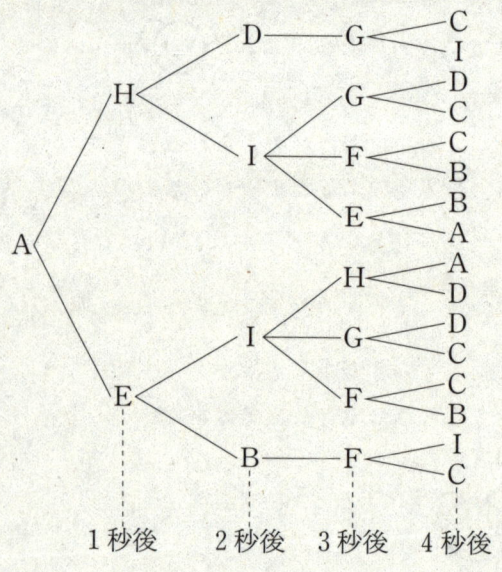

```
                    D ── G ─┬─ C
              H ──┤         └─ I
                   │         ┌─ D
                   │    G ──┤
                   │         └─ C
                   I ──┤    ┌─ C
                        F ──┤
                        │    └─ B
                        │    ┌─ B
                        E ──┤
                             └─ A
A ──┤
                             ┌─ A
                        H ──┤
                        │    └─ D
                        │    ┌─ D
                   I ──┤ G ──┤
                        │    └─ C
                        │    ┌─ C
              E ──┤    F ──┤
                        │    └─ B
                        │    ┌─ I
                   B ── F ──┤
                             └─ C
```

◀ このような図は，木(=樹)の
　形に似ているので，このような
　枝わかれした図のことを
　「樹形図」と呼ぶ！

1秒後　2秒後　3秒後　4秒後

さらに,
この樹形図にそれぞれの確率を書き込むと次のようになる。

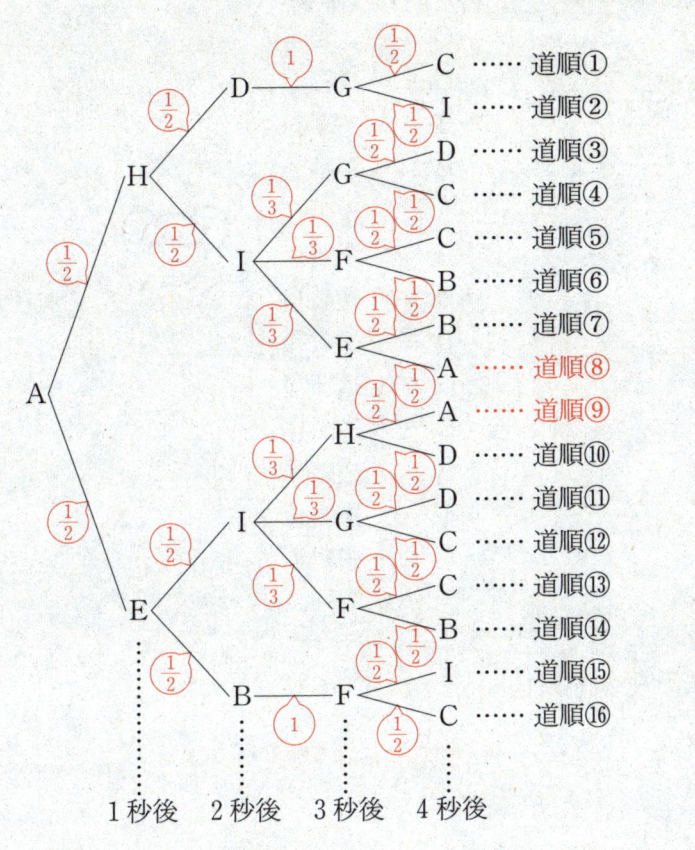

```
                    ①
              D ────── G ──── C …… 道順①
         ½   ╱         ½╲──── I …… 道順②
           ╱         ½╱──── D …… 道順③
        H           G ──── C …… 道順④
     ½ ╱    ½╲  ⅓╱   ½╱──── C …… 道順⑤
      ╱       I ──── F ──── B …… 道順⑥
     ╱      ⅓╲      ½╲──── B …… 道順⑦
    A          E ──── A …… 道順⑧(赤)
     ╲         ½╱──── A …… 道順⑨(赤)
      ╲      ⅓╱ H ──── D …… 道順⑩
     ½ ╲    ½╱  ⅓╲──── D …… 道順⑪
        E ──── I ──── G ──── C …… 道順⑫
         ╲   ⅓╲      ½╲──── C …… 道順⑬
          ½╲    F ──── B …… 道順⑭
            B ──── F ──── I …… 道順⑮
              ①    ½╲──── C …… 道順⑯

   1秒後  2秒後  3秒後  4秒後
```

上図から,4秒後にPがAに戻る場合は,
道順⑧と道順⑨の2つであることが分かるよね。

```
                    ┌─ C ……道順①
              ┌─ G ─┤
           ┌ D      └─ I ……道順②
           │        ┌─ D ……道順③
       ┌ H ┤   ┌─ G ┤
       │   │   │    └─ C ……道順④
      1/2  │  1/2   ┌─ C ……道順⑤
       │   └ I ─┤─ F ┤
       │        │    └─ B ……道順⑥
       │       1/3   ┌─ B ……道順⑦
       │         └ E ┤
   A ──┤              └─ A ……道順⑧
       │           1/2  ┌─ A ……道順⑨
       │         ┌ H ──┤
      1/2       1/3    └─ D ……道順⑩
       │     ┌ I ┤     ┌─ D ……道順⑪
       │     │   │─ G ─┤
       │    1/2  │     └─ C ……道順⑫
       └ E ─┤    │     ┌─ C ……道順⑬
             │    └─ F ┤
             │         └─ B ……道順⑭
             │         ┌─ I ……道順⑮
             └ B ── F ─┤
                       └─ C ……道順⑯
```

よって，
4秒後にPがAに戻る確率は

$$\frac{1}{2}\cdot\frac{1}{2}\cdot\frac{1}{3}\cdot\frac{1}{2}+\frac{1}{2}\cdot\frac{1}{2}\cdot\frac{1}{3}\cdot\frac{1}{2}$$ ◀道順⑧or 道順⑨

$$=2\times\left(\frac{1}{2}\cdot\frac{1}{2}\cdot\frac{1}{3}\cdot\frac{1}{2}\right)$$

$$=\underline{\frac{1}{12}}$$

同様に，4秒後にPがCに到達する場合は，
道順①と道順④と道順⑤と道順⑫と道順⑬と道順⑯
の6つであることが分かるよね。

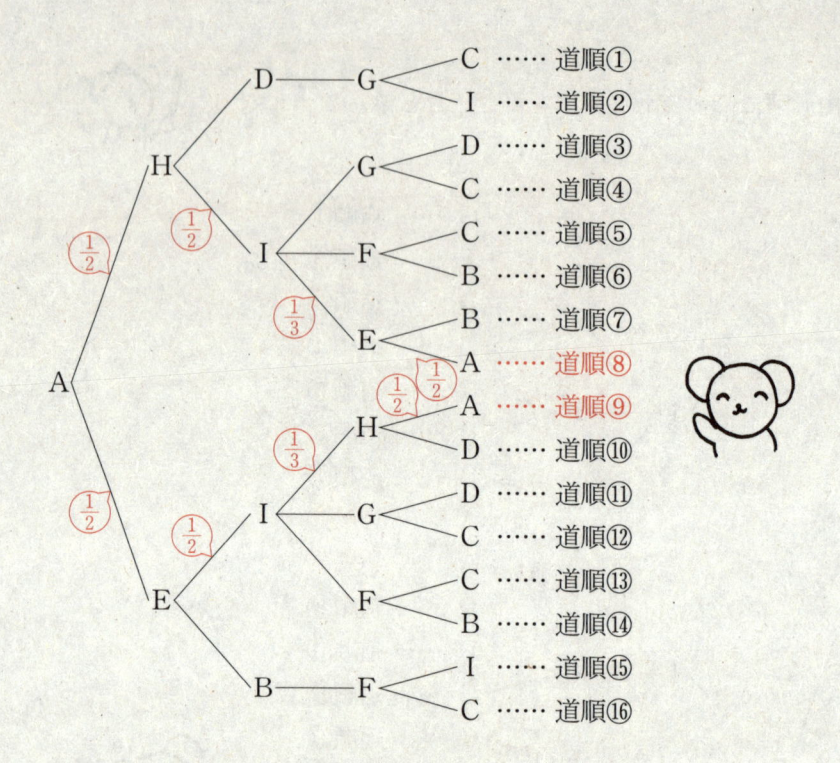

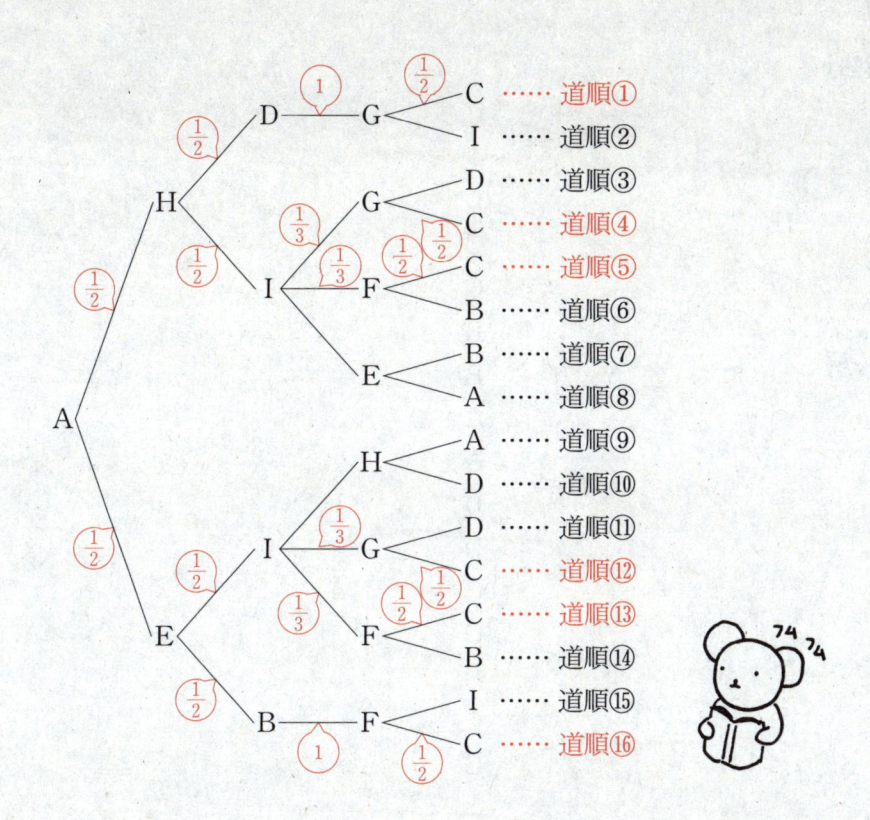

確率の求め方　83

よって、
4秒後にPがCに到達する確率は

$$\frac{1}{2}\cdot\frac{1}{2}\cdot 1\cdot\frac{1}{2}+\frac{1}{2}\cdot\frac{1}{2}\cdot\frac{1}{3}\cdot\frac{1}{2}+\frac{1}{2}\cdot\frac{1}{2}\cdot\frac{1}{3}\cdot\frac{1}{2}$$

◀ 道順① or 道順④ or 道順⑤
or 道順⑫ or 道順⑬ or 道順⑯

$$+\frac{1}{2}\cdot\frac{1}{2}\cdot\frac{1}{3}\cdot\frac{1}{2}+\frac{1}{2}\cdot\frac{1}{2}\cdot\frac{1}{3}\cdot\frac{1}{2}+\frac{1}{2}\cdot\frac{1}{2}\cdot 1\cdot\frac{1}{2}$$

$$=2\times\left(\frac{1}{2}\cdot\frac{1}{2}\cdot 1\cdot\frac{1}{2}\right)+4\times\left(\frac{1}{2}\cdot\frac{1}{2}\cdot\frac{1}{3}\cdot\frac{1}{2}\right)$$

$$=\frac{1}{4}+\frac{1}{6}$$

$$=\underline{\frac{5}{12}}$$ ◀ $\frac{1}{4}+\frac{1}{6}=\frac{3}{12}+\frac{2}{12}=\underline{\frac{5}{12}}$

[解答]

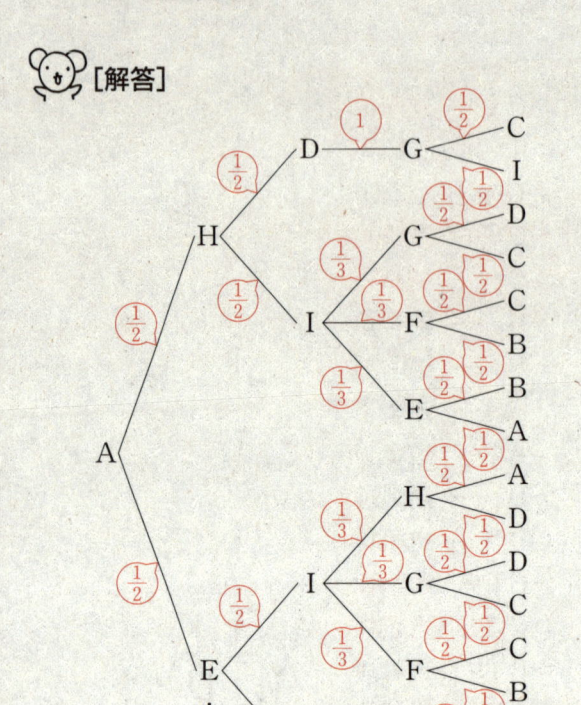

上図を考え，

4秒後にPがAに戻る確率は

$$2 \times \left(\frac{1}{2} \cdot \frac{1}{2} \cdot \frac{1}{3} \cdot \frac{1}{2}\right)$$ ◀[考え方]参照．

$$= \underline{\frac{1}{12}} /\!/$$

4秒後にPがCに到達する確率は

$$2 \times \left(\frac{1}{2} \cdot \frac{1}{2} \cdot 1 \cdot \frac{1}{2}\right) + 4 \times \left(\frac{1}{2} \cdot \frac{1}{2} \cdot \frac{1}{3} \cdot \frac{1}{2}\right)$$ ◀[考え方]参照．

$$= \underline{\frac{5}{12}} /\!/$$

例題44

動点Pが正五角形ABCDEの頂点Aから出発して正五角形の周上を動くものとする。Pがある頂点にいるとき，1秒後にはその頂点に隣接する2頂点のどちらかにそれぞれ確率$\frac{1}{2}$で移っているものとする。

(i) PがAから出発して3秒後にEにいる確率は □

(ii) PがAから出発して4秒後にBにいる確率は □

(iii) PがAから出発して4秒後にAにいる確率は □

(iv) PがAから出発して8秒後にAにいる確率は □

である。

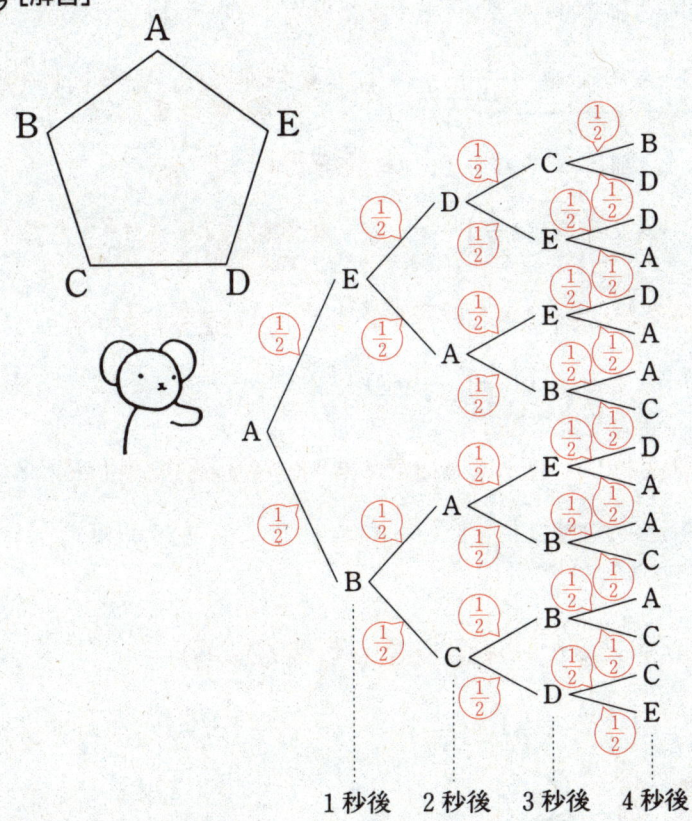

[解答]

左図より，

(i) $\dfrac{3}{8}$

(ii) $\dfrac{1}{16}$

(iii) $\dfrac{6}{16} = \dfrac{3}{8}$

(iv) Pが8秒後にAにいる場合は，次の5通りが考えられる。

| 0秒 | 4秒後 | 8秒後 |

① A ⟶ A ⟶ A
② A ⟶ B ⟶ A
③ A ⟶ C ⟶ A
④ A ⟶ D ⟶ A
⑤ A ⟶ E ⟶ A

◀前の問題の結果を使うために 4秒を1つの単位として考える!!

4秒でA→Aとなる確率は $\dfrac{3}{8}$ なので， ◀(iii)より

　①のA→A→Aの確率は $\left(\dfrac{3}{8}\right)^2$ ……①′

4秒でA→Bとなる確率は $\dfrac{1}{16}$ なので， ◀(ii)より

　②のA→B→Aの確率は $\left(\dfrac{1}{16}\right)^2$ ……②′ ◀対称性より，A→BとB→Aの確率は等しい！

4秒でA→Cとなる確率は $\dfrac{1}{4}$ なので， ◀樹形図より $\dfrac{4}{16}=\dfrac{1}{4}$

　③のA→C→Aの確率は $\left(\dfrac{1}{4}\right)^2$ ……③′ ◀対称性より，A→CとC→Aの確率は等しい！

③′より， ◀対称性より，A→D→Aの確率はA→C→Aの確率と等しい！

　④のA→D→Aの確率は $\left(\dfrac{1}{4}\right)^2$ ……④′

②′より， ◀対称性より，A→E→Aの確率はA→B→Aの確率と等しい！

　⑤のA→E→Aの確率は $\left(\dfrac{1}{16}\right)^2$ ……⑤′

よって，
①′+②′+③′+④′+⑤′ より， ◀① or ② or ③ or ④ or ⑤

$$\left(\dfrac{3}{8}\right)^2+\left(\dfrac{1}{16}\right)^2+\left(\dfrac{1}{4}\right)^2+\left(\dfrac{1}{4}\right)^2+\left(\dfrac{1}{16}\right)^2$$

$= \dfrac{35}{128}$ ◀ $\dfrac{70}{256}=\dfrac{35}{128}$

練習問題 29

右の図の正六面体の辺上を1秒間に辺の長さだけの速さで歩いている蟻は，頂点に来るとその頂点を端点とする辺の中から1辺を等確率で選んで歩き続け，頂点Gに達すると停止するものとする。

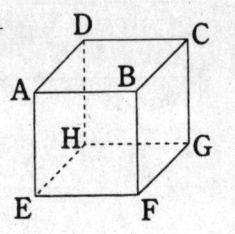

いま，正六面体の頂点を次の4つのクラス

$K_1 = \{A\}$, $K_2 = \{B, D, E\}$, $K_3 = \{C, F, H\}$, $K_4 = \{G\}$

に分けると，正六面体の辺の関係から，あるクラス内の頂点にいる蟻は1秒後には他のクラス内の頂点に移らなければならない。
蟻はクラス K_1 から出発するものとして，次の問いに答えよ。

(1) 蟻が1秒後に K_2 にいる確率，2秒後に K_3 にいる確率，3秒後に K_2 にいる確率をそれぞれ求めよ。

(2) 蟻が7秒後に K_4 に達して停止する確率を求めよ。

(3) 蟻が n 秒後に K_4 に達して停止する確率を求めよ。

例題 45

ある工作機械が2日連続して故障する確率は $\frac{1}{3}$，2日連続して故障しない確率は $\frac{1}{2}$ である。今日，この機械は故障した。このとき，

(1) 4日後 この機械が故障しない確率を求めよ。

(2) 5日後 この機械が故障しない確率を求めよ。

[考え方]

この問題は 状態の推移をとらえる問題なので **例題 44** や **練習問題 29** のように 樹形図をかいて求めることもできるのだろうが，実際にかいてみると ものすごく大変である！

そこで，**Point 2.8** に従って 漸化式をつくることにしよう。

[解答]

$n+1$ 日後に故障しない
$=$
$\begin{cases} n \text{ 日後に故障しなくて, } n+1 \text{ 日目も故障しない} \\ \quad\text{or} \quad (\blacktriangleright 2\text{日連続して故障しない}) \\ n \text{ 日後に故障して, } n+1 \text{ 日目は故障しない} \end{cases}$

◀ 漸化式をつくるために n 日後と $n+1$ 日後の関係を調べる!

より,

n 日後に故障しない確率を p_n とおく と,

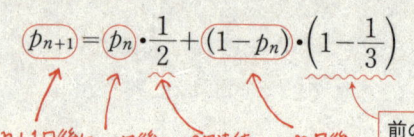

$$p_{n+1} = p_n \cdot \frac{1}{2} + (1-p_n) \cdot \left(1 - \frac{1}{3}\right)$$

- p_{n+1}: $n+1$日後に故障しない確率
- p_n: n日後に故障しない確率
- 2日連続して故障しない確率
- $(1-p_n)$: n日後に故障する確率
- 前の日に故障して次の日に故障しない確率

$1 =$ 前の日に故障して次の日に故障しない確率 $+$ 前の日に故障して次の日も故障する確率

2日連続して故障する確率だから $\frac{1}{3}$

$\Leftrightarrow p_{n+1} = \frac{1}{2}p_n - \frac{2}{3}p_n + \frac{2}{3}$

$\Leftrightarrow p_{n+1} = -\frac{1}{6}p_n + \frac{2}{3}$

$\Leftrightarrow p_{n+1} - \frac{4}{7} = -\frac{1}{6}\left(p_n - \frac{4}{7}\right)$

$\Leftrightarrow p_{n+1} - \frac{4}{7} = \left(-\frac{1}{6}\right)^{n+1}\left(p_0 - \frac{4}{7}\right)$

◀ $p_{n+1} + \alpha = -\frac{1}{6}(p_n + \alpha)$
$\Leftrightarrow p_{n+1} = -\frac{1}{6}p_n - \frac{7}{6}\alpha$
これが $p_{n+1} = -\frac{1}{6}p_n + \frac{2}{3}$ と等しいので, $-\frac{7}{6}\alpha = \frac{2}{3}$ ∴ $\alpha = -\frac{4}{7}$

↑[解説]を見よ

$p_0 = 0$ より, ◀ 0日後(つまり今日!)は故障しているので!

$p_{n+1} - \frac{4}{7} = -\frac{4}{7}\left(-\frac{1}{6}\right)^{n+1}$ ◀ $\left(p_0 - \frac{4}{7}\right) = -\frac{4}{7}$

∴ $p_n = -\frac{4}{7}\left(-\frac{1}{6}\right)^n + \frac{4}{7}$ ◀ n を1つずらした

(1) $p_4 = -\frac{4}{7}\left(-\frac{1}{6}\right)^4 + \frac{4}{7} = \frac{185}{324}$ ◀ $n=4$の場合!

(2) $p_5 = -\frac{4}{7}\left(-\frac{1}{6}\right)^5 + \frac{4}{7} = \frac{1111}{1944}$ ◀ $n=5$の場合!

[解説]

$$p_{n+1} - \frac{4}{7} = -\frac{1}{6}\left(p_n - \frac{4}{7}\right) \cdots\cdots(*)$$

$\boxed{p_n - \frac{4}{7} = a_n \text{ とおく}}$ と，$p_{n+1} - \frac{4}{7} = a_{n+1}$ もいえるので，

$(*) \Leftrightarrow a_{n+1} = -\frac{1}{6}a_n$　◀ Pattern 0 の形！（下を見よ）

$\phantom{(*) \Leftrightarrow a_{n+1}} = \left(-\frac{1}{6}\right)^{n+1} a_0$

$\therefore \underwavy{p_{n+1} - \frac{4}{7} = \left(-\frac{1}{6}\right)^{n+1}\left(p_0 - \frac{4}{7}\right)}$　◀ $a_{n+1} = p_{n+1} - \frac{4}{7},\ a_0 = p_0 - \frac{4}{7}$

Pattern 0 ;　$a_{n+1} = ra_n$ 型の漸化式

> **Point 2.9**　〈$a_{n+1} = ra_n$ の解法〉
>
> $a_{n+1} = ra_n$ という漸化式はすぐに解ける。
> $a_{n+1} = ra_n \Rightarrow a_{n+1} = r^n a_1$ より，$\underwavy{a_n = r^{n-1} a_1}$　◀ n を1つずらした

▶ $\boxed{a_{n+1} = ra_n \Rightarrow a_{n+1} = r^n a_1}$ となるのは明らかだよね？

$\begin{cases} a_{n+1} = ra_n & \cdots\cdots ① \\ a_n = ra_{n-1} & \cdots\cdots ② \\ a_{n-1} = ra_{n-2} & \cdots\cdots ③ \end{cases}$　
◀ n を1つずらした
◀ n を1つずらした

①，② より　$a_{n+1} = ra_n$
$\phantom{①，② より　a_{n+1}} = r(ra_{n-1})$　◀ a_n に $a_n = ra_{n-1} \cdots\cdots ②$ を代入した
$\phantom{①，② より　a_{n+1}} = r^2 a_{n-1}$

さらに ③ より　$a_{n+1} = r^2 a_{n-1}$
$\phantom{さらに ③ より　a_{n+1}} = r^2(ra_{n-2})$　◀ a_{n-1} に $a_{n-1} = ra_{n-2} \cdots\cdots ③$ を代入した
$\phantom{さらに ③ より　a_{n+1}} = r^3 a_{n-2}$

これをどんどん繰り返していくと，

$a_{n+1} = r^1 a_n = r^2 a_{n-1} = r^3 a_{n-2} = r^4 a_{n-3} = r^5 a_{n-4} = \cdots = \underwavy{r^n a_1}$ となる。

例題 46

1枚の硬貨に対して，次の2種類の操作AとBを考える。

A：表を向いている場合はそのままにして，裏を向いている場合は硬貨を投げて表裏を決める。

B：裏を向いている場合はそのままにして，表を向いている場合は硬貨を投げて表裏を決める。

(1) 表を向いている場合にAを行い，次にBを行ったのちに表を向いている確率pと，
裏を向いている場合にAを行い，次にBを行ったのちに表を向いている確率qを求めよ。

(2) 投げられた硬貨にAから始めてAとBを交互にn回ずつ行ったのちに表を向いている確率r_nを求めよ。

[解答]

(1)

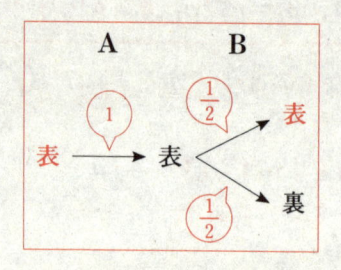

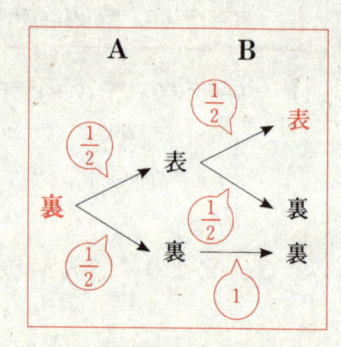

上図を考え，
$$p = 1 \cdot \frac{1}{2} = \frac{1}{2}$$

上図を考え，
$$q = \frac{1}{2} \cdot \frac{1}{2} = \frac{1}{4}$$

(2) $\boxed{n+1\text{回後に表を向いている}}$
$\quad\quad\quad\quad\quad =$
$\quad \begin{cases} n \text{回後が表で,} n+1\text{回目も表を向く} \\ \quad\quad\quad\text{or} \\ n \text{回後が裏で,} n+1\text{回目に表を向く} \end{cases}$ より,

◀ 漸化式をつくるために n 回後と $n+1$ 回後の関係を調べる！

$r_{n+1} = r_n \cdot p + (1-r_n)\cdot q$

$n+1$回後が表である確率　　n回後が表である確率　　n回後が裏である確率 $= 1 - n$回後が表である確率 (r_n)

$\Leftrightarrow r_{n+1} = \dfrac{1}{2}r_n + \dfrac{1}{4} - \dfrac{1}{4}r_n$　◀ (1)の $p=\dfrac{1}{2}$ と $q=\dfrac{1}{4}$ を代入した！

$\Leftrightarrow r_{n+1} = \dfrac{1}{4}r_n + \dfrac{1}{4}$　◀ 整理した

$\Leftrightarrow r_{n+1} - \dfrac{1}{3} = \dfrac{1}{4}\left(r_n - \dfrac{1}{3}\right)$　◀ $r_{n+1}+\alpha = \dfrac{1}{4}(r_n+\alpha) \Leftrightarrow r_{n+1} = \dfrac{1}{4}r_n - \dfrac{3}{4}\alpha$ より

$\phantom{\Leftrightarrow r_{n+1} - \dfrac{1}{3} = \dfrac{1}{4}\left(r_n - \dfrac{1}{3}\right)\quad}$ $-\dfrac{3}{4}\alpha = \dfrac{1}{4}$ ∴ $\alpha = -\dfrac{1}{3}$

$\Leftrightarrow r_{n+1} - \dfrac{1}{3} = \left(\dfrac{1}{4}\right)^{n+1}\left(r_0 - \dfrac{1}{3}\right)$

$\boxed{r_0 = \dfrac{1}{2}}$ より, ◀ 操作をする前のコインが表を向いている確率は $\dfrac{1}{2}$ である

$r_{n+1} - \dfrac{1}{3} = \dfrac{1}{6}\left(\dfrac{1}{4}\right)^{n+1}$　◀ $\left(r_0 - \dfrac{1}{3}\right) = \left(\dfrac{1}{2} - \dfrac{1}{3}\right) = \dfrac{1}{6}$

∴ $r_n = \dfrac{1}{6}\left(\dfrac{1}{4}\right)^n + \dfrac{1}{3}$

練習問題 30

2つの袋A,Bの中に白玉と赤玉が入っている。Aから玉を1個取り出してBに入れ,よく混ぜたのちBから玉を1個取り出してAに入れる。これを1回の操作と数える。初めに,Aの中に4個の白玉と1個の赤玉が,Bの中には3個の白玉だけが入っていたとして,この操作を n 回繰り返した後,赤玉がAに入っている確率を p_n とする。
(1) p_{n+1} を p_n で表せ。
(2) p_n を n で表せ。

練習問題 31

A, B 2人がサイコロを n 回ずつ振って，その k 回目に出た A, B それぞれのサイコロの目を a_k, b_k とする。

このとき，$a_1b_1 + a_2b_2 + \cdots + a_nb_n$ が偶数になる確率を p_n とする。

(1) p_n を p_{n-1} で表せ。
(2) p_n を求めよ。

例題 47

n 段の階段を登るのに，1 段ずつ登っても，2 段ずつ登っても，または両方をまぜて登ってもよいとする。このときの登り方の数を a_n とする。

a_{n+2} を a_n と a_{n+1} を用いて表せ。

[解答]

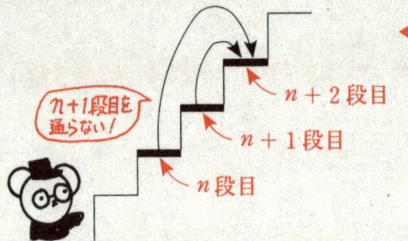

◀ 1段 or 2段登れるので，$n+2$ 段目に行く登り方は
$\begin{cases} n+1 \text{ 段目を通って } n+2 \text{ 段目に行く場合} \\ \quad \text{or} \\ n+1 \text{ 段目を通らないで } n+2 \text{ 段目に行く場合} \end{cases}$
の 2 通りが考えられる！

$\boxed{n+2 \text{ 段目にいる}}$
$\parallel$
$\begin{cases} n+1 \text{ 段目まで登り，1 段登って } n+2 \text{ 段目に行く} \quad ◀ n+1 \text{ 段目を通る！} \\ \quad \text{or} \\ n \text{ 段目まで登り，2 段登って } n+2 \text{ 段目に行く} \quad ◀ n+1 \text{ 段目を通らない！} \end{cases}$

より，
$$a_{n+2} = a_{n+1} \cdot 1 + a_n \cdot 1$$

◀ $\begin{cases} n+1 \text{ 段目から } n+2 \text{ 段目に行くのは } \underline{1 \text{ 通り}} \\ n \text{ 段目から (}n+1 \text{ 段目を通らないで)} \\ n+2 \text{ 段目に行くのは } \underline{1 \text{ 通り}} \end{cases}$

$\therefore \underline{\underline{a_{n+2} = a_{n+1} + a_n}}$

練習問題 32

数直線上を原点から右（正の向き）に，硬貨を投げて進む。表が出れば1進み，裏が出れば2進むものとする。このようにして，ちょうど点 n に到達する確率を p_n で表す。ただし，n は自然数とする。

(1) 2以上の n について，p_{n+1} と p_n，p_{n-1} との関係式を求めよ。
(2) p_n $(n \geq 3)$ を求めよ。

練習問題 33

2人が n 個のコインを分け，ジャンケンをして勝った方は相手からコインを1個受け取るというゲームを行う。ジャンケンに引き分けはないものとし，先にすべてのコインを得たほうの人が勝ちとする。最初に k 個のコインを持っていた人が勝つ確率を p_k $(0 < k \leq n)$ として，

(1) $p_0 = 0$，$p_n = 1$ として，p_{k+1}，p_k，p_{k-1} $(0 < k \leq n)$ の間に成り立つ関係式を求めよ。
(2) $n = 3$ のときの p_1 と p_2 を求めよ。
(3) 一般の n について，p_k $(0 < k \leq n)$ を求めよ。

例題 48

図のような4個の点 A, B, C, D を結んだ図形を考える。動点 P は点 A を出発点として A, B, C, D 上を移動する。P が A または C にいるときは，残りの3点にそれぞれ $\frac{1}{3}$ の確率で移動し，P が B または D にいるときは，A, C にそれぞれ $\frac{1}{2}$ の確率で移動する。n 回の移動後，P が A, B, C, D にいる確率をそれぞれ a_n, b_n, c_n, d_n とする。

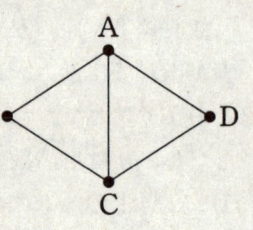

(1) a_{n+1}, c_{n+1} を a_n, b_n, c_n, d_n を用いて表せ。
(2) 数列 $\{a_n + c_n\}, \{a_n - c_n\}$ のそれぞれの漸化式を導け。
(3) a_n, c_n を求めよ。

[解答]

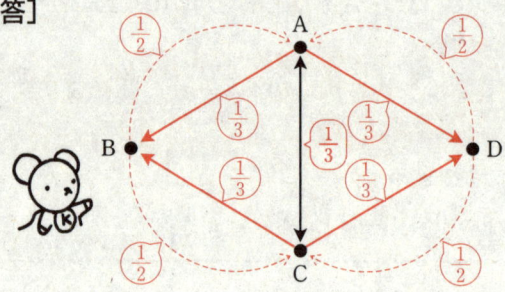

(1) 　$n+1$ 回の移動後，P が A にいる
　　　　　　$=$
　　$\begin{cases} n \text{ 回の移動後 B にいて，} n+1 \text{ 回目に A に行く} \\ \quad \text{or} \\ n \text{ 回の移動後 C にいて，} n+1 \text{ 回目に A に行く} \\ \quad \text{or} \\ n \text{ 回の移動後 D にいて，} n+1 \text{ 回目に A に行く} \end{cases}$ より，

$$a_{n+1} = b_n \times \frac{1}{2} + c_n \times \frac{1}{3} + d_n \times \frac{1}{2}$$ ◀上図を見よ！

$$\therefore \quad a_{n+1} = \frac{1}{2} b_n + \frac{1}{3} c_n + \frac{1}{2} d_n \quad \cdots\cdots ①$$

$$\begin{array}{|c|}\hline n+1\text{回の移動後，PがCにいる}\\ \|\\ \begin{cases} n\text{回の移動後Aにいて，}n+1\text{回目にCに行く}\\ \quad\text{or}\\ n\text{回の移動後Bにいて，}n+1\text{回目にCに行く}\\ \quad\text{or}\\ n\text{回の移動後Dにいて，}n+1\text{回目にCに行く}\end{cases}\\ \hline\end{array}$$ より，

$$c_{n+1} = a_n \times \frac{1}{3} + b_n \times \frac{1}{2} + d_n \times \frac{1}{2}$$ ◀上図を見よ！

$$\therefore\ c_{n+1} = \frac{1}{3}a_n + \frac{1}{2}b_n + \frac{1}{2}d_n\ \cdots\cdots ②$$

(2) $\begin{cases} a_{n+1} = \dfrac{1}{2}b_n + \dfrac{1}{3}c_n + \dfrac{1}{2}d_n\ \cdots\cdots ①\\[6pt] c_{n+1} = \dfrac{1}{3}a_n + \dfrac{1}{2}b_n + \dfrac{1}{2}d_n\ \cdots\cdots ② \end{cases}$

$\boxed{①+②}$ より， ◀ $a_{n+1}+c_{n+1}$ をつくる！

$$a_{n+1} + c_{n+1} = \frac{1}{3}a_n + \frac{1}{3}c_n + \underline{b_n + d_n}\ \cdots\cdots ①'$$

ここで，

$\boxed{a_n + b_n + c_n + d_n = 1}$ ◀ n 回の移動後にPは必ずAorBorCorDのどこかにいる!!

⇔ $\boxed{b_n + d_n = 1-(a_n+c_n)\ を①'に代入する}$ と，

▲不要な b_n と d_n を消去する！

$$a_{n+1} + c_{n+1} = \frac{1}{3}a_n + \frac{1}{3}c_n + 1 - (a_n + c_n)$$

$$\therefore\ a_{n+1} + c_{n+1} = -\frac{2}{3}(a_n + c_n) + 1\ \cdots\cdots ③$$

$\boxed{①-②}$ より， ◀ $a_{n+1}-c_{n+1}$ をつくる！

$$a_{n+1} - c_{n+1} = -\frac{1}{3}a_n + \frac{1}{3}c_n$$

$$\therefore\ a_{n+1} - c_{n+1} = -\frac{1}{3}(a_n - c_n)\ \cdots\cdots ④$$

(3) $\boxed{a_n + c_n = A_n \text{ とおく}}$ と、 ◀ $a_{n+1} + c_{n+1} = A_{n+1}$

③ $\Leftrightarrow A_{n+1} = -\dfrac{2}{3}A_n + 1$ ◀ $a_{n+1} + c_{n+1} = -\dfrac{2}{3}(a_n + c_n) + 1 \cdots$ ③

$\Leftrightarrow A_{n+1} - \dfrac{3}{5} = -\dfrac{2}{3}\left(A_n - \dfrac{3}{5}\right)$ ◀ $A_{n+1} + \alpha = -\dfrac{2}{3}(A_n + \alpha)$
$\Leftrightarrow A_{n+1} = -\dfrac{2}{3}A_n - \dfrac{5}{3}\alpha$ より

$\Leftrightarrow A_{n+1} - \dfrac{3}{5} = \left(-\dfrac{2}{3}\right)^{n+1}\left(A_0 - \dfrac{3}{5}\right)$ $-\dfrac{5}{3}\alpha = 1$ ∴ $\alpha = -\dfrac{3}{5}$

ここで、

$\boxed{\begin{array}{l}A_0 = a_0 + c_0 \\ = 1\end{array}}$ より、 ◀ $A_n = a_n + c_n$ に $n=0$ を代入した
◀ 最初に点PはAにいるので、$a_0 = 1, c_0 = 0$

$A_{n+1} - \dfrac{3}{5} = \left(-\dfrac{2}{3}\right)^{n+1}\left(A_0 - \dfrac{3}{5}\right)$

$\Leftrightarrow A_{n+1} - \dfrac{3}{5} = \dfrac{2}{5}\left(-\dfrac{2}{3}\right)^{n+1}$ がいえるので、 ◀ $\left(A_0 - \dfrac{3}{5}\right) = 1 - \dfrac{3}{5} = \dfrac{2}{5}$

$A_n = \dfrac{2}{5}\left(-\dfrac{2}{3}\right)^n + \dfrac{3}{5}$ ◀ n を1つずらした

∴ $\underline{a_n + c_n = \dfrac{2}{5}\left(-\dfrac{2}{3}\right)^n + \dfrac{3}{5}} \cdots$ ③' ◀ $A_n = a_n + c_n$

$\boxed{a_n - c_n = B_n \text{ とおく}}$ と、 ◀ $a_{n+1} - c_{n+1} = B_{n+1}$

④ $\Leftrightarrow B_{n+1} = -\dfrac{1}{3}B_n$ ◀ $a_{n+1} - c_{n+1} = -\dfrac{1}{3}(a_n - c_n) \cdots$ ④

$\Leftrightarrow B_{n+1} = \left(-\dfrac{1}{3}\right)^{n+1} B_0$

ここで、

$\boxed{\begin{array}{l}B_0 = a_0 - c_0 \\ = 1\end{array}}$ より、 ◀ $B_n = a_n - c_n$ に $n=0$ を代入した
◀ $a_0 = 1, c_0 = 0$

$B_{n+1} = \left(-\dfrac{1}{3}\right)^{n+1} B_0$

$\Leftrightarrow B_{n+1} = \left(-\dfrac{1}{3}\right)^{n+1}$ がいえるので、 ◀ $B_0 = 1$

$B_n = \left(-\dfrac{1}{3}\right)^n$ ◀ n を1つずらした

∴ $\underline{a_n - c_n = \left(-\dfrac{1}{3}\right)^n} \cdots$ ④' ◀ $B_n = a_n - c_n$

③′, ④′ より,

$$a_n = \frac{1}{5}\left(-\frac{2}{3}\right)^n + \frac{1}{2}\left(-\frac{1}{3}\right)^n + \frac{3}{10} \quad \blacktriangleleft \{③′+④′\}\div 2$$

$$c_n = \frac{1}{5}\left(-\frac{2}{3}\right)^n - \frac{1}{2}\left(-\frac{1}{3}\right)^n + \frac{3}{10} \quad \blacktriangleleft \{③′-④′\}\div 2$$

練習問題 34

下の図のように 3 個の箱 A, B, C があり, 1 匹のネズミが 1 秒ごとに 1 つの箱から隣りの箱に移動を試みるものとする。その移動の方向と確率は図に示した通りである。すなわち, ネズミが

箱 A にいるときは, 確率 p で箱 B に移り,

箱 B にいるときは, 確率 p で箱 C に移るか, または

　　　　確率 $1-p$ で箱 A に移り,

箱 C にいるときは, 確率 $1-p$ で箱 B に移る。

n 秒後にネズミが箱 A, B, C にいる確率をそれぞれ a_n, b_n, c_n とする。ただし, $n=0$ のとき, ネズミは箱 A にいるものとする。また, $0<p<1$ とする。

(1) a_n, b_n, c_n を a_{n-1}, b_{n-1}, c_{n-1} および p を用いて表せ。

(2) $a_{n+1} + \alpha a_n + \beta a_{n-1} = \gamma$ $(n=1, 2, 3, \cdots)$ とするとき, α, β, γ を p の式で表せ。

(3) $p = \frac{1}{2}$ のとき, 自然数 m に対して, a_{2m} を求めよ。

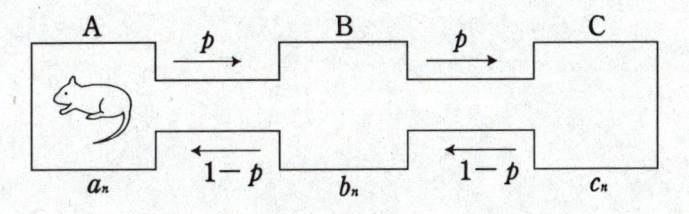

<メモ>

Section 3 $_nC_r$ の重要公式について

この章では「$_nC_r$ に関する計算問題」を解説します。
私大の小問を除けば $_nC_r$ の計算問題自体が
入試で出題される場合はあまりないのですが、
一般の入試問題を解いていく過程において
いろんな $_nC_r$ の計算をしなければならなくなります。

▶ 特に Section 4 の「期待値」を計算するときに
　このSection 3 の知識が必要になる！

その意味で、このSection 3 の内容が分からないと
入試問題を完答することができなくなるので、
知らなかった公式や考え方は必ず覚えていくこと！

例題 49

(1) $\displaystyle\sum_{k=0}^{n} 2^k {}_n C_k$ を求めよ。   (2) $\displaystyle\sum_{k=0}^{n} {}_n C_k$ を求めよ。

[考え方]

まず，次の"2項定理"は常識だよね？ ◀ 知らなかったら必ず覚えておくこと！

Point 3.1 〈2項定理〉

$$(a+b)^n = {}_n C_0 a^n b^0 + {}_n C_1 a^{n-1} b^1 + {}_n C_2 a^{n-2} b^2 + \cdots$$
$$+ {}_n C_k a^{n-k} b^k + \cdots + {}_n C_{n-1} a^1 b^{n-1} + {}_n C_n a^0 b^n$$
$$= \sum_{k=0}^{n} {}_n C_k a^{n-k} b^k$$

このタイプの問題は，次のように
2項定理の"逆"を考えると 一瞬で解けてしまうのである！

[解答]

(1) $\displaystyle\sum_{k=0}^{n} 2^k {}_n C_k = \sum_{k=0}^{n} {}_n C_k 2^k$

$= \displaystyle\sum_{k=0}^{n} {}_n C_k 1^{n-k} 2^k$ ◀ 強引に Point 3.1 が使える形にした！

$= (1+2)^n$ ◀ Point 3.1 [$a=1, b=2$]

$= 3^n$

(2) $\displaystyle\sum_{k=0}^{n} {}_n C_k = \sum_{k=0}^{n} {}_n C_k 1^{n-k} 1^k$ ◀ 強引に Point 3.1 が使える形にした！

$= (1+1)^n$ ◀ Point 3.1 [$a=b=1$]

$= 2^n$

準公式

$\displaystyle\sum_{k=0}^{n} {}_n C_k = {}_n C_0 + {}_n C_1 + {}_n C_2 + \cdots + {}_n C_n$

$= 2^n$

◀ これは覚えておくこと！

例題 50

$_{99}C_0 + {_{99}C_1} + \cdots + {_{99}C_{49}}$ を求めよ。

[考え方]

この問題は，ちょっとした"パズル"のような問題で，次の基本公式をうまく使えば簡単に解けてしまう！

Point 3.2 〈$_nC_r$ の基本公式〉

$_nC_r = {_nC_{n-r}}$

[解答]

$\underline{_{99}C_0 + {_{99}C_1} + {_{99}C_2} + \cdots + {_{99}C_{49}} + {_{99}C_{50}} + \cdots + {_{99}C_{97}} + {_{99}C_{98}} + {_{99}C_{99}}}$

$= (1+1)^{99}$ ◀ 例題49(2)

$= 2^{99}$ ……①

$_{99}C_0 + {_{99}C_1} + \cdots + {_{99}C_{49}} + {_{99}C_{50}} + \cdots + {_{99}C_{98}} + {_{99}C_{99}}$ だったら，簡単に求めることができる！

また，$_nC_r = {_nC_{n-r}}$ より ◀ Point 3.2

$_{99}C_{99} = {_{99}C_0},\ {_{99}C_{98}} = {_{99}C_1},\ {_{99}C_{97}} = {_{99}C_2},\ \cdots,\ {_{99}C_{50}} = {_{99}C_{49}}$ がいえるので，

$\underline{_{99}C_0 + {_{99}C_1} + {_{99}C_2} + \cdots + {_{99}C_{49}} + {_{99}C_{50}} + \cdots + {_{99}C_{97}} + {_{99}C_{98}} + {_{99}C_{99}}}$

$= 2(_{99}C_0 + {_{99}C_1} + {_{99}C_2} + \cdots + {_{99}C_{49}})$ ……②

①，②より

$2(_{99}C_0 + {_{99}C_1} + \cdots + {_{99}C_{49}}) = 2^{99}$ がいえるので， ◀ ①=②

$_{99}C_0 + {_{99}C_1} + {_{99}C_2} + \cdots + {_{99}C_{49}} = \underline{2^{98}}$ // ◀ 両辺を2で割った

練習問題 35

n が偶数のとき，

$_nC_0 + {_nC_2} + {_nC_4} + \cdots + {_nC_n}$ を求めよ。

例題 51

(1) $a_n = \sum_{k=0}^{n} k \cdot {}_n C_k$ を求めよ。

(2) $\sum_{k=0}^{n} k^2 \cdot {}_n C_k$ を求めよ。

ただし，n は自然数とする。

[考え方]

(1) まず，$\sum_{k=0}^{n} k \cdot {}_n C_k$ の形のままだと
$0 \cdot {}_n C_0 + 1 \cdot {}_n C_1 + 2 \cdot {}_n C_2 + \cdots\cdots + n \cdot {}_n C_n$ ◀実際に書き出してみた！
のようになって，よく分からないよね。
そこで，次の公式が重要になる。

Point 3.3 〈${}_n C_r$ の重要公式 I〉

$k \cdot {}_n C_k = n \cdot {}_{n-1} C_{k-1}$

この公式を使えば，$\sum_{k=0}^{n} k \cdot {}_n C_k$ は

$\sum_{k=0}^{n} k \cdot {}_n C_k = \sum_{k=0}^{n} n \cdot {}_{n-1} C_{k-1}$ ◀ $k \cdot {}_n C_k = n \cdot {}_{n-1} C_{k-1}$

$\qquad = n \sum_{k=0}^{n} {}_{n-1} C_{k-1}$ のようになり，◀ n は定数なので $\sum_{k=0}^{n}$ の外に出せる！

単に $\sum_{k=0}^{n} {}_{n-1} C_{k-1}$ を求めるだけの問題に変えることができる！

[**Point 3.3** の式の意味と導き方] ◀導けるようにしておくこと！

$\begin{cases} n \text{人から } k \text{人を選び,} & \blacktriangleleft {}_n C_k \text{ 通り} \\ \text{さらにその } k \text{人から代表を 1 人選ぶ} & \blacktriangleleft k \text{ 通り} \end{cases}$

$\parallel$

$\begin{cases} n \text{人から代表を 1 人選び,} & \blacktriangleleft n \text{ 通り} \\ \text{残りの } n-1 \text{人から (代表を除く) } k-1 \text{人を選ぶ} & \blacktriangleleft {}_{n-1} C_{k-1} \text{ 通り} \end{cases}$

より，◀共に，n 人から"代表 1 人と $k-1$ 人を選ぶ"ときの選び方！
${}_n C_k \cdot k = n \cdot {}_{n-1} C_{k-1}$ が得られる。

[解答]

(1) $a_n = \sum_{k=0}^{n} k \cdot {}_nC_k$

$= \sum_{k=0}^{n} n \cdot {}_{n-1}C_{k-1}$ ◀ $k \cdot {}_nC_k = n \cdot {}_{n-1}C_{k-1}$ (Point 3.3)

$= n \sum_{k=0}^{n} {}_{n-1}C_{k-1}$ ◀ $\sum_{k=0}^{n}$ において n は定数なので $\sum_{k=0}^{n}$ の外に出せる！

$= n(\underbrace{{}_{n-1}C_{-1}}_{=0} + {}_{n-1}C_0 + {}_{n-1}C_1 + \cdots + {}_{n-1}C_{n-1})$ ◀ 実際に書き出した

◀ ${}_nC_r = 0\ (r \neq 0, 1, 2, \ldots, n)$

$= n({}_{n-1}C_0 + {}_{n-1}C_1 + \cdots + {}_{n-1}C_{n-1})$

$= n(1+1)^{n-1}$ ◀ Point 3.1 [$a = b = 1$]

$= \underline{n \cdot 2^{n-1}}$ //

[考え方]

(2) (1)の結果がうまく使えるように変形してみよう。

[解答]

(2) $\sum_{k=0}^{n} k^2 \cdot {}_nC_k$

$= \sum_{k=0}^{n} k \cdot k \cdot {}_nC_k$ ◀ $k^2 = k \cdot k$ を考え，Point 3.3 が使える形にした！

$= \sum_{k=0}^{n} k \cdot n \cdot {}_{n-1}C_{k-1}$ ◀ Point 3.3 を使って，(1)と同じような形になるようにした！

$= n \sum_{k=0}^{n} k \cdot {}_{n-1}C_{k-1}$ ◀ n を $\sum$ の外に出した

$= n(0 \cdot {}_{n-1}C_{-1} + 1 \cdot {}_{n-1}C_0 + 2 \cdot {}_{n-1}C_1 + \cdots + n \cdot {}_{n-1}C_{n-1})$ ◀ 実際に書き出した

$= n(1 \cdot {}_{n-1}C_0 + 2 \cdot {}_{n-1}C_1 + \cdots + n \cdot {}_{n-1}C_{n-1})$

$= n \sum_{k=0}^{n-1} (k+1) \cdot {}_{n-1}C_k$ ◀ $\sum$ を使って書き直した

$= n \sum_{k=0}^{n-1} k \cdot {}_{n-1}C_k + n \sum_{k=0}^{n-1} {}_{n-1}C_k$ ◀ $\sum_{k=0}^{n-1}(k+1) \cdot {}_{n-1}C_k = \sum_{k=0}^{n-1}(k \cdot {}_{n-1}C_k + {}_{n-1}C_k)$

$= n a_{n-1} + n(1+1)^{n-1}$ ◀ (1)の $a_n = \sum_{k=0}^{n} k \cdot {}_nC_k$ より $a_{n-1} = \sum_{k=0}^{n-1} k \cdot {}_{n-1}C_k$

$= n \cdot (n-1) 2^{n-2} + n \cdot 2^{n-1}$ ◀ (1)の $a_n = n \cdot 2^{n-1}$ より $a_{n-1} = (n-1) 2^{n-2}$

$= (n^2 - n) 2^{n-2} + 2n \cdot 2^{n-2}$ ◀ $2^{n-1} = 2 \cdot 2^{n-2}$

$= \underline{(n^2 + n) 2^{n-2}}$ // ◀ 2^{n-2} でくくった

練習問題 36

$\sum_{k=0}^{n} k \cdot {}_nC_k p^k q^{n-k}$ を求めよ。ただし，$q = 1-p$ とする。

例題 52

${}_2C_2 + {}_3C_2 + {}_4C_2 + \cdots + {}_nC_2$ を求めよ。

[考え方]

${}_kC_2 = \dfrac{k(k-1)}{2}$ を考え，この問題は実質的には

$\sum_{k=2}^{n} k(k-1)$ を求める問題である。

[解答]

$\quad {}_2C_2 + {}_3C_2 + {}_4C_2 + \cdots + {}_nC_2$

$= \sum_{k=2}^{n} {}_kC_2$

$= \sum_{k=2}^{n} \dfrac{k(k-1)}{2}$ ◀ ${}_kC_2 = \dfrac{k(k-1)}{2!}$

$= \dfrac{1}{2} \sum_{k=2}^{n} k(k-1)$

$= \dfrac{1}{2} \sum_{k=2}^{n} \dfrac{1}{3} \{(k+1)k(k-1) - k(k-1)(k-2)\}$ ◀ [解説]を見よ！

$= \dfrac{1}{6} \sum_{k=2}^{n} (k+1)k(k-1) - \dfrac{1}{6} \sum_{k=2}^{n} k(k-1)(k-2)$ ◀ $\sum_{k=2}^{n}(a_k - b_k) = \sum_{k=2}^{n} a_k - \sum_{k=2}^{n} b_k$

$= \dfrac{1}{6} \{\boxed{3 \cdot 2 \cdot 1 + 4 \cdot 3 \cdot 2 + \cdots + n(n-1)(n-2)} + (n+1)n(n-1)\}$ ◀ $\dfrac{1}{6}\sum_{k=2}^{n}(k+1)k(k-1)$

$\quad - \dfrac{1}{6} \{0 + \boxed{3 \cdot 2 \cdot 1 + 4 \cdot 3 \cdot 2 + \cdots + n(n-1)(n-2)}\}$ ◀ $-\dfrac{1}{6}\sum_{k=2}^{n} k(k-1)(k-2)$

$= \dfrac{1}{6}(n+1)n(n-1)$ ◀ Telescoping Method //

[解説] $k(k-1) = \dfrac{1}{3}\{(k+1)k(k-1) - k(k-1)(k-2)\}$ について

$k(k-1)$ のように "連続した2つの数" については
次のように "Telescoping Method が使える形" になることを
必ず覚えておくこと！

Point 3.5 〈Σの計算における $k(k-1)$ の変形〉
$k(k-1) = a\{(k+1)k(k-1) - k(k-1)(k-2)\}$ とおける。

a の求め方

$ k(k-1) = a\{(k+1)k(k-1) - k(k-1)(k-2)\}$
$\Leftrightarrow k(k-1) = ak(k-1)\{(k+1) - (k-2)\}$ ◀ $k(k-1)$ でくくった！
$\Leftrightarrow k(k-1) = 3ak(k-1)$ ◀ $(k+1) - (k-2) = \underline{3}$
$\Leftrightarrow 1 = 3a$ ◀ 両辺を $k(k-1)$ で割った
$\therefore\ a = \dfrac{1}{3}$

練習問題 37

$\displaystyle\sum_{k=4}^{n} {}_k C_4$ を求めよ。

練習問題 38

${}_{n+1}C_{r+1} = {}_nC_r + {}_{n-1}C_r + {}_{n-2}C_r + \cdots + {}_{r+1}C_r + {}_rC_r$ を証明せよ。

<メモ>

Section 4 期待値の求め方

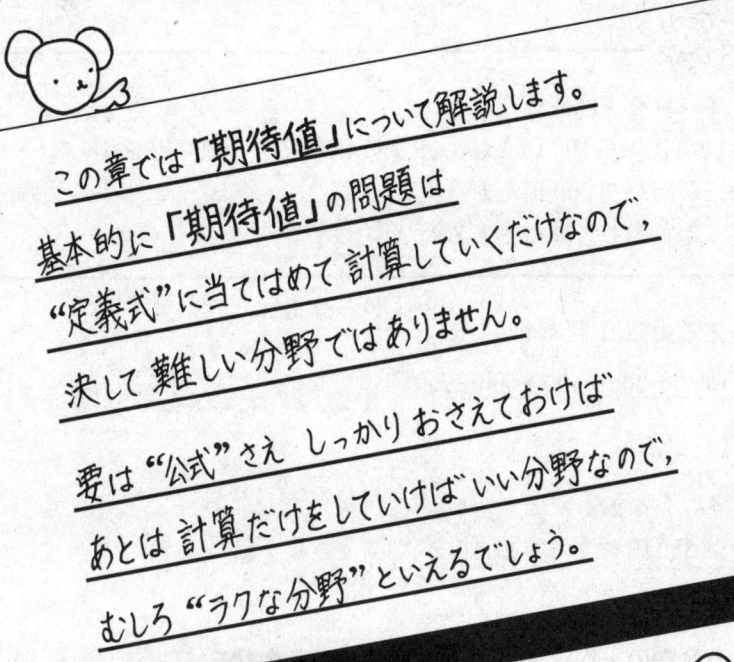

この章では「期待値」について解説します。

基本的に「期待値」の問題は

"定義式"に当てはめて計算していくだけなので，

決して難しい分野ではありません。

要は"公式"さえ しっかり おさえておけば

あとは計算だけをしていけば いい分野なので，

むしろ "ラクな分野"といえるでしょう。

期待値とは？

まず，「期待値(きたいち)」というと 少し難しい感じがするかもしれないけれど，要は「平均」のことなんだよ。
これについては 次の"日常的な例"から分かるでしょう。

> **補題**
>
> サイコロを 1 回振ったとき，
> 1 の目が出たら 100 円をもらえ，2 の目が出たら 200 円をもらえ，……，
> 6 の目が出たら 600 円をもらえるとき，
> いくらもらえると期待できるか？

もらえる金額の平均は

$$\frac{100+200+300+400+500+600}{6}$$

◀ 金額の総和を回数で割った！

$= 350$ 円 だから，

1 回サイコロを振ったとき，
平均的に 350 円をもらえることが 期待できる よね。

このように，
もらえる金額の平均は もらえると期待できる金額を
表しているのである。
だから，この「平均」のことを「期待値」とも呼ぶんだよ。

さて，ここで
「期待値」の一般形について 具体例をもとに
解説していこう。

5点満点のテストを10人が受けた結果，次の表が得られたとする。

点	0	1	2	3	4	5
人数	2	3	1	1	2	1

このテストの平均点を計算してみよう。

$$\frac{(0+0)+(1+1+1)+2+3+(4+4)+5}{10}$$

◀ 点数の総和を人数で割った！

$$= \frac{0\cdot 2 + 1\cdot 3 + 2\cdot 1 + 3\cdot 1 + 4\cdot 2 + 5\cdot 1}{10}$$

$$= 0\cdot\frac{2}{10} + 1\cdot\frac{3}{10} + 2\cdot\frac{1}{10} + 3\cdot\frac{1}{10} + 4\cdot\frac{2}{10} + 5\cdot\frac{1}{10} \quad \cdots\cdots(*)$$

$$= \frac{21}{10} \quad \text{よって，平均点は } \underline{2.1\text{点}} \text{ である。}$$

さて，ここで $(*)$ の式の意味について考えてみよう。

$$0\cdot\frac{2}{10} + 1\cdot\frac{3}{10} + 2\cdot\frac{1}{10} + 3\cdot\frac{1}{10} + 4\cdot\frac{2}{10} + 5\cdot\frac{1}{10} \quad \cdots\cdots(*)$$

$(*)$ は， （点数）×（その点をとる確率） の和 を意味しているよね。

▲ 表を見ながら各自確認せよ！

▶例えば，「1点」については
10人中3人いるので，1点をとる確率は $\frac{3}{10}$ である。

これらを一般化すると，小学校から使ってきた"平均"は
次のように難しく書き直すことができる。

Point 4.1 〈平均（期待値）とは？〉

x_1 をとる確率が p_1，x_2 をとる確率が p_2，…，x_n をとる確率が p_n のとき，
$$（平均）= x_1 p_1 + x_2 p_2 + \cdots + x_n p_n$$
と書ける。また，この 平均 のことを 「期待値」 ともいう。

▶さらに，Σ を使って書き直すと，
$$（平均）= \sum_{k=1}^{n} x_k p_k \quad \text{となる。}$$

例題 53

サイコロを投げて出た目の数を X とおくとき,
(1) 期待値 $E(X)$ を求めよ。
(2) $E(aX^2+1)=92$ を満たす a を求めよ。

[解答]

(1) $X=k$ ($k=1, 2, \cdots, 6$) である確率は $\frac{1}{6}$ なので,

$$E(X)=\sum_{k=1}^{6}k\cdot\frac{1}{6}$$ ◀ $1\cdot\frac{1}{6}+2\cdot\frac{1}{6}+3\cdot\frac{1}{6}+4\cdot\frac{1}{6}+5\cdot\frac{1}{6}+6\cdot\frac{1}{6}$

$$=\frac{1}{6}\sum_{k=1}^{6}k$$

$$=\frac{1}{6}\cdot\frac{6\cdot 7}{2}$$ ◀ $\sum_{k=1}^{n}k=\frac{n(n+1)}{2}$ の $n=6$ の場合!

$$=\frac{7}{2}$$

[考え方]

(2) まず, $ax+b$ の期待値 $E(ax+b)$ は
$aE(x)+b$ のように書き直すことができることを知っておくこと。
これを知っておけば, 例えば $E(ax+b)$ の場合は
$E(x)$ を求めるだけで終ってしまう!

Point 4.2 〈期待値の公式 I〉

$$E(aX+b)=aE(X)+b$$

ただし, a と b は定数で, X は確率変数とする。

▶ $E(aX+b)=aE(X)+b$ から
$E(aX^2+b)=aE(X^2)+b$ もいえる。

[解答]

(2) $E(aX^2+1)=92$
$\Leftrightarrow aE(X^2)+1=92$ ◀ $E(aX^2+b)=aE(X^2)+b$

$\Leftrightarrow aE(X^2)=91$ ……①

ここで，
$X^2=k^2$ $(k=1, 2, \cdots, 6)$ である確率は $\frac{1}{6}$ なので，

$E(X^2)=\sum_{k=1}^{6} k^2 \cdot \frac{1}{6}$

▲ 例えば，$X^2=2^2$ になるためには $X=2$ であればいいので 確率は(1)と同じ $\frac{1}{6}$ だと分かる！

$=\frac{1}{6}\sum_{k=1}^{6} k^2$

$=\frac{1}{6} \cdot \frac{6 \cdot 7 \cdot 13}{6}$ ◀ $\sum_{k=1}^{n} k^2 = \frac{n(n+1)(2n+1)}{6}$ の $n=6$ の場合！

$=\frac{91}{6}$ ……②

$E(X^2)=\frac{91}{6}$ ……② を $aE(X^2)=91$ ……① に代入すると，

$a \cdot \frac{91}{6}=91$ ∴ $a=6$

例題 54

2個のサイコロを投げて出た目の和の期待値を求めよ．

[考え方]

普通に(?)解くと，次のようになる．

[答案例]

2個のサイコロの目の和を X とおくと，次の表が得られる．

X	2	3	4	5	6	7	8	9	10	11	12
$P(X)$	$\frac{1}{36}$	$\frac{2}{36}$	$\frac{3}{36}$	$\frac{4}{36}$	$\frac{5}{36}$	$\frac{6}{36}$	$\frac{5}{36}$	$\frac{4}{36}$	$\frac{3}{36}$	$\frac{2}{36}$	$\frac{1}{36}$

よって，

$P(X)=2 \cdot \frac{1}{36}+3 \cdot \frac{2}{36}+4 \cdot \frac{3}{36}+5 \cdot \frac{4}{36}+6 \cdot \frac{5}{36}+7 \cdot \frac{6}{36}$

$$+ 8 \cdot \frac{5}{36} + 9 \cdot \frac{4}{36} + 10 \cdot \frac{3}{36} + 11 \cdot \frac{2}{36} + 12 \cdot \frac{1}{36}$$
$$= \cdots = 7$$
◀ 計算省略

このように，ちょっと計算が面倒くさいので，ここでは次の **Point** を使って解くことにしよう。

Point 4.3 〈期待値の公式 II〉

$$E(X_1 + X_2) = E(X_1) + E(X_2)$$
ただし，X_1 と X_2 は確率変数とする。

[解答]

2個のサイコロの目を X_1，X_2 とおくと，
$$E(X_1 + X_2) = E(X_1) + E(X_2) = 2E(X_1) = 2 \cdot \frac{7}{2}$$
$$= 7$$
◀ 例題53 (1)より $E(X_1) = E(X_2) = \frac{7}{2}$

例題 55

袋の中に3つの白球と6つの赤球が入っている。この袋から同時に5つの球を取り出したときの白球の数を X とする。また，この袋から1つ取り出してはもとに戻すことを5回繰り返したときに，白球が出てきた回数を Y とする。X および Y の期待値を求めよ。

[解答]

X のとり得る値は 0, 1, 2, 3 の4つである。

$$\begin{cases} P(X=0) = \dfrac{{}_6C_5}{{}_9C_5} = \dfrac{6}{126} & \blacktriangleleft 白球をとらないで、赤球だけを5つとる \\ P(X=1) = \dfrac{{}_3C_1 \cdot {}_6C_4}{{}_9C_5} = \dfrac{45}{126} & \blacktriangleleft 白球を1つとり、赤球を4つとる \\ P(X=2) = \dfrac{{}_3C_2 \cdot {}_6C_3}{{}_9C_5} = \dfrac{60}{126} & \blacktriangleleft 白球を2つとり、赤球を3つとる \\ P(X=3) = \dfrac{{}_3C_3 \cdot {}_6C_2}{{}_9C_5} = \dfrac{15}{126} & \blacktriangleleft 白球を3つとり、赤球を2つとる \end{cases}$$

よって，
$$E(X) = 0 \cdot \frac{6}{126} + 1 \cdot \frac{45}{126} + 2 \cdot \frac{60}{126} + 3 \cdot \frac{15}{126}$$
◀ 以下，分母はすべて $_9C_5 = 126$ なので約分しないこと!!
$$= \frac{1}{126}(45 + 120 + 45)$$
◀ 分母がすべて同じなので計算しやすい！
$$= \frac{210}{126} = \frac{5}{3}$$
◀ $\frac{210}{126} = \frac{42 \cdot 5}{42 \cdot 3}$

また，Y のとり得る値は $0, 1, 2, 3, 4, 5$ で，
$$P(Y=k) = {}_5C_k \left(\frac{3}{9}\right)^k \left(\frac{6}{9}\right)^{5-k}$$
より， ◀ 白球，赤球を取り出す確率は常にそれぞれ $\frac{3}{9}, \frac{6}{9}$ [Point 2.3]
$$E(Y) = \sum_{k=0}^{5} k \cdot {}_5C_k \left(\frac{3}{9}\right)^k \left(\frac{6}{9}\right)^{5-k}$$
◀ $E(Y) = \sum_{k=0}^{5} k \cdot P(Y=k)$
$$= 5 \cdot \frac{3}{9}$$
◀ 練習問題36の Point 3.4 より！
$$= \frac{5}{3}$$

(注) $E(Y)$ は，**Point 3.4** を使ってすぐに $\boxed{5 \cdot \frac{3}{9} = \frac{5}{3}}$ と書いてもよい。

練習問題 39

n 個（$n \geq 2$）のサイコロと2つの袋 A, B がある。これらのサイコロを1個ずつ振り，出た目が4以下なら袋Aへ，それ以外なら袋Bへ入れることにする。
(1) 袋Aへ入れられるサイコロが2個以下である確率を求めよ。
(2) 袋Aへ入れられるサイコロの個数の期待値を求めよ。

練習問題 40

n 枚のコインを同時に投げるとき,
表がちょうど k 枚 ($k=0, 1, \cdots, n$) 出る確率は ① である。
いま, n 枚のコインを同時に投げて, 表が出たコインが k 枚のとき,
2^k 円受け取るものとする。受け取る金額の期待値は ② 円である。

練習問題 41

1から6までの数字の中から, 重複しないように3つの数字を無作為に選んだとき, その中の最大の数字を X とする。
(1) $X=k$ ($k=1, 2, \cdots, 6$) となる確率を求めよ。
(2) X の期待値を求めよ。

例題 56

(1) n 個 ($n \geq 2$) のサイコロを同時に振るとき, 出る目の数の最小値を X とする。このとき,
$X=k$ ($k=1, 2, \cdots, 6$) となる確率を求めよ。
(2) $n=2$ のときの, X の期待値を求めよ。

[解答]
(1) 1個のサイコロの目が k 以上である場合は
$(6-k)+1=7-k$ 通りある。 ◀ k〜6の中には数が $(6-k)+1$ 個ある

また,
1個のサイコロの目が $(k+1)$ 以上である場合は
$\{6-(k+1)\}+1=6-k$ 通りある。 ◀ $(k+1)$〜6の中には数が $\{6-(k+1)\}+1$ 個ある

よって,

> {n個のサイコロの目の最小値が k}
> ={n個のサイコロの目がすべて k 以上}
> －{n個のサイコロの目がすべて $(k+1)$ 以上}

◀ [解説]を見よ!

を考え,

$$P(X=k) = \left(\frac{7-k}{6}\right)^n - \left(\frac{6-k}{6}\right)^n$$

◀ 1個のサイコロの目が k 以上である確率は $\frac{7-k}{6}$

1個のサイコロの目が $(k+1)$ 以上である確率は $\frac{6-k}{6}$

(2) $E(X=k) = \sum_{k=1}^{6} k \cdot P(X=k)$

$= \sum_{k=1}^{6} k \cdot \left\{\left(\frac{7-k}{6}\right)^2 - \left(\frac{6-k}{6}\right)^2\right\}$ ◀ $n=2$

$= \frac{1}{36} \sum_{k=1}^{6} k\{(k^2-14k+49)-(k^2-12k+36)\}$ ◀ 展開した

$\left(\frac{1}{6}\right)^2 = \frac{1}{36}$

$= \frac{1}{36} \sum_{k=1}^{6} k(-2k+13)$ ◀ 整理した

$= \frac{1}{36}\left(-2\sum_{k=1}^{6}k^2 + 13\sum_{k=1}^{6}k\right)$ ◀ $\sum_{k=1}^{6}k(-2k+13) = \sum_{k=1}^{6}(-2k^2+13k)$
$= -2\sum_{k=1}^{6}k^2 + 13\sum_{k=1}^{6}k$

$\begin{cases}\sum_{k=1}^{n}k = \frac{n(n+1)}{2} \\ \sum_{k=1}^{n}k^2 = \frac{n(n+1)(2n+1)}{6}\end{cases}$

$= \frac{1}{36}\left(-2 \cdot \frac{6 \cdot 7 \cdot 13}{6} + 13 \cdot \frac{6 \cdot 7}{2}\right)$

$= \frac{7 \cdot 13}{36}(-2+3)$ ◀ $7 \cdot 13$ でくくった

$= \frac{91}{36}$

[解説] 「n個のサイコロの目の最小値が k」であるための条件について

「{n個のサイコロの目の最小値が k}であるためには
{n個のサイコロの目がすべて k 以上}であればいい」
と考える人もいるだろうが,それは間違いである!

だって，

| $\{n$ 個のサイコロの目がすべて k 以上$\}$ については
$\{n$ 個のサイコロの目がすべて $(k+1)$ 以上$\}$ の場合も
含んでいる | でしょ。

つまり，
$\{n$ 個のサイコロの目の最小値が $k\}$ であるためには
少なくとも 1 回は k の目が出なければならないのに，

$\{n$ 個のサイコロの目がすべて $(k+1)$ 以上$\}$ の場合については
"k が 1 回も出ない" ので，最小値が k にはなれないのである！

よって，

$\{n$ 個のサイコロの目の最小値が $k\}$ であることを考えるためには
$\{n$ 個のサイコロの目がすべて k 以上$\}$ から
$\{n$ 個のサイコロの目がすべて $(k+1)$ 以上$\}$ の場合を
除かなければならない！

Point 4.4 〈「n 個の数の最小値が k」であるための条件〉

$\{n$ 個の数の最小値が $k\}$
$= \{n$ 個の数がすべて k 以上$\}$
$- \{n$ 個の数がすべて $(k+1)$ 以上$\}$

◀ k が 1 つもない場合！
すべてが $(k+1)$ 以上になる場合のみ
最小値が k にはなれない！

同様に，「n 個の数の最大値が k」であるための条件については
次のようになる。

Point 4.5 〈「n 個の数の最大値が k」であるための条件〉

$\{n$ 個の数の最大値が $k\}$
$= \{n$ 個の数がすべて k 以下$\}$
$- \{n$ 個の数がすべて $(k-1)$ 以下$\}$

◀ k が 1 つもない場合！
すべてが $(k-1)$ 以下になる場合のみ
最大値が k にはなれない！

練習問題 42

n 個の球に，1 から n までの番号をもれなく 1 つずつつけてつぼの中に入れる。そして，つぼの中から任意に球を 1 個取り出しその番号を X とする。次に，その球をつぼに戻し，よく混ぜて，再び任意の球を 1 個取り出し，その番号を Y とする。X, Y のうち小さくないほうを Z とするとき，

(1) $Z=3$ となる確率はいくらか。
(2) $1 \leq k \leq n$ を満たす正の整数 k に対して，$Z=k$ となる確率はいくらか。
(3) Z の期待値を求めよ。

練習問題 43

1 から $2n$ までの自然数をもれなく 1 つずつ書いた $2n$ 枚のカードを入れた箱がある。この箱の中から，無作為に 1 枚のカードを取り出し，その数を X とする。次に，このカードを箱の中に戻し，再び無作為に 1 枚のカードを取り出し，その数が n より大きくないならば，その数を Y とし，n より大きいならば，その数から n を減じた数を Y とする。

$Z = \mathrm{Max}(X, Y)$ とするとき，次の各問いに答えよ。
ただし，$\mathrm{Max}(a, b)$ は a と b のうち小さくないほうを表す。

(1) $Z=k$ $(k=1, 2, \cdots, 2n)$ となる確率 $P(Z=k)$ を求めよ。
(2) Z の期待値を求めよ。

練習問題 44

2 つのチーム A，B が何回かの試合をして優勝を決定することになった。どちらか先に 3 勝したチームが優勝とする。個々の試合に引き分けはなく，A チームが B チームに勝つ確率は p である。優勝が決定するまでの試合回数を X とする。

(1) X の期待値を p で表せ。
(2) $q=1-p$，$z=pq$ とおいて，(1)で求めた期待値を z で表しその最大値を求めよ。

<メモ>

Section 5 総合演習

　ある受験生から次のような話を聞きました。
彼が勉強していたら中学生の弟が来て
「こんなん僕でも分かるわ（関西弁）」と言い，隣でいっしょに勉強し出して，中学の塾ではさっぱり分からなかった確率が得意分野になってしまったそうです。……ということは「この本は中学生程度の内容なのか？」と思う人もいるだろうが とりあえず言えることは，この本を完璧にマスターすれば確率の大学入試対策は十分であり，東大を受けようと京大を受けようと，確率に関しては問題ないでしょう。
　この章では最後のまとめとして 東大，京大等の難関大学の良問を実際に解いてもらうことによって，現段階で どの程度実力がついたのかを確認してもらいます。
　とりあえず1問20～30分をメドにして，今までの知識を総動員して自分の頭だけを使って考えてみて下さい。
しかし，今まで教えた考え方だけで解ける問題ばかりではなく全く新しいパターンの問題もあるので 解けなくても悲観することはないでしょう。要は，入試当日までに解けるようになればいいのだから。

総合演習 1

互いに同形のガラス玉 g 個と，互いに同形のダイヤモンド d 個と，表裏のあるペンダント 1 個とを，まるくつないでネックレス状のものを作る。

ただし，ペンダントの両隣りはダイヤモンドにする。($d \geq 2$, $g \geq 1$)

(1) 何通りの作り方があるか。
(2) どの 2 個のダイヤモンドも隣り合わないことにしたら，何通りの作り方があるか。　　　　　　　　　　　　　　　　　　　［京大］

[解答]

まず，ペンダントの位置を固定する。　◀ Point 1.7

そして，ペンダントの両隣りにダイヤモンドを1個ずつ固定する。

(1) 右図の 3個以外の $g+d-2$ か所のうち，g か所を選んでそこにガラス玉を置き，残りの場所にダイヤモンドを置く と考えると，

$$_{g+d-2}C_g \left[= \frac{(g+d-2)!}{g!\,(d-2)!} \right] \text{通り}$$

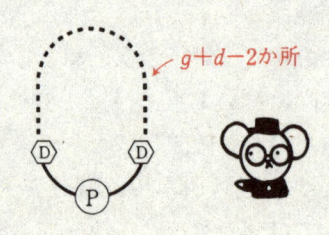

◀ ガラス玉の置き場所さえ決めればダイヤモンドの場所は自動的に決まる！

(2) まず，g 個のガラス玉を並べて，そのガラス玉とガラス玉の間の $g-1$ か所のうち $d-2$ か所を選んでそこにダイヤモンドを置く

と考えると，　◀ Point 1.10

$_{g-1}C_{d-2}$ 通り

◀ $\begin{cases} _{g-1}C_{d-2} \ (g-1 \geq d-2 \text{ のとき}) \\ 0 \ (g-1 < d-2 \text{ のとき}) \end{cases}$ のように

場合分けが必要なのでは？と思う人もいるだろうが，$_nC_k$ は，$k>n$ や $k<0$ のような "意味がないとき"（計算の仕様がないとき）には ちゃんと0になってくれるので あえて場合分けをしなくても いいのである！

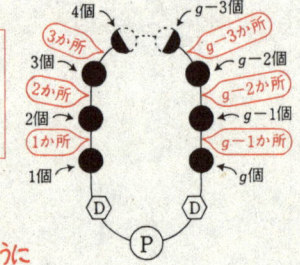

総合演習 2

n 個 ($n \geq 2$) のサイコロを一度に投げるとき，1の目が少なくとも1つは出るという事象を A，偶数の目が少なくとも1つは出るという事象を B，A も B も起こらないという事象を C とする。このとき，

(1) A，B，C おのおのについて，それが起こる確率
(2) A または B が起こる確率
(3) A は起こるが B は起こらない確率
(4) A も B も起こる確率

を求めよ。

[解答]

(1) 「A が起こる」=（全体）−「A が起こらない」 より，

$$P(A) = 1 - \left(\frac{5}{6}\right)^n$$

◀「A が起こらない」のは，n 回とも 2〜6 が出る場合

「B が起こる」=（全体）−「B が起こらない」 より，

$$P(B) = 1 - \left(\frac{1}{2}\right)^n$$

◀「B が起こらない」のは，n 回とも奇数が出る場合

「C が起こる」=「A も B も起こらない」
　　　　　　=「n 回とも 1 or 2 or 4 or 6 が出ない」
　　　　　　=「n 回とも 3 or 5 が出る」　　より，

$$P(C) = \left(\frac{2}{6}\right)^n = \left(\frac{1}{3}\right)^n$$

(2) 「A or B が起こる」=（全体）−「A も B も起こらない」 より，

$$P(A \cup B) = 1 - P(C) = 1 - \left(\frac{1}{3}\right)^n$$

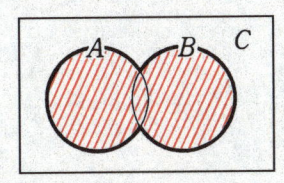

(3) 「A は起こるが B は起こらない」=「A or B が起こる」-「B が起こる」
より， ◀《注1》を見よ

$$P(A \cap \overline{B}) = P(A \cup B) - P(B)$$
$$= \left(\frac{1}{2}\right)^n - \left(\frac{1}{3}\right)^n$$

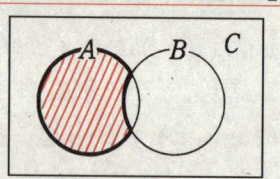

(4) 「A も B も起こる」=「A が起こる」-「A は起こるが B は起こらない」
より， ◀《注2》を見よ

$$P(A \cap B) = P(A) - P(A \cap \overline{B})$$
$$= 1 - \left(\frac{5}{6}\right)^n - \left(\frac{1}{2}\right)^n + \left(\frac{1}{3}\right)^n$$

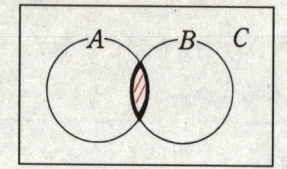

《注1》

$A \cap \overline{B}$ = $A \cup B$ - B

《注2》

$A \cap B$ = A - $A \cap \overline{B}$

総合演習 3

n 個のサイコロを同時に振り,出た目の数の最大のものを M_n,最小のものを m_n とするとき,$M_n - m_n > 1$ となる確率を求めよ。

[京大]

[考え方]

$M_n - m_n > 1$

$\Leftrightarrow M_n - m_n = 2$ or $M_n - m_n = 3$ or $M_n - m_n = 4$ or $M_n - m_n = 5$

のように,直接 $M_n - m_n > 1$ という条件について考えると大変である。そこで,余事象を考えてみると,

$M_n - m_n \leqq 1$

$\Leftrightarrow M_n - m_n = 0$ or $M_n - m_n = 1$ のように とても簡単になるので,この問題では 余事象を考えて解くことにしよう！

[解答]

余事象を考える。 ◀[考え方]参照！

$\boxed{M_n - m_n = 0 \text{ のとき}}$

$(M_n, m_n) = (1, 1) \Rightarrow \left(\dfrac{1}{6}\right)^n$ ……① ◀n 個のすべての目が 1

$ = (2, 2) \Rightarrow \left(\dfrac{1}{6}\right)^n$ ……② ◀n 個のすべての目が 2

$ = (3, 3) \Rightarrow \left(\dfrac{1}{6}\right)^n$ ……③ ◀n 個のすべての目が 3

$ = (4, 4) \Rightarrow \left(\dfrac{1}{6}\right)^n$ ……④ ◀n 個のすべての目が 4

$ = (5, 5) \Rightarrow \left(\dfrac{1}{6}\right)^n$ ……⑤ ◀n 個のすべての目が 5

$ = (6, 6) \Rightarrow \left(\dfrac{1}{6}\right)^n$ ……⑥ ◀n 個のすべての目が 6

① or ② or … or ⑥ より

$p_0 = 6 \cdot \left(\dfrac{1}{6}\right)^n$ ◀①＋②＋……＋⑥

🐭 $\boxed{M_n - m_n = 1}$ のとき

$(M_n,\ m_n) = (2,\ 1) \rightarrow \boxed{\left(\dfrac{2}{6}\right)^n}\ \boxed{-\left(\dfrac{1}{6}\right)^n}\ \boxed{-\left(\dfrac{1}{6}\right)^n} = \left(\dfrac{1}{3}\right)^n - 2\left(\dfrac{1}{6}\right)^n$ ……①′

（1 or 2 が出る確率／2 だけが出る確率／1 だけが出る確率）

$ = (3,\ 2) \rightarrow \left(\dfrac{1}{3}\right)^n - 2\left(\dfrac{1}{6}\right)^n$ ……②′

$ = (4,\ 3) \rightarrow \left(\dfrac{1}{3}\right)^n - 2\left(\dfrac{1}{6}\right)^n$ ……③′

$ = (5,\ 4) \rightarrow \left(\dfrac{1}{3}\right)^n - 2\left(\dfrac{1}{6}\right)^n$ ……④′

$ = (6,\ 5) \rightarrow \left(\dfrac{1}{3}\right)^n - 2\left(\dfrac{1}{6}\right)^n$ ……⑤′

①′ or ②′ or … or ⑤′ より

$p_1 = 5\left\{\left(\dfrac{1}{3}\right)^n - 2\left(\dfrac{1}{6}\right)^n\right\}$ ◀ ①′+②′+……+⑤′

よって，

求める確率は $\boxed{1 - (p_0 + p_1)}$ より ◀ [考え方]参照, ！

$1 - 5\left(\dfrac{1}{3}\right)^n + 4\left(\dfrac{1}{6}\right)^n$ ◀ $1 - 6\left(\dfrac{1}{6}\right)^n - 5\left(\dfrac{1}{3}\right)^n + 10\left(\dfrac{1}{6}\right)^n$

総合演習 4

n 個のサイコロを同時に振ったときに，そのなかの最大の目を表す確率変数を X_n とし，最小の目を表す確率変数を Y_n とする。このとき，$P(X_n=5)=\boxed{}$，$P(X_n=5,\ Y_n=2)=\boxed{}$ となる。ただし，$n\geqq 2$ とする。

[考え方]　$P(X_n=5,\ Y_n=2)$ について

まず，"サイコロの目の最大値が5で最小値が2"の場合は，少なくともサイコロの目は2～5の中から出る ……(*)
ことになるよね。

ただし，(*) には　◀2～5の中からサイコロの目を選ぶ！
$\begin{cases} \text{最大値の5が入っていない場合}\ ……①\\ \text{最小値の2が入っていない場合}\ ……② \end{cases}$
が含まれているので，
(*) から①と②を引いておく必要がある。　◀(*)−{(5が出ない)+(2が出ない)}

ただ，①と②には共に
2と5が入っていない場合 …… ③ が含まれているので，"ダブリ"をなくすため，①+②から③を引いておく必要もある。　◀(*)−{①+②−③}

[解答]

$\boxed{\begin{array}{l}(n\text{個のサイコロの目の最大値が }5)\\=(n\text{個のサイコロの目がすべて }5\text{以下})\\ \quad -(n\text{個のサイコロの目がすべて }4\text{以下})\end{array}}$

を考え，　◀Point 4.5

$P(X_n=5)=\left(\dfrac{5}{6}\right)^n-\left(\dfrac{4}{6}\right)^n$

$=\left(\dfrac{5}{6}\right)^n-\left(\dfrac{2}{3}\right)^n$　//

> (n 個のサイコロの目の最大値が 5 で 最小値が 2)
> =(n 個のサイコロの目が 2 or 3 or 4 or 5)
> 　−(n 個のサイコロの目が 2 or 3 or 4)　◂ 5 が出ない場合
> 　−(n 個のサイコロの目が 3 or 4 or 5)　◂ 2 が出ない場合
> 　+(n 個のサイコロの目が 3 or 4)　◂ 2 と 5 が出ない場合

を考え，　◂[考え方]参照！

$$P(X_n=5, Y_n=2) = \left(\frac{4}{6}\right)^n - \left(\frac{3}{6}\right)^n - \left(\frac{3}{6}\right)^n + \left(\frac{2}{6}\right)^n$$

$$= \underline{\underline{\left(\frac{2}{3}\right)^n - 2\left(\frac{1}{2}\right)^n + \left(\frac{1}{3}\right)^n}} \quad ◂ \left(\frac{2}{3}\right)^n - \left(\frac{1}{2}\right)^{n-1} + \left(\frac{1}{3}\right)^n \text{ でもよい}$$

総合演習 5

n 個のサイコロを同時に振り、出た目の数のうちの最大のものを M_n、最小のものを m_n とする。$1 \leq i \leq j \leq 6$ を満たす整数 i, j に対して $M_n = j$ かつ $m_n = i$ となる確率 $P(M_n = j, m_n = i)$ を n, i, j で表せ。　　　［京大］

［考え方］

まず、"サイコロの目の最大値が j で最小値が i" の場合は、**少なくともサイコロの目は i〜j の中から出る** ……（∗）ことになるよね。

ただし、（∗）には ◀ i〜j の中からサイコロの目を選ぶ！

- 最大値の j が入っていない場合 ……①
- 最小値の i が入っていない場合 ……②

が含まれているので、
（∗）から①と②を引いておく必要がある。　◀ (∗)−{(j が出ない)+(i が出ない)}

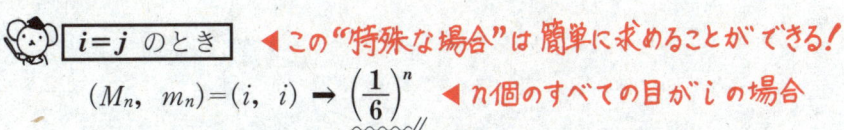

ただ、①と②には共に
i と j が入っていない場合 ……③ が含まれているので、"ダブリ" をなくすため、①+② から③を引いておく必要もある。　◀ (∗)−{①+②−③}

ちなみに、問題文の $1 \leq i \leq j \leq 6$ という条件は
$i = j$ の場合も含まれていて、
$i = j$ の場合は "すべての目が i (or j) である" ことを意味しているので、$\boxed{i = j \text{ のとき}}$ と $\boxed{i \neq j \text{ のとき}}$ で場合分けが必要である。

［解答］

$\boxed{i = j \text{ のとき}}$ ◀ この "特殊な場合" は簡単に求めることができる！

$(M_n, m_n) = (i, i) \Rightarrow \left(\dfrac{1}{6}\right)^n$ ◀ n 個のすべての目が i の場合

$i \neq j$ のとき

> (n個のサイコロの目の最大値がjで最小値がi)
> =(n個のサイコロの目が$i \sim j$のどれか)
> 　−(n個のサイコロの目が$i \sim j-1$のどれか)　◀ jが出ない場合
> 　−(n個のサイコロの目が$i+1 \sim j$のどれか)　◀ iが出ない場合
> 　+(n個のサイコロの目が$i+1 \sim j-1$のどれか)　◀ iとjが出ない場合

を考え，◀[考え方]参照．!

$$P(M_n=j,\ m_n=i)$$
$$=\left(\frac{j-i+1}{6}\right)^n - \left(\frac{(j-1)-i+1}{6}\right)^n - \left(\frac{j-(i+1)+1}{6}\right)^n + \left(\frac{(j-1)-(i+1)+1}{6}\right)^n$$ ◀(注)を見よ!

$$=\left(\frac{j-i+1}{6}\right)^n - 2\left(\frac{j-i}{6}\right)^n + \left(\frac{j-i-1}{6}\right)^n \qquad //$$

（注）

例えば $a \sim b$ の中には　◀ $a<b$
数は $b-a+1$ 個ある！

総合演習 6

n 個のサイコロ $A_1, A_2, \cdots, A_n$ を同時に投げる。A_i の出る目の数を $X_i (i=1, 2, \cdots, n)$ とし，$X_1, X_2, \cdots, X_n$ の最大値を X，最小値を Y とする。
(1) X が $k (k=1, 2, \cdots, 6)$ となる確率 $P(X=k)$ を求めよ。
(2) $E(X) - E(Y)$ を求めよ。

[解答]

(1) (n 個のサイコロの目の最大値が k)
  = (n 個のサイコロの目がすべて k 以下)
   $-$ {n 個のサイコロの目がすべて $(k-1)$ 以下}

を考え，◀ Point 4.5

$$P(X=k) = \left(\frac{k}{6}\right)^n - \left(\frac{k-1}{6}\right)^n$$

(2) (n 個のサイコロの目の最小値が k)
  = (n 個のサイコロの目がすべて k 以上) ◀ k〜6 のどれか
   $-$ {n 個のサイコロの目がすべて $(k+1)$ 以上} ◀ $k+1$〜6 のどれか

を考え，
$$P(Y=k) = \left(\frac{7-k}{6}\right)^n - \left(\frac{6-k}{6}\right)^n$$

▲ k〜6 の中に数は $6-k+1 = 7-k$ 個ある
  $(k+1)$〜6 の中には $6-(k+1)+1 = 6-k$ 個ある

よって，
$E(X) - E(Y)$
$= \sum_{k=1}^{6} k \cdot P(X=k) - \sum_{k=1}^{6} k \cdot P(Y=k)$ ◀ Point 4.1
$= \sum_{k=1}^{6} k \left\{\left(\frac{k}{6}\right)^n - \left(\frac{k-1}{6}\right)^n\right\} - \sum_{k=1}^{6} k \left\{\left(\frac{7-k}{6}\right)^n - \left(\frac{6-k}{6}\right)^n\right\}$ ◀ [解説] を見よ

$$= 1\left\{\left(\frac{1}{6}\right)^n - \left(\frac{0}{6}\right)^n\right\} + 2\left\{\left(\frac{2}{6}\right)^n - \left(\frac{1}{6}\right)^n\right\} + 3\left\{\left(\frac{3}{6}\right)^n - \left(\frac{2}{6}\right)^n\right\}$$
$$+ 4\left\{\left(\frac{4}{6}\right)^n - \left(\frac{3}{6}\right)^n\right\} + 5\left\{\left(\frac{5}{6}\right)^n - \left(\frac{4}{6}\right)^n\right\} + 6\left\{\left(\frac{6}{6}\right)^n - \left(\frac{5}{6}\right)^n\right\}$$
$$- 1\left\{\left(\frac{6}{6}\right)^n - \left(\frac{5}{6}\right)^n\right\} - 2\left\{\left(\frac{5}{6}\right)^n - \left(\frac{4}{6}\right)^n\right\} - 3\left\{\left(\frac{4}{6}\right)^n - \left(\frac{3}{6}\right)^n\right\}$$
$$- 4\left\{\left(\frac{3}{6}\right)^n - \left(\frac{2}{6}\right)^n\right\} - 5\left\{\left(\frac{2}{6}\right)^n - \left(\frac{1}{6}\right)^n\right\} - 6\left\{\left(\frac{1}{6}\right)^n - \left(\frac{0}{6}\right)^n\right\}$$
$$= 5 - 2\left\{\left(\frac{1}{6}\right)^n + \left(\frac{2}{6}\right)^n + \left(\frac{3}{6}\right)^n + \left(\frac{4}{6}\right)^n + \left(\frac{5}{6}\right)^n\right\}$$

◀ 実際に書き出した

[解説] $\sum_{k=1}^{6} k\left\{\left(\frac{k}{6}\right)^n - \left(\frac{k-1}{6}\right)^n\right\}$ と $\sum_{k=1}^{6} k\left\{\left(\frac{7-k}{6}\right)^n - \left(\frac{6-k}{6}\right)^n\right\}$ について

$\sum_{k=1}^{6} k\left\{\left(\frac{k}{6}\right)^n - \left(\frac{k-1}{6}\right)^n\right\}$ は次のように求めてもよい。

$$\sum_{k=1}^{6} k\left\{\left(\frac{k}{6}\right)^n - \left(\frac{k-1}{6}\right)^n\right\}$$
$$= \sum_{k=1}^{6} k\left(\frac{k}{6}\right)^n - \sum_{k=1}^{6} k\left(\frac{k-1}{6}\right)^n \quad \blacktriangleleft \text{展開した}$$
$$= \sum_{k=1}^{6} k\left(\frac{k}{6}\right)^n - \sum_{k=1}^{6} (k-1)\left(\frac{k-1}{6}\right)^n - \sum_{k=1}^{6} 1 \cdot \left(\frac{k-1}{6}\right)^n \quad \blacktriangleleft k = (k-1)+1$$
$$= \boxed{1 \cdot \left(\frac{1}{6}\right)^n + 2 \cdot \left(\frac{2}{6}\right)^n + \cdots + 5 \cdot \left(\frac{5}{6}\right)^n} + 6 \cdot \left(\frac{6}{6}\right)^n \quad \blacktriangleleft \sum_{k=1}^{6} k\left(\frac{k}{6}\right)^n$$
$$- \left\{0 + \boxed{1 \cdot \left(\frac{1}{6}\right)^n + 2 \cdot \left(\frac{2}{6}\right)^n + \cdots + 5 \cdot \left(\frac{5}{6}\right)^n}\right\} \quad \blacktriangleleft -\sum_{k=1}^{6} (k-1)\left(\frac{k-1}{6}\right)^n$$
$$- \left\{0 + \left(\frac{1}{6}\right)^n + \left(\frac{2}{6}\right)^n + \cdots + \left(\frac{5}{6}\right)^n\right\} \quad \blacktriangleleft -\sum_{k=1}^{6} \left(\frac{k-1}{6}\right)^n$$
$$= 6 - \left\{\left(\frac{1}{6}\right)^n + \left(\frac{2}{6}\right)^n + \cdots + \left(\frac{5}{6}\right)^n\right\} \quad \blacktriangleleft \text{Telescoping Method}$$

$\sum_{k=1}^{6} k\left\{\left(\dfrac{7-k}{6}\right)^n - \left(\dfrac{6-k}{6}\right)^n\right\}$ は次のように求めてもよい。

$\sum_{k=1}^{6} k\left\{\left(\dfrac{7-k}{6}\right)^n - \left(\dfrac{6-k}{6}\right)^n\right\}$

$= \sum_{k=1}^{6} k\left(\dfrac{7-k}{6}\right)^n - \sum_{k=1}^{6} k\left(\dfrac{6-k}{6}\right)^n$ ◀ $\sum_{k=1}^{6} k\left(-\dfrac{k-7}{6}\right)^n - \sum_{k=1}^{6} k\left(-\dfrac{k-6}{6}\right)^n$

$= \sum_{k=1}^{6} k\left(\dfrac{7-k}{6}\right)^n - \sum_{k=1}^{6}(k+1)\left(\dfrac{6-k}{6}\right)^n - \sum_{k=1}^{6}(-1)\left(\dfrac{6-k}{6}\right)^n$ ◀ $k=(k+1)-1$

$= 1\cdot\left(\dfrac{6}{6}\right)^n + \boxed{2\cdot\left(\dfrac{5}{6}\right)^n + 3\cdot\left(\dfrac{4}{6}\right)^n + \cdots + 6\cdot\left(\dfrac{1}{6}\right)^n}$ ◀ $\sum_{k=1}^{6} k\left(\dfrac{7-k}{6}\right)^n$

$\quad - \left(\boxed{2\cdot\left(\dfrac{5}{6}\right)^n + 3\cdot\left(\dfrac{4}{6}\right)^n + \cdots + 6\cdot\left(\dfrac{1}{6}\right)^n} + 0\right)$ ◀ $-\sum_{k=1}^{6}(k+1)\left(\dfrac{6-k}{6}\right)^n$

$\quad - \left\{-\left(\dfrac{5}{6}\right)^n - \cdots - \left(\dfrac{2}{6}\right)^n - \left(\dfrac{1}{6}\right)^n - 0\right\}$ ◀ $-\sum_{k=1}^{6}(-1)\left(\dfrac{6-k}{6}\right)^n$

$= 1 + \underline{\left\{\left(\dfrac{1}{6}\right)^n + \left(\dfrac{2}{6}\right)^n + \cdots + \left(\dfrac{5}{6}\right)^n\right\}}$ ◀ Telescoping Method

総合演習 7

整数 n, k は $1 \leq k \leq n$ を満たすとする。相異なる n 個の数字を k 個のグループに分ける方法の総数を $_nS_k$ と記す。ただし，各グループは少なくとも 1 つの数字を含むものとする。
(1) $2 \leq k \leq n$ とするとき，$_{n+1}S_k = {}_nS_{k-1} + k{}_nS_k$ が成り立つことを示せ。
(2) $_5S_3$ を求めよ。

[早大－理工]

[考え方]

(1) まず，$n+1$ 個の数字を k 個のグループに分けるのは，($n+1$ 個の数字の中の）"特定の 1 つの数字" に着目して次のように分けることができるんだよ。

ある特定の数字(▶ "A 君" とする) については，
$\begin{cases} \text{"1 人" だけで 1 つのグループをつくる場合} \cdots\cdots ① \\ \text{"他の人" といっしょに 1 つのグループをつくる場合} \cdots\cdots ② \end{cases}$
の 2 つの場合が考えられるよね。

①の場合は，
"A 君" 以外の "n 人" が $k-1$ 個のグループをつくればいいので，
$_nS_{k-1}$ であればいいよね。
また，②の場合は，
まず，"A 君" 以外の "n 人" が k 個のグループをつくり，その後で（k 個のグループから）"A 君" が入るグループを決めればいいので，
$_nS_k \times k$ であればいいよね。　◀ $_nS_k \times {}_kC_1$

よって，
$_{n+1}S_k = {}_nS_{k-1} + {}_nS_k \times k$ が得られた！　◀ ① or ②

(2) この問題は単に
"(1)の結果を使うだけの問題" である。

[解答]

(1)
> $n+1$ 個の数字を k 個のグループに分ける
> ‖
> ある特定の1つの数字が単独で1つのグループをつくる
> (▶特定の1つの数字以外の n 個の数字から
> 残りの $k-1$ 個のグループをつくればよい！)
>   or
> ある特定の1つの数字が他の数といっしょに
> 1つのグループをつくる
> (▶特定の1つの数字以外の n 個の数字を k 個のグループに分け，
> その k 個から，特定の1つの数字が入るグループを1つ決めればよい！)

を考え，◀[考え方]参照！

$$_{n+1}S_k = {}_nS_{k-1} + {}_nS_k \times k$$

∴ $_{n+1}S_k = {}_nS_{k-1} + k\,{}_nS_k$ (q.e.d.)

(2) $_5S_3 = {}_4S_2 + 3\,{}_4S_3$ ◀ $_{n+1}S_k = {}_nS_{k-1} + k\,{}_nS_k$ に $n=4$ と $k=3$ を代入した

$= ({}_3S_1 + 2\,{}_3S_2) + 3({}_3S_2 + 3\,{}_3S_3)$ ◀ $\begin{cases} {}_4S_2 = {}_3S_1 + 2\,{}_3S_2 \\ {}_4S_3 = {}_3S_2 + 3\,{}_3S_3 \end{cases}$

$= {}_3S_1 + 5\,{}_3S_2 + 9\,{}_3S_3$

$= {}_3S_1 + 5({}_2S_1 + 2\,{}_2S_2) + 9\,{}_3S_3$ ◀ $_3S_2 = {}_2S_1 + 2\,{}_2S_2$

$= {}_3S_1 + 5\,{}_2S_1 + 10\,{}_2S_2 + 9\,{}_3S_3$

ここで，

$_kS_1 = 1$ ◀ k 個の数字を1つのグループに分けるのは 1通り
$_kS_k = 1$ より，◀ k 個の数字を k 個のグループに分けるのは 1通り
            （各グループに少なくとも1個は入れなければならないので）

$_5S_3 = 1 + 5 + 10 + 9$
     $= \underline{25}$

総合演習 8

2辺の長さが1と2の長方形と1辺の長さが2の正方形の2種類のタイルがある。縦2，横nの長方形の部屋をこれらのタイルで過不足なく敷きつめることを考える。そのような並べ方の総数をA_nで表す。

ただし，nは正の整数である。

たとえば，$A_1=1$, $A_2=3$, $A_3=5$ である。

(1) $n \geq 3$ のとき，A_n を A_{n-1}, A_{n-2} を用いて表せ。

(2) A_n を n で表せ。　　　　　　　　　　　　　　　　　　　　　　　　　　[東大]

[考え方]

(1) まず，

A_{n-1}（◀縦2，横$n-1$の長方形の部屋）から

A_n（◀縦2，横nの長方形の部屋）をつくるためには，

Case 1 のように "2辺の長さ1と2の長方形" を1つ使えばいいよね。

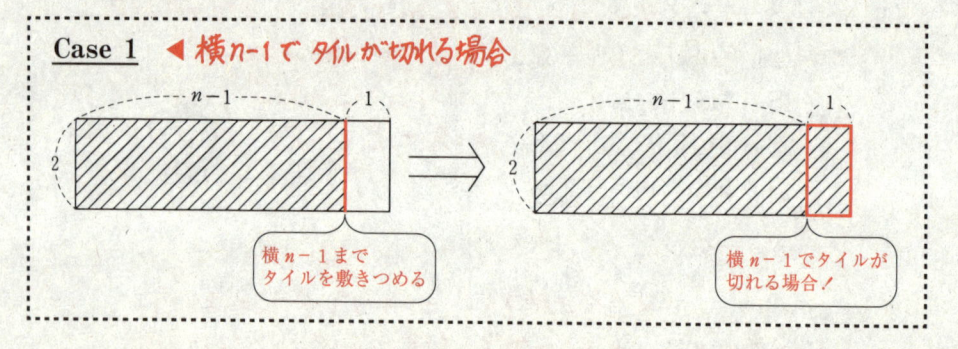

Case 1 ◀ 横$n-1$で タイルが切れる場合

横$n-1$まで タイルを敷きつめる

横$n-1$でタイルが 切れる場合！

また，

A_{n-2}（◀縦2，横$n-2$の長方形の部屋）から

A_n（◀縦2，横nの長方形の部屋）をつくるためには，**Case 2** のように "1辺の長さが2の正方形" を1つ使うか，

"2辺の長さが1と2の長方形" を横に2つ使えばいいよね。　　◀ 縦に使う場合は Case1 に含まれる！

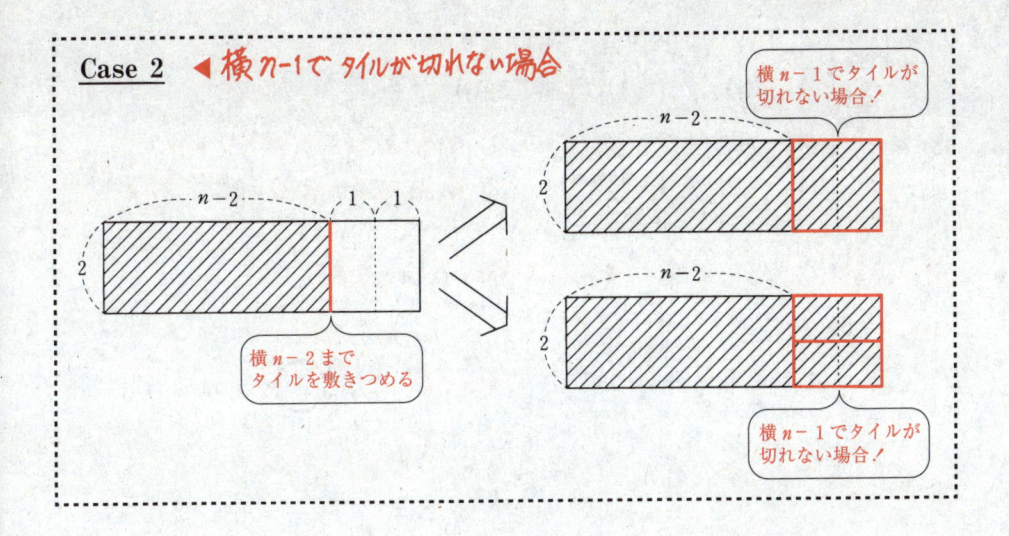

Case 2 ◀ 横 $n-1$ で タイルが 切れない場合

> 横 $n-1$ でタイルが切れない場合！
>
> 横 $n-2$ まで タイルを敷きつめる
>
> 横 $n-1$ でタイルが切れない場合！

[解答]

(1) 　縦 2，横 n の部屋をタイルで敷きつめる
　　　　　$\|$
　縦 2，横 $n-1$ までタイルを敷きつめて，
　横 n の部屋の残りをすべてタイルで敷きつめる
　（▶横 $n-1$ の部屋でタイルが切れる場合）

　　　　　or

　縦 2，横 $n-2$ までタイルを敷きつめて，
　横 n の部屋の残りをすべてタイルで敷きつめる
　（▶横 $n-1$ の部屋でタイルが切れない場合）　を考え，

$$A_n = A_{n-1} \times 1 + A_{n-2} \times 2 \quad ◀ [考え方] 参照$$

$$\therefore\ A_n = A_{n-1} + 2A_{n-2}$$

(2) $A_n = A_{n-1} + 2A_{n-2}$ から ◀ Point 2.10 の形！

$$\begin{cases} A_n + A_{n-1} = 2(A_{n-1} + A_{n-2}) \\ A_n - 2A_{n-1} = -1 \cdot (A_{n-1} - 2A_{n-2}) \end{cases}$$

◀ $A_n = x^2,\ A_{n-1} = x,\ A_{n-2} = 1$ とおくと
$x^2 = x + 2 \Leftrightarrow x^2 - x - 2 = 0$
$\Leftrightarrow (x-2)(x+1) = 0$
$\therefore\ x = 2, -1$

……(*) が得られるので，

$(*) \Leftrightarrow \begin{cases} A_n + A_{n-1} = 2^{n-2}(A_2 + A_1) \\ A_n - 2A_{n-1} = (-1)^{n-2}(A_2 - 2A_1) \end{cases}$

$\Leftrightarrow \begin{cases} A_n + A_{n-1} = 2^n & \cdots\cdots ① \\ A_n - 2A_{n-1} = (-1)^{n-2} & \cdots\cdots ② \end{cases}$ ◀ $A_2=3, A_1=1$ より, $2^{n-2}(A_2+A_1) = 2^{n-2} \cdot 4$
　　　　　　　　　　　　　　　　　　　　　　　　　　　　　$= 2^{n-2} \cdot 2^2$
◀ $A_2 - 2A_1 = 3 - 2 = 1$　　$= 2^n$

$\boxed{2 \times ① + ②}$ より,　◀ A_{n-1} を消去して A_n を求める!

$3A_n = 2 \cdot 2^n + (-1)^{n-2}$

$\therefore\ A_n = \dfrac{1}{3}\{2^{n+1} + (-1)^{n-2}\}$　◀ 3で割った

総合演習 9

1辺の長さが1の正方形と，1辺の長さが2の正方形でできたタイルが多数大きな袋に入っている。でたらめにタイルを1枚取り出すとき小さいタイルが取り出される確率を p，大きいタイルが取り出される確率を $q=1-p$ とする。縦の長さが3，横の長さが6の長方形に，取り出されたタイルを敷きつめていくとき，ちょうど n 回でこの長方形が過不足なく敷きつめられる確率を求めよ。　　　[京大]

[考え方]

この問題では，タイルを敷きつめるときに
"タイルをどのように敷きつめていくのか"というのは問題ではなく，
単に"どんなタイルがあれば敷きつめることが可能か"
ということを問題にしている。

そこで，
長方形を過不足なく敷きつめるには大きいタイルと小さいタイルが
それぞれ何枚必要になるのか，ということを考えることにしよう。

[解答]

大きいタイルを3枚取り出すとき， ◀ 大きいタイルは最大3枚しか使えない！
小さいタイルが6枚あれば長方形を過不足なく敷きつめることができる。

よって，　　◀ 計9枚のタイルを取り出せばよい！
$n=9$ のとき，${}_9C_3 p^6 q^3 = \underline{84 p^6 q^3}$　◀ Point 2.3

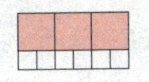

大きいタイルを2枚取り出すときは
小さいタイルが10枚あればいい ので，

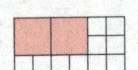

$n=12$ のとき，${}_{12}C_2 p^{10} q^2 = \underline{66 p^{10} q^2}$　◀ Point 2.3

大きいタイルを1枚取り出すときは
小さいタイルが14枚あればいい ので，

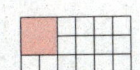

$n=15$ のとき，${}_{15}C_1 p^{14} q^1 = \underline{15 p^{14} q}$　◀ Point 2.3

大きいタイルを取り出さないときは小さいタイルが18枚あればいい ので，
$n=18$ のとき，p^{18}

また，
n がこれら以外の値のとき，0

総合演習 10

N 色（$N≧3$）の絵の具セットがある。1つの立方体の面を各面独立に，各色を確率 $\dfrac{1}{N}$ で選んで塗る。このとき，塗られた結果が，使用された色の数が3以内で，かつ，同色の面が隣り合うことになっていない確率 $P(N)$ を求めよ。　　　　　　　　　　　　　　[京大]

[解答]

　使用された色の数が3以内で同色の面が隣り合うことになっていない場合は，3色を用いて，向かい合った面に同じ色を塗るときだけである。◀︎ ((注))を見よ

右図のように 立方体の各面に ①, ②, …, ⑥ の番号をつける。
そして ①, ②, …, ⑥ の順に色を塗っていく。

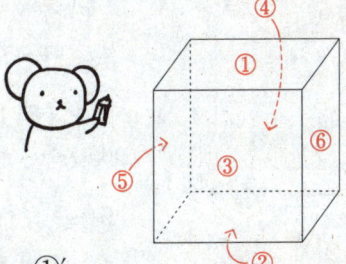

① について

　どの色を用いてもいいので，1 ……①′

② について　◀︎ ①と向かい合った面！

　① と同じ色で塗ればいいので，$\dfrac{1}{N}$ ……②′

③ について

　① で使った色以外なら何色でもいいので，$1-\dfrac{1}{N}$ ……③′

④ について　◀︎ ③と向かい合った面！

　③ と同じ色で塗ればいいので，$\dfrac{1}{N}$ ……④′

⑤ について

　① と ③ で使った2色以外なら何色でもいいので，
$1-\dfrac{1}{N}-\dfrac{1}{N}=1-\dfrac{2}{N}$ ……⑤′

⑥について　◀ ⑤と向かい合った面！

⑤と同じ色で塗ればいいので, $\dfrac{1}{N}$ ……⑥'

①', ②', …, ⑥' より　◀ 連続操作

$$P(N) = 1 \cdot \dfrac{1}{N} \cdot \left(1 - \dfrac{1}{N}\right) \cdot \dfrac{1}{N} \cdot \left(1 - \dfrac{2}{N}\right) \cdot \dfrac{1}{N}$$

$$= \dfrac{1}{N^3}\left(1 - \dfrac{1}{N}\right)\left(1 - \dfrac{2}{N}\right)$$

(注)　必要な色の数について

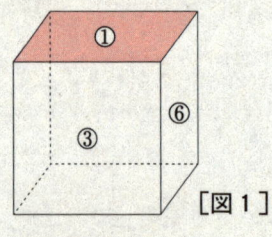

[図1]

　　例えば, 隣り合っている①と③と⑥の塗り方について考えてみよう。

①を [図1] のように赤で塗った場合は,
隣り合った③は別の色にする必要があるよね。

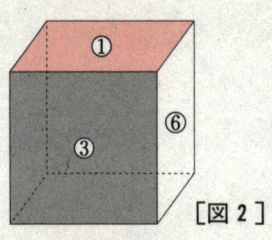

そこで, [図2] のように③を黒で塗ると,
①と③に隣り合っている⑥は
別の色にする必要があるよね。

[図2]

つまり, "同色の面が隣り合わない" ようにするためには,
少なくとも 3色が必要になるのである！

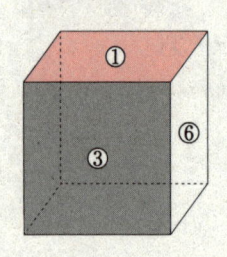

総合演習 11

平面上に正四面体が置いてある。平面と接している面の3辺の1つを任意に選び，これを軸として正四面体を倒す。n 回の操作の後に最初に平面と接していた面が再び平面と接する確率 P_n を求めよ。

[東大]

[解答]

> $n+1$ 回の操作後に "最初に接していた面" が平面と接している
> $=$
> $\begin{cases} n \text{ 回の操作後に "最初に接していた面" が平面と接していて，} \\ n+1 \text{ 回目も "最初に接していた面" が平面と接する} \\ \qquad\qquad \text{or} \\ n \text{ 回の操作後に "最初に接していた面" が平面と接していなくて，} \\ n+1 \text{ 回目に "最初に接していた面" が平面と接する} \end{cases}$

を考え，

$$P_{n+1} = P_n \times 0 + (1-P_n) \times \frac{1}{3}$$ ◀《注》を見よ

$\Leftrightarrow P_{n+1} = -\frac{1}{3}P_n + \frac{1}{3}$

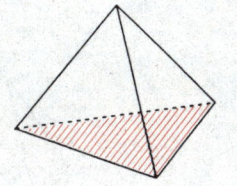

$\Leftrightarrow P_{n+1} - \frac{1}{4} = -\frac{1}{3}\left(P_n - \frac{1}{4}\right)$ ◀ $P_{n+1} + \alpha = -\frac{1}{3}(P_n + \alpha) \Leftrightarrow P_{n+1} = -\frac{1}{3}P_n - \frac{4}{3}\alpha$ より
$-\frac{4}{3}\alpha = \frac{1}{3}$ ∴ $\alpha = -\frac{1}{4}$

$\Leftrightarrow P_{n+1} - \frac{1}{4} = \left(-\frac{1}{3}\right)^{n+1}\left(P_0 - \frac{1}{4}\right)$

$\boxed{P_0 = 1}$ より，◀「最初に平面と接していた面」について考えているので！

$P_{n+1} - \frac{1}{4} = \frac{3}{4}\left(-\frac{1}{3}\right)^{n+1}$ ◀ $\left(P_0 - \frac{1}{4}\right) = \left(1 - \frac{1}{4}\right) = \frac{3}{4}$

∴ $P_n = \frac{3}{4}\left(-\frac{1}{3}\right)^n + \frac{1}{4}$

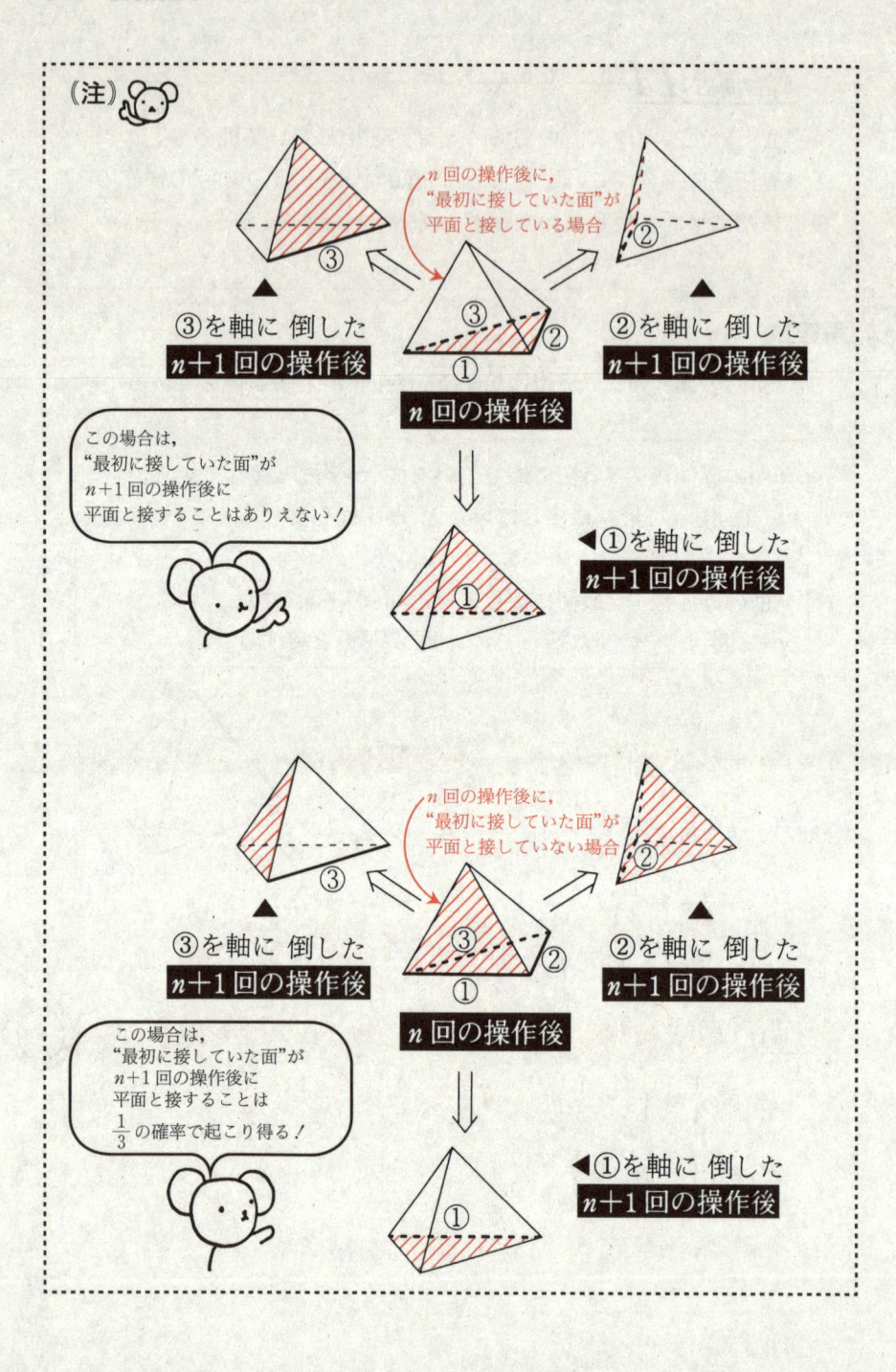

(注)

n 回の操作後に，"最初に接していた面"が平面と接している場合

③を軸に 倒した
$n+1$ 回の操作後

②を軸に 倒した
$n+1$ 回の操作後

n 回の操作後

◀①を軸に 倒した
$n+1$ 回の操作後

この場合は，"最初に接していた面"が $n+1$ 回の操作後に平面と接することはありえない！

n 回の操作後に，"最初に接していた面"が平面と接していない場合

③を軸に 倒した
$n+1$ 回の操作後

②を軸に 倒した
$n+1$ 回の操作後

n 回の操作後

◀①を軸に 倒した
$n+1$ 回の操作後

この場合は，"最初に接していた面"が $n+1$ 回の操作後に平面と接することは $\frac{1}{3}$ の確率で起こり得る！

総合演習 12

直線上に,赤と白の旗を持った何人かの人が,番号 0, 1, 2, … をつけて並んでいる。番号 0 の人は,赤と白の旗を等しい確率で無作為に上げるものとし,他の番号 j の人は,番号 $j-1$ の人の上げた旗の色を見て,確率 p で同じ色,確率 $1-p$ で異なる色の旗を上げるものとする。このとき,番号 0 の人と番号 n の人が同じ色の旗を上げる確率 p_n を求めよ。　　　　　　　　　　　　　　　　　　　　　　[東大]

[解答]

> 番号 $n+1$ の人が 番号 0 の人と同じ色の旗を上げる
> ‖
> 　番号 n の人が 番号 0 の人と同じ色の旗を上げて,
> 　番号 $n+1$ の人も 番号 0 の人と同じ色の旗を上げる
> 　　　　　　or
> 　番号 n の人が 番号 0 の人と違う色の旗を上げて,
> 　番号 $n+1$ の人は 番号 0 の人と同じ色の旗を上げる

を考え,

$$p_{n+1} = p_n \times p + (1-p_n) \times (1-p)$$

◀ 番号 $n+1$ の人が 番号 n の人と同じ色の旗を上げる → p
　番号 $n+1$ の人が 番号 n の人と違う色の旗を上げる → $1-p$

$\Leftrightarrow p_{n+1} = (2p-1)p_n + 1 - p$

$\Leftrightarrow p_{n+1} - \dfrac{1}{2} = (2p-1)\left(p_n - \dfrac{1}{2}\right)$

◀ $p_{n+1} + \alpha = (2p-1)(p_n + \alpha)$
$\Leftrightarrow p_{n+1} = (2p-1)p_n + (2p-2)\alpha$ より
$(2p-2)\alpha = 1-p \Leftrightarrow -2(1-p)\alpha = 1-p$
$\therefore \alpha = -\dfrac{1}{2}$

$\Leftrightarrow p_{n+1} - \dfrac{1}{2} = (2p-1)^{n+1}\left(p_0 - \dfrac{1}{2}\right)$

$\boxed{p_0 = 1}$ より, ◀ 番号 0 の人は番号 0 の人と同じ色の旗なので!

$p_{n+1} - \dfrac{1}{2} = \dfrac{1}{2}(2p-1)^{n+1}$ ◀ $\left(p_0 - \dfrac{1}{2}\right) = \left(1 - \dfrac{1}{2}\right) = \dfrac{1}{2}$

$\therefore \underline{p_n = \dfrac{1}{2}(2p-1)^n + \dfrac{1}{2}}$

総合演習 13

n 人 ($n \geq 3$) の生徒が校庭で 1 つの円周上に等間隔で並んでいる。各生徒は，片側が赤で裏返すと白になる帽子を持っていて，先生の笛の合図で赤または白にした帽子をかぶることにする。ただし，生徒の帽子の色の選び方は互いに独立で，各生徒が赤，白を選ぶ確率はそれぞれ $\frac{1}{2}$ であるものとする。

(1) 白い帽子の生徒数の平均値（期待値）を求めよ。

(2) 隣り合う生徒の帽子の色が異なるとき，2 人の間に先生が旗を立ててまわる。
　立てた旗の数がちょうど k である確率を p_k ($k=0, 1, \cdots, n$) とする。

　(ア) p_0, p_1, p_2 を求めよ。

　(イ) 一般の p_k を求めよ。

[解答]

(1) 白い帽子の生徒が k 人いる確率は ◀ 残りの $n-k$ 人は赤い帽子

$$_nC_k \left(\frac{1}{2}\right)^k \cdot \left(\frac{1}{2}\right)^{n-k} = {}_nC_k \left(\frac{1}{2}\right)^n$$ ◀ Point 2.3

よって，
（白い帽子の生徒数の期待値）

$$= \sum_{k=0}^{n} k \cdot {}_nC_k \left(\frac{1}{2}\right)^n = \frac{n}{2}$$ ◀ Point 3.4 より $n \cdot \frac{1}{2}$

(2) (ア) 生徒 n 人の帽子の色の選び方は 2^n 通りある。……①

すべての帽子の色が白 or すべての帽子の色が赤 のとき
旗が 0 本になる
ので，①を考え，

$$p_0 = \frac{1}{2^n} + \frac{1}{2^n}$$ ◀ すべての帽子の色が白 or 赤になる場合はそれぞれ 1 通り

$$= \frac{2}{2^n} = \frac{1}{2^{n-1}}$$

また，
生徒達は円周上に並んでいるので
旗の数が1本になるということはありえない。
よって，
　$p_1 = \underline{0}$

旗の数が2本になるのは，次の場合が考えられる。
|旗の位置について|
　生徒の間の n か所から2か所を選ぶ　→　$_nC_2$ 通り ……②

|帽子の色について|
　2本の旗で分けられる2つの部分を a_1，a_2 とすると
a_1 は，白 or 赤の2通りが考えられる。
また，a_1 と a_2 の色は異なるので，
a_1 が白のとき a_2 は赤，a_1 が赤のとき a_2 は白，のように
a_1 の色が決まれば，自動的に a_2 の色も決まる。
よって，色の決め方は **2通り** ……③

②，③より
　旗の数が2本のときの生徒 n 人の帽子の色の選び方は
　$_nC_2 \times 2$ 通り ……④　◀ 連続操作

よって，①，④より
　$p_2 = \dfrac{_nC_2 \times 2}{2^n} = \dfrac{n(n-1)}{2^n}$　◀ $_nC_2 \times 2 = \dfrac{n(n-1)}{2} \times 2 = n(n-1)$

(イ)

(i) k が奇数のとき

p_1 と同様に，生徒達は円周上に並んでいるので旗の数が奇数になることはありえない。

よって，
$p_k = \underline{0}$

(ii) k が偶数のとき

旗の数が k 本になるのは，次の場合が考えられる。

|旗の位置について|

生徒の間の n か所から k か所を選ぶ　→　${}_nC_k$ 通り ……②′

|帽子の色について|

k 本の旗で分けられる k 個の部分を $a_1, a_2, \cdots, a_k$ とすると，a_1 は，白 or 赤 の 2 通りが考えられる。
また，

$a_2 \sim a_k$ の色は a_1 の色が決まれば自動的に決まる。　◀ 例えば a_1 が白のとき
a_2, a_3, a_4, a_5
赤、白、赤、白

よって，色の決め方は **2 通り** ……③′

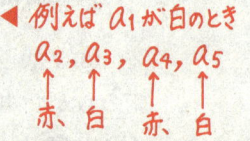

②′，③′ より，
旗の数が k 本のときの生徒 n 人の帽子の色の選び方は
${}_nC_k \times 2$ 通り ……④′　◀ 連続操作

よって，①，④′ より
$$p_k = \frac{{}_nC_k \times 2}{2^n}$$
$$= \frac{{}_nC_k}{2^{n-1}}$$
◀ $\frac{2}{2^n} = \frac{2}{2 \cdot 2^{n-1}} = \frac{1}{2^{n-1}}$

総合演習 14

サイコロを n 回続けて投げるとき，k 回目に出る目の数を X_k とし $Y_n = X_1 + X_2 + \cdots + X_n$ とする．Y_n が 7 で割り切れる確率を p_n とする．
(1) p_n を p_{n-1} を用いて表せ．
(2) p_n を求めよ． 　　　　　　　　　　　　　　　　　　　　　　　　　　　[京大]

[解答]

(1) $Y_n = Y_{n-1} + X_n$ ……(*)　◀ $Y_n = \boxed{X_1 + X_2 + \cdots + X_{n-1}}^{Y_{n-1}} + X_n$

$\boxed{Y_n \text{が7で割り切れる}}$　◀ $Y_{n-1} + X_n$ が7で割り切れる
$\quad\quad\quad\parallel$

$\begin{cases} Y_{n-1} \text{ が 7 で割り切れて，} X_n \text{ も 7 で割り切れる} \\ \quad\quad\text{or} \\ Y_{n-1} \text{ が 7 で割り切れなくて，} Y_{n-1} + X_n \text{ が 7 で割り切れる} \end{cases}$

を考え，

$p_n = p_{n-1} \times 0 + (1 - p_{n-1}) \times \dfrac{1}{6}$　◀ [解説]を見よ

$\therefore \underline{\underline{p_n = -\dfrac{1}{6} p_{n-1} + \dfrac{1}{6}}}$

(2) $p_n = -\dfrac{1}{6} p_{n-1} + \dfrac{1}{6}$

$\Leftrightarrow p_n - \dfrac{1}{7} = -\dfrac{1}{6}\left(p_{n-1} - \dfrac{1}{7}\right)$　◀ $p_n + \alpha = -\dfrac{1}{6}(p_{n-1} + \alpha) \Leftrightarrow p_n = -\dfrac{1}{6}p_{n-1} - \dfrac{7}{6}\alpha$ より

$\quad\quad\quad\quad\quad\quad\quad\quad\quad\quad\quad\quad\quad -\dfrac{7}{6}\alpha = \dfrac{1}{6} \quad \therefore \alpha = -\dfrac{1}{7}$

$\Leftrightarrow p_n - \dfrac{1}{7} = \left(-\dfrac{1}{6}\right)^{n-1} \left(p_1 - \dfrac{1}{7}\right)$

$\boxed{p_1 = 0}$ より，　◀ $X_1 = 1, 2, \cdots\cdots 6$ より，X_1 は 7 で割り切れない！

$p_n - \dfrac{1}{7} = -\dfrac{1}{7}\left(-\dfrac{1}{6}\right)^{n-1}$　◀ $\left(p_1 - \dfrac{1}{7}\right) = -\dfrac{1}{7}$

$\therefore \underline{\underline{p_n = -\dfrac{1}{7}\left(-\dfrac{1}{6}\right)^{n-1} + \dfrac{1}{7}}}$

[解説]

$\boxed{X_n が 7 で割り切れる確率について}$

$X_n=1, 2, 3, 4, 5, 6$ なので，X_n が 7 で割り切れることはありえない。
よって，確率は **0** である。

$\boxed{Y_{n-1} が 7 で割り切れないとき，Y_{n-1}+X_n が 7 で割り切れる確率について}$

Y_{n-1} が 7 で割り切れないとき，Y_{n-1} は

　$7k+1$ or $7k+2$ or $7k+3$ or $7k+4$ or $7k+5$ or $7k+6$ （k は整数）

のどれかである。

このとき，$Y_{n-1}+X_n$ が 7 で割り切れるためには，

$\begin{cases} Y_{n-1}=7k+1 \text{ のときは } X_n \text{ が 6 であればよくて} \\ Y_{n-1}=7k+2 \text{ のときは } X_n \text{ が 5 であればよくて} \\ Y_{n-1}=7k+3 \text{ のときは } X_n \text{ が 4 であればよくて} \\ Y_{n-1}=7k+4 \text{ のときは } X_n \text{ が 3 であればよくて} \\ Y_{n-1}=7k+5 \text{ のときは } X_n \text{ が 2 であればよくて} \\ Y_{n-1}=7k+6 \text{ のときは } X_n \text{ が 1 であればいい} \end{cases}$

◀ X_n が 6 である確率は $\frac{1}{6}$
◀ X_n が 5 である確率は $\frac{1}{6}$
◀ X_n が 4 である確率は $\frac{1}{6}$
◀ X_n が 3 である確率は $\frac{1}{6}$
◀ X_n が 2 である確率は $\frac{1}{6}$
◀ X_n が 1 である確率は $\frac{1}{6}$

ので，

Y_{n-1} が 7 で割り切れないときは，Y_{n-1} がどんな値であっても

$\frac{1}{6}$ の確率で $Y_{n-1}+X_n$ が 7 で割り切れることが分かった。

よって，確率は $\frac{1}{6}$ である。

総合演習 15

サイコロを繰り返し n 回振って，出た目の数を掛け合わせた積を X とする。すなわち，k 回目に出た目の数を Y_k とすると，$X = Y_1 \cdot Y_2 \cdots Y_n$ である。
(1) X が 3 で割り切れる確率 p_n を求めよ。
(2) X が 6 で割り切れる確率 q_n を求めよ。
(3) X が 4 で割り切れる確率 r_n を求めよ。　　　　　　［京大］

[考え方]

(1) $X = Y_1 \cdot Y_2 \cdots Y_n$ が 3 で割り切れるためには $Y_1 \sim Y_n$ の少なくとも 1 つが 3 or 6 であればよい。

しかし，この場合はいろんな場合があって考えにくいので余事象を考えることにしよう。 ◀ Point 1.16

$X = Y_1 \cdot Y_2 \cdots Y_n$ が 3 で割り切れないためには $Y_1 \sim Y_n$ のすべてが 3 or 6 以外であればよい。

さらに，この問題では，

$Y_1 \sim Y_n$ のすべてが 3 or 6 以外
$\Leftrightarrow$ $Y_1 \sim Y_n$ のすべてが 1 or 2 or 4 or 5

がいえる。

[解答]

(1)　「X が 3 で割り切れる」
　＝「全体」－「$Y_1 \sim Y_n$ のすべてが 1 or 2 or 4 or 5」

より，

$$p_n = 1 - \left(\frac{4}{6}\right)^n$$

$$= 1 - \left(\frac{2}{3}\right)^n$$

[考え方]

(2) $X = Y_1 \cdot Y_2 \cdot \cdots \cdot Y_n$ が6で割り切れる場合は次の2通りが考えられる。

「$Y_1 \sim Y_n$ の少なくとも1つが6である」
　　　or
「$Y_1 \sim Y_n$ の中に（6がなくて）2 or 4 と，3が少なくとも1つずつある」

しかし，この場合もいろんな場合があって考えにくいので余事象を考えることにしよう。 ◀ Point 1.16

$X = Y_1 \cdot Y_2 \cdot \cdots \cdot Y_n$ が6で割り切れないためには，
6を除く（▶6が出てはいけない！）1〜5において
2の倍数（2, 4）と3の倍数（3）が同時に出なければよい。

ただし，"2の倍数が出ない" or "3の倍数が出ない" を考えるとき，

2の倍数（2, 4）が出ない ➡ 1 or 3 or 5 が出る
3の倍数（3）が出ない ➡ 1 or 2 or 4 or 5 が出る

のようになり 1 or 5 が出る場合が2回数えられることに注意しなければならない！

以上より，

$X = Y_1 \cdot Y_2 \cdot \cdots \cdot Y_n$ が6で割り切れない確率は

$\left(\dfrac{3}{6}\right)^n + \left(\dfrac{4}{6}\right)^n - \left(\dfrac{2}{6}\right)^n$ になることが分かった！

　↑2の倍数　　↑3の倍数　　↑1 or 5
　　が出ない　　が出ない　　が出る
　(1 or 3 or 5 が出る) (1 or 2 or 4 or 5 が出る)

[解答]

(2) 「X が6で割り切れる」
　　= 「全体」
　　　−「$Y_1 \sim Y_n$ のすべてが 1 or 3 or 5」
　　　−「$Y_1 \sim Y_n$ のすべてが 1 or 2 or 4 or 5」
　　　+「$Y_1 \sim Y_n$ のすべてが 1 or 5」　より，

◀「X が6で割り切れる」
　=「全体」
　−「X が6で割り切れない」

$$q_n = 1 - \left(\frac{3}{6}\right)^n - \left(\frac{4}{6}\right)^n + \left(\frac{2}{6}\right)^n$$

$$= 1 - \left(\frac{1}{2}\right)^n - \left(\frac{2}{3}\right)^n + \left(\frac{1}{3}\right)^n$$

[考え方]

(3) $X = Y_1 \cdot Y_2 \cdot \cdots \cdot Y_n$ が4で割り切れる場合は次の2通りが考えられる。

「$Y_1 \sim Y_n$ の少なくとも1つが4である」
　　　　or
「$Y_1 \sim Y_n$ の中に（4がなくて）2 or 6 が少なくとも2つある」

しかし，この場合もいろんな場合があって考えにくいので余事象を考えることにしよう。 ◀ Point 1.16

$X = Y_1 \cdot Y_2 \cdot \cdots \cdot Y_n$ が4で割り切れない場合は次の3通りが考えられる。

「1 or 3 or 5（▶2, 4, 6以外の数）だけが n 回出る」
　　　　or
「2 が1回出て，他の $n-1$ 回は 1 or 3 or 5（▶2, 4, 6以外の数）だけが出る」
　　　　or
「6 が1回出て，他の $n-1$ 回は 1 or 3 or 5（▶2, 4, 6以外の数）だけが出る」

よって，
　$X = Y_1 \cdot Y_2 \cdot \cdots \cdot Y_n$ が4で割り切れない確率は

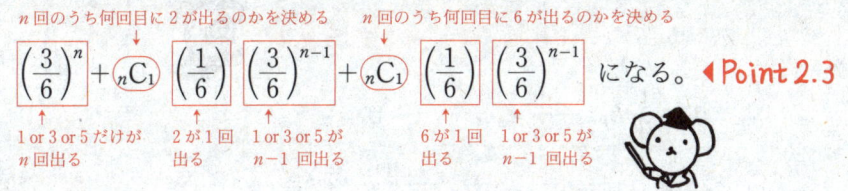

n 回のうち何回目に2が出るのかを決める　　n 回のうち何回目に6が出るのかを決める

$$\left(\frac{3}{6}\right)^n + {}_nC_1 \left(\frac{1}{6}\right)\left(\frac{3}{6}\right)^{n-1} + {}_nC_1 \left(\frac{1}{6}\right)\left(\frac{3}{6}\right)^{n-1}$$

になる。 ◀ Point 2.3

↑1 or 3 or 5 だけが n 回出る　↑2 が1回出る　↑1 or 3 or 5 が $n-1$ 回出る　↑6 が1回出る　↑1 or 3 or 5 が $n-1$ 回出る

[解答]

(3) 「X が4で割り切れる」
　＝「全体」−「X が4で割り切れない」より，

$$r_n = 1 - \left\{\left(\frac{3}{6}\right)^n + {}_nC_1\left(\frac{1}{6}\right)\left(\frac{3}{6}\right)^{n-1} + {}_nC_1\left(\frac{1}{6}\right)\left(\frac{3}{6}\right)^{n-1}\right\}$$

$$= 1 - \left(\frac{1}{2}\right)^n - \frac{n}{3}\left(\frac{1}{2}\right)^{n-1}$$

◀ ${}_nC_1 = n$

総合演習 16

A，B，C の 3 人が色のついた札を 1 枚ずつ持っている。
はじめに A，B，C の持っている札の色はそれぞれ赤，白，青である。A がサイコロを投げて，3 の倍数の目が出たら A は B と持っている札を交換し，その他の目が出たら A は C と持っている札を交換する。
　この試行を n 回繰り返した後に，赤い札を A，B，C が持っている確率をそれぞれ a_n，b_n，c_n とする。
(1) $n \geqq 2$ のとき，a_n，b_n，c_n を a_{n-1}，b_{n-1}，c_{n-1} で表せ。
(2) a_n を求めよ。　　　　　　　　　　　　　　　　［京大］

[解答]

(1)
$\boxed{n \text{ 回後に A が赤い札を持っている}}$
　　　　　$\|$
$\begin{cases} n-1 \text{ 回後に B が赤い札を持っていて，} n \text{ 回目に A と B が札を交換する} \\ \quad\quad\text{or} \\ n-1 \text{ 回後に C が赤い札を持っていて，} n \text{ 回目に A と C が札を交換する} \end{cases}$

を考え，

$$a_n = b_{n-1} \times \frac{1}{3} + c_{n-1} \times \frac{2}{3} \quad \blacktriangleleft \text{《注》を見よ}$$

$\therefore \quad a_n = \dfrac{1}{3} b_{n-1} + \dfrac{2}{3} c_{n-1} \quad \cdots\cdots ①$

$\boxed{n \text{ 回後に B が赤い札を持っている}}$
　　　　　$\|$
$\begin{cases} n-1 \text{ 回後に A が赤い札を持っていて，} n \text{ 回目に A と B が札を交換する} \\ \quad\quad\text{or} \\ n-1 \text{ 回後に B が赤い札を持っていて，} n \text{ 回目に A と C が札を交換する} \end{cases}$
　　　　　　　　　　　　　　　　　　　　　　　（B はそのまま）

を考え，

$$b_n = a_{n-1} \times \frac{1}{3} + b_{n-1} \times \frac{2}{3} \quad \blacktriangleleft \text{《注》を見よ}$$

$$\therefore\ b_n = \frac{1}{3}a_{n-1} + \frac{2}{3}b_{n-1} \quad \cdots\cdots ②$$

$\boxed{n\text{ 回後に C が赤い札を持っている}}$
$\|$
$\begin{cases} n-1\text{ 回後に A が赤い札を持っていて，}n\text{ 回目に A と C が札を交換する} \\ \qquad\quad \text{or} \\ n-1\text{ 回後に C が赤い札を持っていて，}n\text{ 回目に A と B が札を交換する} \end{cases}$
（C はそのまま）

を考え，

$$c_n = a_{n-1} \times \frac{2}{3} + c_{n-1} \times \frac{1}{3} \quad \blacktriangleleft《注》を見よ$$

$$\therefore\ c_n = \frac{2}{3}a_{n-1} + \frac{1}{3}c_{n-1} \quad \cdots\cdots ③$$

(注)

サイコロを投げて 3 の倍数の目が出る確率は $\dfrac{2}{6} = \dfrac{1}{3}$ なので，

▲（3の倍数）= 3 or 6

$\dfrac{1}{3}$ の確率で A と B が札を交換する（C はそのまま）。

また，$1 - \dfrac{1}{3} = \dfrac{2}{3}$ より

$\dfrac{2}{3}$ の確率で A と C が札を交換する（B はそのまま）。

[解答]

(2) $\boxed{a_{n-1} + b_{n-1} + c_{n-1} = 1}$ ◀ $n-1$ 回後に A or B or C の誰かが
　　　　　　　　　　　　　　　　　必ず赤札を持っている！

$\Leftrightarrow c_{n-1} = 1 - a_{n-1} - b_{n-1}$ を ① に代入すると，　◀ c_{n-1} を消去する

$$a_n = \frac{1}{3}b_{n-1} + \frac{2}{3}(1 - a_{n-1} - b_{n-1}) \quad \blacktriangleleft a_n = \frac{1}{3}b_{n-1} + \frac{2}{3}c_{n-1} \ \cdots\cdots ①$$

$\Leftrightarrow b_{n-1} = 2 - 3a_n - 2a_{n-1} \quad \cdots\cdots ①'$ ◀ b_{n-1} について解いた

∴ $b_n = 2 - 3a_{n+1} - 2a_n$ ……①″   ◀ n に $n+1$ を代入した

①′と①″を②に代入する と， ◀ b_{n-1} と b_n を消去して a だけの式にする！

$$2 - 3a_{n+1} - 2a_n = \frac{1}{3}a_{n-1} + \frac{2}{3}(2 - 3a_n - 2a_{n-1})$$ ◀ $b_n = \frac{1}{3}a_{n-1} + \frac{2}{3}b_{n-1}$ ……②

$\Leftrightarrow a_{n+1} = \frac{1}{3}a_{n-1} + \frac{2}{9}$

∴ $a_n = \frac{1}{3}a_{n-2} + \frac{2}{9}$ ◀ n に $n-1$ を代入した

(i) n が偶数のとき   ◀ [解説]を見よ！

$n = 2m$ とおく と，

$a_{2m} = \frac{1}{3}a_{2(m-1)} + \frac{2}{9}$ ◀ $a_n = \frac{1}{3}a_{n-2} + \frac{2}{9}$, $n-2 = 2m-2 = 2(m-1)$

$\Leftrightarrow a_{2m} - \frac{1}{3} = \frac{1}{3}\left(a_{2(m-1)} - \frac{1}{3}\right)$ ◀ $a_{2m} + \alpha = \frac{1}{3}(a_{2(m-1)} + \alpha)$
$\Leftrightarrow a_{2m} = \frac{1}{3}a_{2(m-1)} - \frac{2}{3}\alpha$ より $-\frac{2}{3}\alpha = \frac{2}{9}$

$\Leftrightarrow a_{2m} - \frac{1}{3} = \left(\frac{1}{3}\right)^m \left(a_0 - \frac{1}{3}\right)$ ◀ 《注1》を見よ   ∴ $\alpha = -\frac{1}{3}$

$a_0 = 1$ より， ◀ 最初はAが赤い札を持っているので！

$a_{2m} - \frac{1}{3} = \frac{2}{3}\left(\frac{1}{3}\right)^m$ ◀ $\left(a_0 - \frac{1}{3}\right) = 1 - \frac{1}{3} = \frac{2}{3}$

$\Leftrightarrow a_{2m} = \frac{2}{3}\left(\frac{1}{3}\right)^m + \frac{1}{3}$

∴ $a_n = \frac{2}{3}\left(\frac{1}{3}\right)^{\frac{n}{2}} + \frac{1}{3}$ ◀ $n = 2m \Rightarrow m = \frac{n}{2}$ を代入した

《注1》

$a_{2m} - \frac{1}{3} = \frac{1}{3}\left(a_{2(m-1)} - \frac{1}{3}\right)$ ……(*)

$a_{2m} - \frac{1}{3} = A_m$ とおく と

$a_{2(m-1)} - \frac{1}{3} = A_{m-1}$ もいえるので，

(*) $\Leftrightarrow A_m = \frac{1}{3}A_{m-1}$

$$\Leftrightarrow A_m = \left(\frac{1}{3}\right)^m A_0$$

$$\therefore\ a_{2m} - \frac{1}{3} = \left(\frac{1}{3}\right)^m \left(a_0 - \frac{1}{3}\right) \quad \blacktriangleleft A_0 = a_0 - \frac{1}{3}$$

(ii) **n が奇数のとき** ◀[解説]を見よ

$\boxed{n = 2m+1 \text{ とおく}}$ と, ◀ $n-2 = (2m+1)-2 = 2m-1 = 2(m-1)+1$

$$a_{2m+1} = \frac{1}{3} a_{2(m-1)+1} + \frac{2}{9} \quad \blacktriangleleft a_n = \frac{1}{3} a_{n-2} + \frac{2}{9}$$

$$\Leftrightarrow a_{2m+1} - \frac{1}{3} = \frac{1}{3}\left(a_{2(m-1)+1} - \frac{1}{3}\right) \quad \blacktriangleleft a_{2m+1} + \alpha = \frac{1}{3}(a_{2(m-1)+1} + \alpha)$$
$$\Leftrightarrow a_{2m+1} = \frac{1}{3} a_{2(m-1)+1} - \frac{2}{3}\alpha \text{ より}$$
$$\Leftrightarrow a_{2m+1} - \frac{1}{3} = \left(\frac{1}{3}\right)^m \left(a_1 - \frac{1}{3}\right) \quad \blacktriangleleft 《注2》を見よ \qquad -\frac{2}{3}\alpha = \frac{2}{9}$$
$$\therefore\ \alpha = -\frac{1}{3}$$

$\boxed{a_1 = 0}$ より, ◀1回後はBorCが赤い札を持っているので!

$$a_{2m+1} - \frac{1}{3} = -\frac{1}{3}\left(\frac{1}{3}\right)^m \quad \blacktriangleleft \left(a_1 - \frac{1}{3}\right) = -\frac{1}{3}$$

$$\Leftrightarrow a_{2m+1} = -\frac{1}{3}\left(\frac{1}{3}\right)^m + \frac{1}{3}$$

$$\therefore\ a_n = -\frac{1}{3}\left(\frac{1}{3}\right)^{\frac{n-1}{2}} + \frac{1}{3} \quad \blacktriangleleft n = 2m+1 \Rightarrow m = \frac{n-1}{2} \text{ を代入した}$$

(注2)

$$a_{2m+1} - \frac{1}{3} = \frac{1}{3}\left(a_{2(m-1)+1} - \frac{1}{3}\right) \cdots\cdots (**)$$

$\boxed{a_{2m+1} - \frac{1}{3} = B_m \text{ とおく}}$ と

$a_{2(m-1)+1} - \frac{1}{3} = B_{m-1}$ もいえるので,

$$(**) \Leftrightarrow B_m = \frac{1}{3} B_{m-1}$$

$$\Leftrightarrow B_m = \left(\frac{1}{3}\right)^m B_0$$

$$\therefore\ a_{2m+1} - \frac{1}{3} = \left(\frac{1}{3}\right)^m \left(a_1 - \frac{1}{3}\right) \quad \blacktriangleleft B_0 = a_1 - \frac{1}{3}$$

[解説] 場合分けについて

まず，次の2つの漸化式について考えてみよう。
$$\begin{cases} a_n = ra_{n-1} \quad \cdots\cdots (*) \quad (n \geq 1) \\ a_n = ra_{n-2} \quad \cdots\cdots (**) \quad (n \geq 2) \end{cases} \quad [ただし，rは定数]$$

$a_n = ra_{n-1} \cdots\cdots (*)$ について

まず，a_4 を求めてみよう。

$$\begin{cases} a_4 = ra_3 \quad \cdots\cdots ① \quad ◀(*) に n=4 を代入した \\ a_3 = ra_2 \quad \cdots\cdots ② \quad ◀(*) に n=3 を代入した \\ a_2 = ra_1 \quad \cdots\cdots ③ \quad ◀(*) に n=2 を代入した \\ a_1 = ra_0 \quad \cdots\cdots ④ \quad ◀(*) に n=1 を代入した \end{cases}$$

$a_3 = ra_2 \cdots\cdots ②$ を $a_4 = ra_3 \cdots\cdots ①$ に代入すると， ◀ a_3 を消去！

$a_4 = r \cdot ra_2$ ◀ $a_4 = r \cdot a_3$
$\quad = r^2 a_2$

さらに $a_2 = ra_1 \cdots\cdots ③$ を代入すると， ◀ a_2 を消去！

$a_4 = r^2 \cdot ra_1$ ◀ $a_4 = r^2 \cdot a_2$
$\quad = r^3 a_1$

さらに $a_1 = ra_0 \cdots\cdots ④$ を代入すると， ◀ a_1 を消去！

$a_4 = r^3 \cdot ra_0$ ◀ $a_4 = r^3 \cdot a_1$
$\quad = r^4 a_0$

a_n についても全く同様に，

$a_n = ra_{n-1} \cdots\cdots (*)$
$\quad = r^2 a_{n-2}$ ◀ $a_{n-1} = ra_{n-2}$ を代入した
$\quad = r^3 a_{n-3}$ ◀ $a_{n-2} = ra_{n-3}$ を代入した
$\quad = \cdots\cdots$ ◀ この操作を繰り返すと……
$\quad = r^n a_0$ のように求めることができる。

このように，$a_n = ra_{n-1} \cdots\cdots (*)$ については 特に何の問題もない。

$\boxed{a_n = ra_{n-2} \cdots\cdots (**)}$ について

まず，a_5 を求めてみよう。

$\begin{cases} a_5 = ra_3 \cdots\cdots ①' & ◀ (**) に n=5 を代入した \\ a_4 = ra_2 \cdots\cdots ②' & ◀ (**) に n=4 を代入した \\ a_3 = ra_1 \cdots\cdots ③' & ◀ (**) に n=3 を代入した \\ a_2 = ra_0 \cdots\cdots ④' & ◀ (**) に n=2 を代入した \end{cases}$

$a_5 = ra_3 \cdots\cdots ①'$ に $a_3 = ra_1 \cdots\cdots ③'$ を代入すると， ◀ a_3 を消去！
（奇数）　　　　　（奇数）

$a_5 = r \cdot ra_1$　◀ $a_5 = ra_3 \cdots\cdots ①$
　　$= \underline{r^2 a_1}$

次に a_4 を求めてみよう。

$a_4 = ra_2 \cdots\cdots ②'$ に $a_2 = ra_0 \cdots\cdots ④'$ を代入すると， ◀ a_2 を消去！
（偶数）　　　　　（偶数）

$a_4 = r \cdot ra_0$　◀ $a_4 = ra_2 \cdots\cdots ②$
　　$= \underline{r^2 a_0}$

このように，$a_{奇数}$ を求めるときには $a_{偶数}$ は全く出てこなくて，$a_{偶数}$ を求めるときにも $a_{奇数}$ は全く出てこないのである。

$\begin{bmatrix} ▶ a_n = ra_{n-2} \cdots\cdots (**) は "n と n-2 の関係式" であり，\\ \quad n が奇数のとき n-2 も奇数であり， ◀ (奇数)-2=(奇数)\\ \quad n が偶数のとき n-2 も偶数であるから！ ◀ (偶数)-2=(偶数) \end{bmatrix}$

つまり，$a_n = ra_{n-2} \cdots\cdots (**)$ の場合，a_n を求めるときには，次の2通りの場合分けが必要になるのである！

$\begin{cases} (\text{i}) \quad n\text{ が奇数のとき} \Rightarrow a_n = r^○ a_{1 \leftarrow 奇数} \text{ の形になる} \\ (\text{ii}) \quad n\text{ が偶数のとき} \Rightarrow a_n = r^○ a_{0 \leftarrow 偶数} \text{ の形になる} \end{cases}$

よって，

この問題の $a_n = \dfrac{1}{3} a_{n-2} + \dfrac{2}{9}$ という漸化式は "n と $n-2$ の関係式" なので場合分けが必要になるのである！

総合演習 17

袋の中に N 個の白玉と 3 個の赤玉がある。「袋の中の $(N+3)$ 個の玉から無作為に 1 個を取り出し，次に（外部にある）白玉を 1 個袋に入れる」という試行を繰り返す。n 回目の試行で赤玉を取り出す確率 P_n を求めよ。　　　　　　　　　　　　　　　　　　　　　　　　　　　　　　　［京大］

[解答]

3 個の赤玉を A，B，C とおく と， ◀ Point 2 参照！

$\boxed{\begin{array}{c} n \text{ 回目に赤玉を取り出す} \\ \| \\ \left\{\begin{array}{c} n \text{ 回目に A を取り出す} \\ \text{or} \\ n \text{ 回目に B を取り出す} \\ \text{or} \\ n \text{ 回目に C を取り出す} \end{array}\right. \end{array}}$ ……(∗) がいえる。

[3 個の赤玉に"区別がない"とすると n 回目までに赤玉がいくつ残っているのかなどを 1 つ 1 つ考えていかなくてはならず，場合分けがとても面倒になってしまう！]

n 回目に A を取り出すためには $n-1$ 回まで A 以外の玉を取り出し，n 回目に A を取り出せばいいので，

　（n 回目に A を取り出す確率）
$= \left(\dfrac{N+2}{N+3}\right)^{n-1} \cdot \dfrac{1}{N+3}$　◀ $N+3$ 個の中に A 以外の玉は $N+2$ 個ある

同様に，

　（n 回目に B を取り出す確率）
$=$（n 回目に C を取り出す確率）
$= \left(\dfrac{N+2}{N+3}\right)^{n-1} \cdot \dfrac{1}{N+3}$

よって，(∗) を考え

$P_n = 3 \times \left(\dfrac{N+2}{N+3}\right)^{n-1} \cdot \dfrac{1}{N+3}$

$ = \dfrac{3}{N+3}\left(\dfrac{N+2}{N+3}\right)^{n-1}$　//

総合演習 18

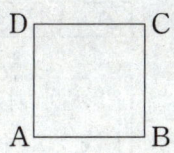

図のような正方形の4頂点 A, B, C, D を次の規則で移動する動点 Q がある。サイコロを振って 1 の目が出れば反時計まわりに隣の頂点に移動し，1 以外の目が出れば時計まわりに隣の頂点に移動する。Q は最初 A にあるものとし，n 回移動した後の位置を Q_n $(n=1, 2, \cdots)$ とする。$Q_{2n}=A$ である確率を a_n とおく。

(1) a_1 を求めよ。
(2) a_{n+1} を a_n を用いて表せ。
(3) a_n を求めよ。

［阪大］

[解答]

(1) 2回の移動後に A にいる
　　＝ $\begin{cases} A \to B \to A \\ \text{or} \\ A \to D \to A \end{cases}$

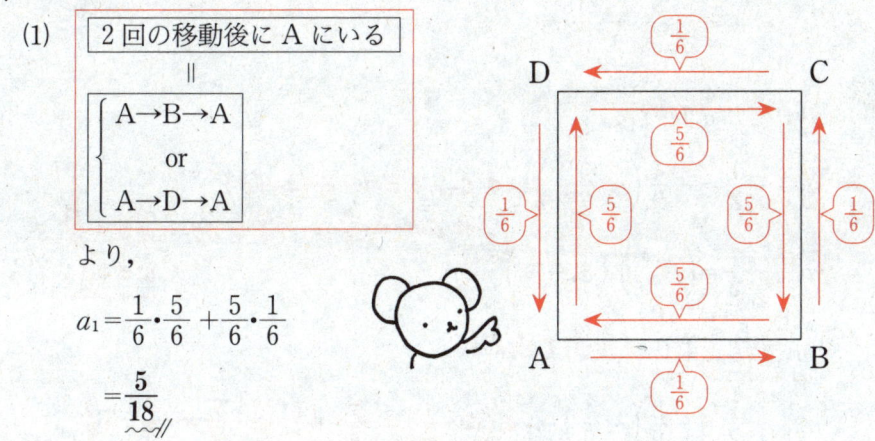

より，

$a_1 = \dfrac{1}{6} \cdot \dfrac{5}{6} + \dfrac{5}{6} \cdot \dfrac{1}{6}$

$= \dfrac{5}{18}$

[考え方]

(2) $2n$（偶数）回移動した後の Q の位置は A or C である。
　　よって，$2n$ 回の移動後に C にいる確率は $1-a_n$ である。

[解答]

(2) $\boxed{2(n+1)\text{回の移動後に A にいる}}$ ◀ a_{n+1}

$\parallel$

$\begin{cases} 2n\text{ 回の移動後に A にいて,} \\ \text{残り 2 回は A}\to\text{B}\to\text{A or A}\to\text{D}\to\text{A} \\ \quad\text{or} \\ 2n\text{ 回の移動後に C にいて,} \\ \text{残り 2 回は C}\to\text{B}\to\text{A or C}\to\text{D}\to\text{A} \end{cases}$

より,

$$a_{n+1} = a_n \times \left(\frac{1}{6}\cdot\frac{5}{6} + \frac{5}{6}\cdot\frac{1}{6}\right) + (1-a_n)\times\left(\frac{5}{6}\cdot\frac{5}{6} + \frac{1}{6}\cdot\frac{1}{6}\right)$$

$\therefore \underline{a_{n+1} = -\frac{4}{9}a_n + \frac{13}{18}}$

(3) $a_{n+1} = -\frac{4}{9}a_n + \frac{13}{18}$

$\Leftrightarrow a_{n+1} - \frac{1}{2} = -\frac{4}{9}\left(a_n - \frac{1}{2}\right)$ ◀ $a_{n+1} + \alpha = -\frac{4}{9}(a_n + \alpha)$

$\Leftrightarrow a_{n+1} = -\frac{4}{9}a_n - \frac{13}{9}\alpha$ より $-\frac{13}{9}\alpha = \frac{13}{18}$

$\therefore \underline{\alpha = -\frac{1}{2}}$

$\Leftrightarrow a_{n+1} - \frac{1}{2} = \left(-\frac{4}{9}\right)^n\left(a_1 - \frac{1}{2}\right)$

$\boxed{a_1 = \frac{5}{18}}$ より ◀ (1)で求めた

$a_{n+1} - \frac{1}{2} = -\frac{2}{9}\left(-\frac{4}{9}\right)^n$ ◀ $\left(a_1 - \frac{1}{2}\right) = \left(\frac{5}{18} - \frac{1}{2}\right) = \frac{5}{18} - \frac{9}{18} = -\frac{4}{18} = \underline{-\frac{2}{9}}$

$\therefore \underline{a_n = -\frac{2}{9}\left(-\frac{4}{9}\right)^{n-1} + \frac{1}{2}}$

総合演習 19

正6角形の頂点を反時計まわりの順に，A_0，A_1，…，A_5 とし，次のルール①，②，③に従ってゲームを行う。

① A_0 を出発点とする。
② コインを投げ，表が出たら反時計まわりに隣の頂点に移動し，裏が出たら，時計まわりに隣の頂点に移動する。
③ A_0 の反対側の頂点 A_3 に到達したらゲームは終了する。

整数 $n(n \geq 0)$ に対して，
 $p_n = (2n+1)$ 回コインを投げ移動を行ってもゲームの終了しない確率
 $q_n = $ ちょうど $(2n+1)$ 回目の移動によってゲームの終了する確率
とする。コインを投げたとき，表裏の出る確率はそれぞれ $\dfrac{1}{2}$ である。p_n および q_n を求めよ。　　　　　　　　　　　　　　　　　[京大]

[解答]

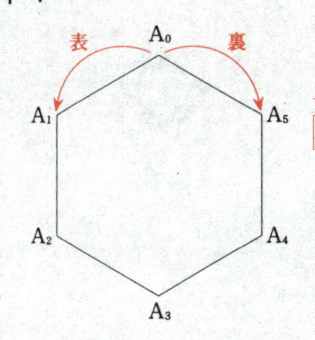

$2n+1$ (奇数) 回コインを投げてもゲームが終了しないときには，A_1 or A_5 にいて 対称性を考え，どちらにいる確率も等しい ので，

$$\begin{cases} 2n+1 \text{ 回目に } A_1 \text{ にいる確率} = \dfrac{1}{2}p_n \quad \cdots\cdots ⓐ \\ 2n+1 \text{ 回目に } A_5 \text{ にいる確率} = \dfrac{1}{2}p_n \quad \cdots\cdots ⓑ \end{cases}$$

また，

ちょうど $2n+3$ 回目にゲームが終了する ◀ q_{n+1}
 $\parallel$
$\begin{cases} 2n+1 \text{ 回目に } A_1 \text{ にいて，その後コインが2回とも表} \\ \qquad\qquad\text{or} \\ 2n+1 \text{ 回目に } A_5 \text{ にいて，その後コインが2回とも裏} \end{cases}$ より，

$$q_{n+1} = \underbrace{\boxed{\frac{1}{2}p_n} \times \overset{\text{表}}{\frac{1}{2}} \times \overset{\text{表}}{\frac{1}{2}}}_{\substack{2n+1 \text{ 回目に}\\ A_1 \text{ にいる} \cdots\cdots ⓐ}} + \underbrace{\boxed{\frac{1}{2}p_n} \times \overset{\text{裏}}{\frac{1}{2}} \times \overset{\text{裏}}{\frac{1}{2}}}_{\substack{2n+1 \text{ 回目に}\\ A_5 \text{ にいる} \cdots\cdots ⓑ}}$$

$\Leftrightarrow q_{n+1} = \frac{1}{4}p_n \quad \cdots\cdots ①$

ここで，

$\boxed{p_{n+1} + q_{n+1} = p_n} \quad \cdots\cdots (*)$ を考え， ◀[解説]を見よ

①を (*) に代入すると，

$\quad p_{n+1} + \frac{1}{4}p_n = p_n$ ◀ q_{n+1} を消去した

$\Leftrightarrow p_{n+1} = \frac{3}{4}p_n$ ◀ p だけの式！

$\Leftrightarrow p_{n+1} = \left(\frac{3}{4}\right)^{n+1} p_0$

$\boxed{p_0 = 1}$ より ◀ 1回目 ($2n+1$ 回目に $n=0$ を代入すると 1回目になる) は
$\qquad\qquad\qquad A_1$ or A_5 にいるのでゲームは終了しない

$\quad p_{n+1} = \left(\frac{3}{4}\right)^{n+1}$

$\therefore \quad p_n = \left(\frac{3}{4}\right)^n \quad (n \geq 0)$

また，

$\quad q_{n+1} = \frac{1}{4}p_n \quad \cdots\cdots ①$ より，

$\quad q_{n+1} = \frac{1}{4}\left(\frac{3}{4}\right)^n \quad (n \geq 0)$ ◀ $p_n = \left(\frac{3}{4}\right)^n (n \geq 0)$ を代入した

$\therefore \quad q_n = \frac{1}{4}\left(\frac{3}{4}\right)^{n-1} \quad (n \geq 1)$ ◀ $q_{n+1} = \frac{1}{4}\left(\frac{3}{4}\right)^n$ は $n \geq 0$ のとき
$\qquad\qquad\qquad\qquad\qquad\qquad q_1, q_2, q_3, \cdots\cdots$ を表す

$\boxed{n=0}$ のとき，

$\quad q_0 = 0$ ◀ 1回目 ($2n+1$ 回目に $n=0$ を代入すると 1回目になる) は
$\qquad\qquad A_1$ or A_5 にいるのでゲームは終了しない

(注) 以下のように，p_{n+1} についての漸化式をつくってもよい。

$2n+3$ 回目にゲームが終了しないのは，A_1 or A_5 にいるときであり，この場合も対称性を考え，どちらにいる確率も等しい！ 
よって，

$$\begin{cases} 2n+3 \text{ 回目に } A_1 \text{ にいる確率} = \frac{1}{2}p_{n+1} \cdots\cdots ⓒ \\ 2n+3 \text{ 回目に } A_5 \text{ にいる確率} = \frac{1}{2}p_{n+1} \cdots\cdots ⓓ \end{cases}$$

$\boxed{2n+3 \text{ 回目に } A_1 \text{ にいる場合}}$ ◀ A_5 にいる場合について考えてもよい！

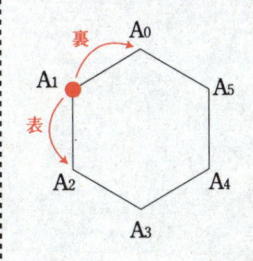

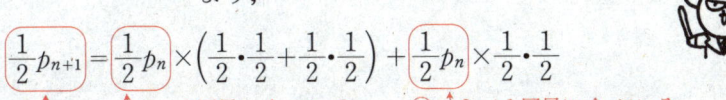

$\boxed{\begin{array}{c} 2n+3 \text{ 回目に } A_1 \text{ にいる} \\ \| \\ \begin{cases} 2n+1 \text{ 回目に } A_1 \text{ にいて，残り 2 回で} \begin{cases} \text{表，裏} \\ \text{or} \\ \text{裏，表} \end{cases} \\ \text{or} \\ 2n+1 \text{ 回目に } A_5 \text{ にいて，残り 2 回で表，表} \end{cases} \end{array}}$

より，

$$\underbrace{\boxed{\frac{1}{2}p_{n+1}}}_{2n+3 \text{ 回目に } A_1 \text{ にいる} \cdots ⓒ} = \underbrace{\boxed{\frac{1}{2}p_n}}_{2n+1 \text{ 回目に } A_1 \text{ にいる} \cdots ⓐ} \times \left(\frac{1}{2}\cdot\frac{1}{2} + \frac{1}{2}\cdot\frac{1}{2}\right) + \underbrace{\boxed{\frac{1}{2}p_n}}_{2n+1 \text{ 回目に } A_5 \text{ にいる} \cdots ⓑ} \times \frac{1}{2}\cdot\frac{1}{2}$$

$\Leftrightarrow \frac{1}{2}p_{n+1} = \frac{1}{2}p_n \times \frac{2}{4} + \frac{1}{2}p_n \times \frac{1}{4}$

$\therefore p_{n+1} = \frac{3}{4}p_n$ ◀ 両辺に 2 を掛けて整理した

[解説] $p_{n+1}+q_{n+1}=p_n$ ……(∗) について

（全体）=「$2n+3$ 回目に終了しない」or「$2n+3$ 回目に終了する」より
$1=p_{n+1}+q_{n+1}$ がいえる（?），と考えた人がいるだろうが
これは間違いである。

"$2n+3$ 回コインが投げられる" ということは $2n+1$ 回目でゲームが
終了していない，という条件のもとでいえる
ことなので，　　　　　　　　　　　　　　◀ 一般には，$2n+1$ 回目までに
　　　　　　　　　　　　　　　　　　　　　ゲームが終わっている可能性がある！

　（$2n+1$ 回目でゲームが終了していない）
＝「$2n+3$ 回目に終了しない」or「$2n+3$ 回目に終了する」

→ $p_n=p_{n+1}+q_{n+1}$ が正しい。

総合演習 20

半径 1 の円に内接する正 6 角形の頂点を A_1, A_2, $\cdots$, A_6 とする。これらから任意に（無作為に）選んだ 3 点を頂点とする 3 角形の面積の期待値を求めよ。ただし，2 つ以上が一致するような 3 点が選ばれたときは，3 角形の面積は 0 と考える。　　　　　[東大]

[解答]

3 角形の形状は 次の T_1, T_2, T_3 の 3 タイプがある。

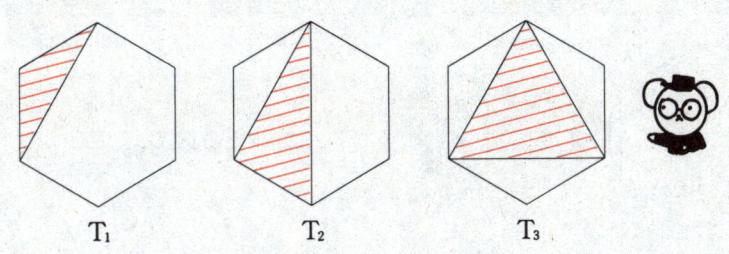

T_1　　　　T_2　　　　T_3

また，3 点 a, b, c の選び方は $6 \times 6 \times 6 = 6^3$ 通りある。 ……①

a は $A_1 \sim A_6$ の 6 通り
b は $A_1 \sim A_6$ の 6 通り
c は $A_1 \sim A_6$ の 6 通り

6^3 通りの選び方のうち，
 (i) T_1 になるのは $6 \times 3!$ 通り　◀《注1》を見よ
 (ii) T_2 になるのは $12 \times 3!$ 通り　◀《注2》を見よ
 (iii) T_3 になるのは $2 \times 3!$ 通り　◀《注3》を見よ

なので，

(T_1 になる確率) $= \dfrac{6 \times 3!}{6^3} = \dfrac{1}{6}$　……②

(T_2 になる確率) $= \dfrac{12 \times 3!}{6^3} = \dfrac{1}{3}$　……③

(T_3 になる確率) $= \dfrac{2 \times 3!}{6^3} = \dfrac{1}{18}$　……④

より　　　　　　　がいえるので、

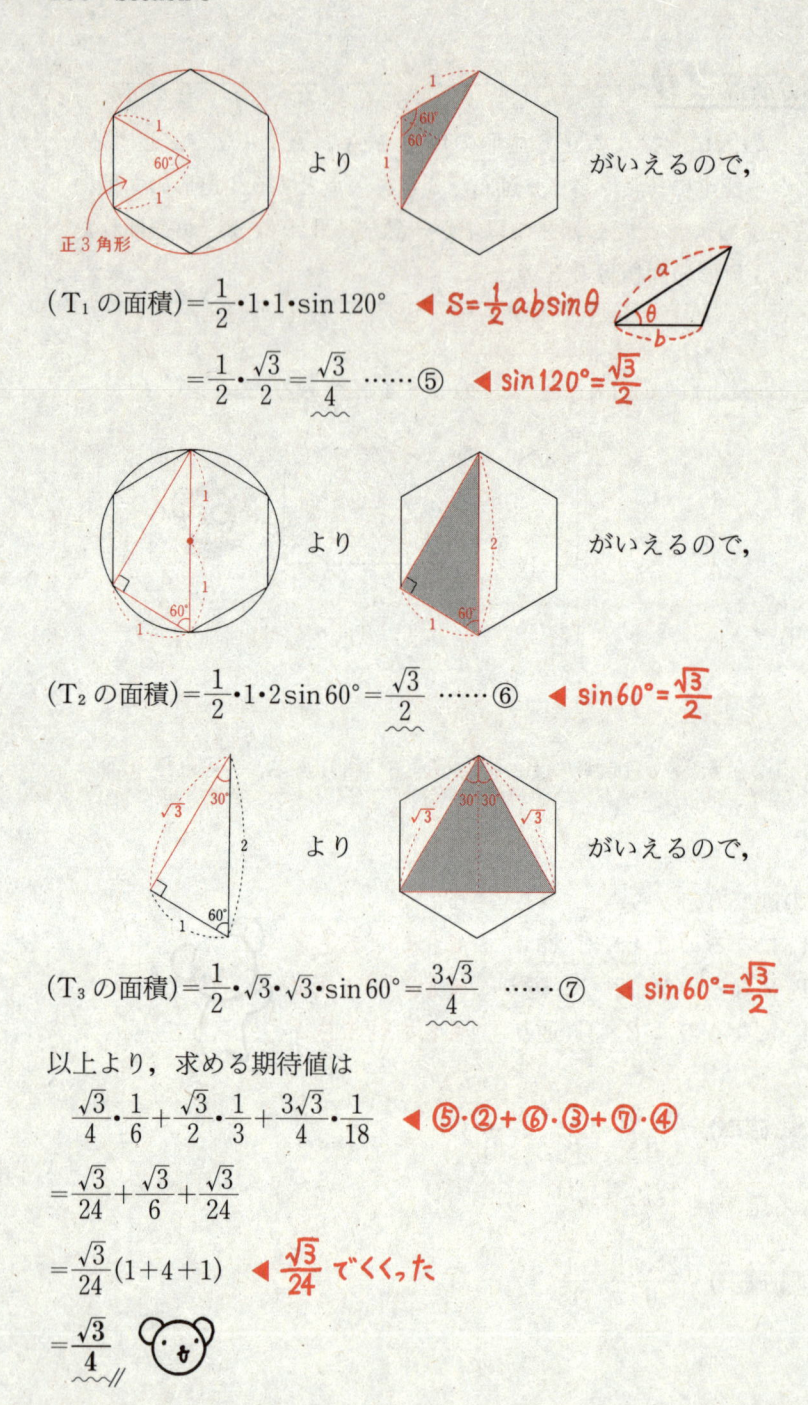

$(T_1 \text{の面積}) = \frac{1}{2} \cdot 1 \cdot 1 \cdot \sin 120°$ ◀ $S = \frac{1}{2} ab\sin\theta$

$= \frac{1}{2} \cdot \frac{\sqrt{3}}{2} = \frac{\sqrt{3}}{4}$ ……⑤ ◀ $\sin 120° = \frac{\sqrt{3}}{2}$

より　　　　　　　がいえるので、

$(T_2 \text{の面積}) = \frac{1}{2} \cdot 1 \cdot 2 \sin 60° = \frac{\sqrt{3}}{2}$ ……⑥ ◀ $\sin 60° = \frac{\sqrt{3}}{2}$

より　　　　　　　がいえるので、

$(T_3 \text{の面積}) = \frac{1}{2} \cdot \sqrt{3} \cdot \sqrt{3} \cdot \sin 60° = \frac{3\sqrt{3}}{4}$ ……⑦ ◀ $\sin 60° = \frac{\sqrt{3}}{2}$

以上より，求める期待値は

$\frac{\sqrt{3}}{4} \cdot \frac{1}{6} + \frac{\sqrt{3}}{2} \cdot \frac{1}{3} + \frac{3\sqrt{3}}{4} \cdot \frac{1}{18}$ ◀ ⑤・②+⑥・③+⑦・④

$= \frac{\sqrt{3}}{24} + \frac{\sqrt{3}}{6} + \frac{\sqrt{3}}{24}$

$= \frac{\sqrt{3}}{24}(1 + 4 + 1)$ ◀ $\frac{\sqrt{3}}{24}$ でくくった

$= \frac{\sqrt{3}}{4}$

(注1) T_1 について

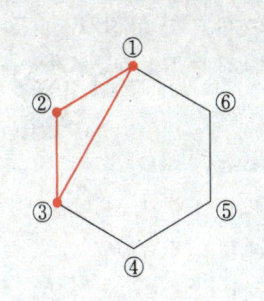

例えば，任意に選んだ3点 a, b, c が左図のような①，②，③になる場合について考えよう。

①，②，③の順に
3点 a, b, c の位置を決めると，

$\begin{cases} \text{点が①にある場合} \Rightarrow 3\text{通り} \\ \text{点が②にある場合} \Rightarrow 2\text{通り} \\ \text{点が③にある場合} \Rightarrow 1\text{通り} \end{cases}$ ◀ a or b or c
◀ ①で選んだ以外の2点のどちらか
◀ 残った1点

よって，**3!通り** ……ⓐ ◀ $3\cdot 2\cdot 1$

また，[図1]の形の3角形は[図2]や[図3]のように A が ①，②，…，⑥ を動くことによって **6通り**存在する。……ⓑ

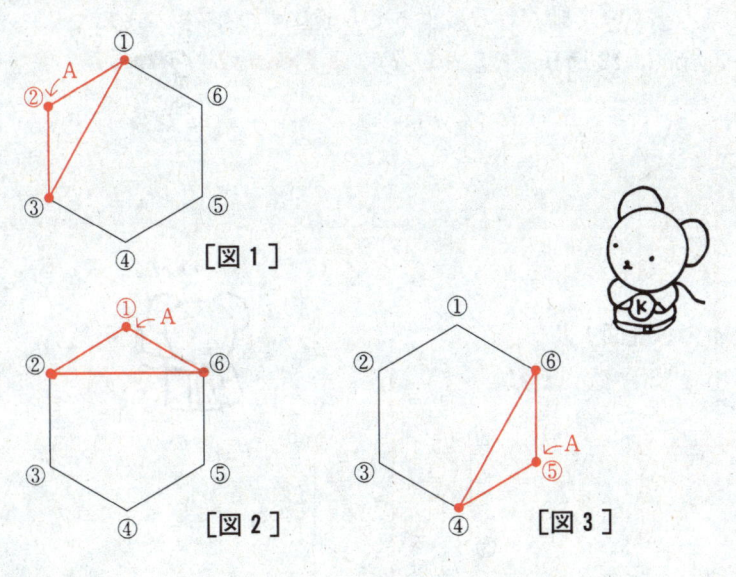

[図1]

[図2]　　[図3]

ⓐ，ⓑより
3点が T_1 になるのは **6×3! 通り**

(注2) T_2 について

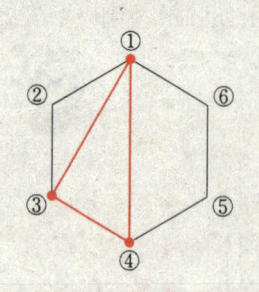

例えば，任意に選んだ3点 a, b, c が左図のような ①，③，④になる場合について考えよう。

①，③，④の順に
3点 a, b, c の位置を決めると，
- 点が①にある場合 → 3通り ◀ a or b or c
- 点が③にある場合 → 2通り ◀ ①で選んだ以外の2点のどちらか
- 点が④にある場合 → 1通り ◀ 残った1点

よって，3!通り ……ⓐ′ ◀ $3\cdot2\cdot1$

また，[図1]′のような T_2 の形の2つの3角形が
[図2]′や[図3]′のように
Aが①，②，…，⑥を動くことによって6通りずつ存在するので，
T_2 の形の3角形は **12通り**ある。……ⓑ′ ◀ $2\times6=12$

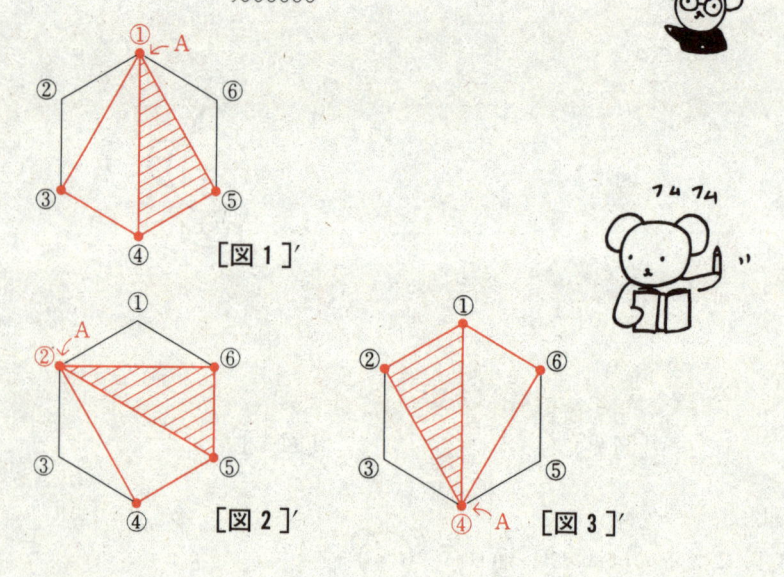

[図1]′

[図2]′   [図3]′

ⓐ′，ⓑ′より
3点が T_2 になるのは **12×3! 通り**

(注3) T_3 について

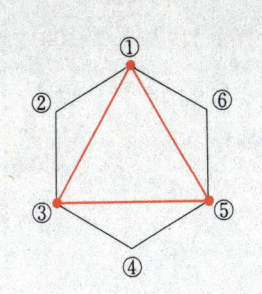

例えば,任意に選んだ3点 a, b, c が左図のような ①, ③, ⑤ になる場合について考えよう。

①, ③, ⑤ の順に
3点 a, b, c の位置を決めると,
$\begin{cases} 点が ① にある場合 \Rightarrow 3 通り \\ 点が ③ にある場合 \Rightarrow 2 通り \\ 点が ⑤ にある場合 \Rightarrow 1 通り \end{cases}$ ◀ a or b or c
◀ ①で選んだ以外の2点,のどちらか
◀ 残った1点,

よって,**3! 通り** ……ⓐ″ ◀ $3\cdot 2\cdot 1$

また,[図1]″の形の3角形は [図2]″ と [図3]″ の **2通り存在する。**……ⓑ″

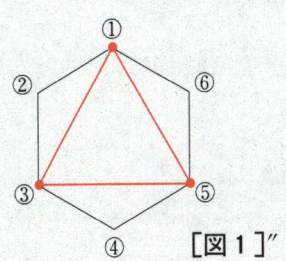

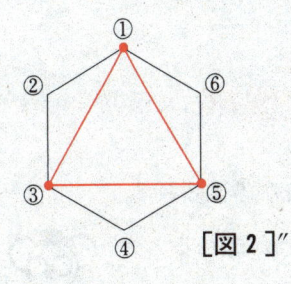

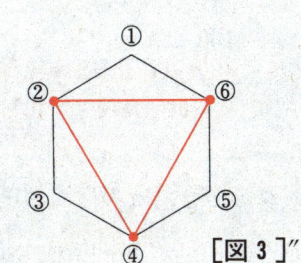

[図1]″

[図2]″　　　[図3]″

ⓐ″, ⓑ″ より
3点が T_3 になるのは **2×3! 通り**

総合演習 21

ある店で弁当を売っている。1日の需要が k 個 ($k=1, 2, \cdots, 100$) である確率は $\dfrac{1}{100}$ である。1個につき，仕入れ値は600円，売り値は1000円である。その日に売れ残った弁当は捨てるものとする。1日に仕入れる個数を n ($n=1, 2, \cdots, 100$) とするとき，

(1) 売り切れる確率 p_n を求めよ。
(2) 1日の利益の期待値（平均値）E_n を求めよ。
(3) E_n を最大にする n を求めよ。

[早大 – 理工]

[解答]

(1) 1日に仕入れる個数は n 個なので，売り切れるのは需要が n 個 or $n+1$ 個 or $\cdots$ or 100 個のときである。

$$\begin{cases} 需要が n 個である確率は \dfrac{1}{100} \\ 需要が n+1 個である確率は \dfrac{1}{100} \\ \quad\vdots \\ 需要が 100 個である確率は \dfrac{1}{100} \end{cases}$$ なので，

$$p_n = \underbrace{\dfrac{1}{100} + \dfrac{1}{100} + \cdots + \dfrac{1}{100}}_{101-n \text{ 個}}$$

◀ n から100の中に数は $(100-n)+1 = \underline{101-n\text{個}}$ ある

$$= \dfrac{101-n}{100}$$

(2) n 個の弁当を仕入れるとき，次の2つの場合が考えられる。

(i) k ($k=1$ or 2 or $\cdots$ or $n-1$) 個の弁当が売れるとき
(ii) n 個の弁当が売れて，売り切れるとき

(i) について

弁当は1個1000円で売るので
k ($k=1$ or 2 or $\cdots$ or $n-1$) 個の弁当が売れたとき
$1000 \cdot k$ 円を受け取る。

また,
k ($k=1$ or 2 or $\cdots$ or $n-1$) 個の弁当が売れる確率は $\dfrac{1}{100}$ なので,

→「弁当の需要が k 個である確率」のこと!

受け取る金額の期待値は
$$\sum_{k=1}^{n-1} 1000 \cdot k \times \dfrac{1}{100} \quad \cdots\cdots ① \quad \text{である}.$$

(ii) について

弁当は 1 個 1000 円で売るので
n 個の弁当が売れたとき, $1000 \cdot n$ 円を受け取る。

また, (1) より
n 個の弁当が売れる確率は $\dfrac{101-n}{100}$ なので,

受け取る金額の期待値は
$$1000 \cdot n \times \dfrac{101-n}{100} \quad \cdots\cdots ② \quad \text{である}.$$

① or ② より
受け取る金額の期待値は

$$\sum_{k=1}^{n-1} 1000k \times \dfrac{1}{100} + 1000n \times \dfrac{101-n}{100} \quad \blacktriangleleft ①+②$$

$$= 10\sum_{k=1}^{n-1} k + 10n(101-n)$$

$$= 10 \cdot \dfrac{(n-1)n}{2} + 1010n - 10n^2 \quad \blacktriangleleft \sum_{k=1}^{n-1} k = \dfrac{(n-1)n}{2}$$

$$= 5n^2 - 5n + 1010n - 10n^2$$

$$= -5n^2 + 1005n \quad \cdots\cdots ③ \quad \text{である}.$$

さらに,
n 個の弁当を仕入れるとき, 支払う金額は $600 \times n$ 円なので

1 日の利益の期待値は, ③ より
$$E_n = -5n^2 + 1005n - 600n \quad \blacktriangleleft E_n = ③ - 600n$$

$$= -5n^2 + 405n$$

(3) $E_n = -5n^2 + 405n$
$ = -5(n^2 - 81n)$
$ = -5\left(n - \dfrac{81}{2}\right)^2 + 5\left(\dfrac{81}{2}\right)^2$ ◀ 平方完成した

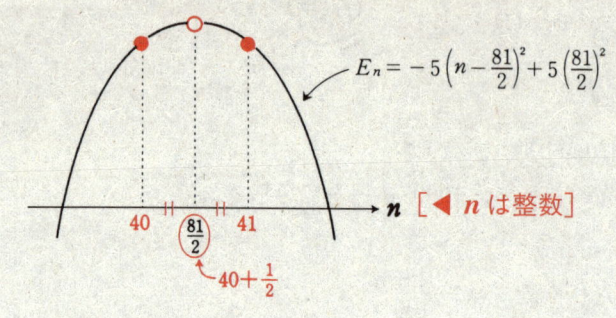

$E_n = -5\left(n - \dfrac{81}{2}\right)^2 + 5\left(\dfrac{81}{2}\right)^2$

n [◀ n は整数]

$\dfrac{81}{2} \leftarrow 40 + \dfrac{1}{2}$

よって，
$n = 40,\ 41$ のとき，E_n は最大になる。

(注)
(3) は **Point 2.7** を使ってもよい。

総合演習 22

校庭に，南北の方向に1本の白線が引いてある。ある人が，白線上のA点から西へ5メートルの点に立ち，銅貨を投げて，表が出たときは東へ1メートル進み，裏が出たときは北へ1メートル進む。白線に達するまで，これを続ける。
(1) A点からnメートル北の点に到達する確率p_nを求めよ。
(2) p_nを最大にするnを求めよ。　　　　　　　　　　　[京大]

[解答]
(1)

左図のように座標を設定する。
A点からnメートル北の点はC$(5, n)$なので，C$(5, n)$に到達する確率を求めればよい。

C$(5, n)$で白線に初めて到達するためには
O$(0, 0) \to$ B$(4, n) \to$ C$(5, n)$のように進めばいい ので，

◀ C$(5, n)$よりも前に白線に到達していたらそこで止まってしまう！

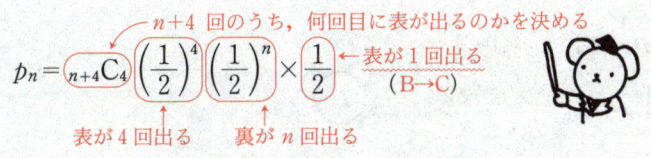

$n+4$ 回のうち，何回目に表が出るのかを決める

$$p_n = {}_{n+4}C_4 \left(\frac{1}{2}\right)^4 \left(\frac{1}{2}\right)^n \times \frac{1}{2}$$

表が4回出る　裏がn回出る　←表が1回出る (B→C)

$$= \frac{(n+4)(n+3)(n+2)(n+1)}{4!} \cdot \left(\frac{1}{2}\right)^{n+5}$$

◀ $\left(\frac{1}{2}\right)^a \left(\frac{1}{2}\right)^b \left(\frac{1}{2}\right)^c = \left(\frac{1}{2}\right)^{a+b+c}$

(2) $p_{n+1} - p_n$ ◀ **Point 2.7**

$$= \frac{(n+5)(n+4)(n+3)(n+2)}{4!}\left(\frac{1}{2}\right)^{n+6}$$
$$- \frac{(n+4)(n+3)(n+2)(n+1)}{4!}\left(\frac{1}{2}\right)^{n+5}$$

$$= \frac{(n+5)(n+4)(n+3)(n+2)}{4!}\left(\frac{1}{2}\right)^{n+6}$$
$$- \frac{(n+4)(n+3)(n+2)(n+1)}{4!}\cdot 2\left(\frac{1}{2}\right)^{n+6} \quad ◀ \left(\frac{1}{2}\right)^{n+5} = 2 \times \left(\frac{1}{2}\right)^{n+6}$$

$$= \frac{(n+4)(n+3)(n+2)}{4!}\left(\frac{1}{2}\right)^{n+6}\{(n+5) - 2(n+1)\}$$

▲ $\dfrac{(n+4)(n+3)(n+2)}{4!}\left(\dfrac{1}{2}\right)^{n+6}$ でくくった

$$\therefore\ p_{n+1} - p_n = \frac{(n+4)(n+3)(n+2)}{4!}\left(\frac{1}{2}\right)^{n+6}(-n+3)$$

↑正

これの符号によって $p_{n+1} - p_n$ の符号が決まる！

よって，$n \geq 0$ を考え

$\begin{cases} 0 \leq n \leq 2 \text{ のとき，} & p_{n+1} - p_n > 0 \Rightarrow p_{n+1} > p_n \cdots\cdots ⓐ \\ n = 3 \text{ のとき，} & p_{n+1} - p_n = 0 \Rightarrow p_{n+1} = p_n \cdots\cdots ⓑ \\ n \geq 4 \text{ のとき，} & p_{n+1} - p_n < 0 \Rightarrow p_{n+1} < p_n \cdots\cdots ⓒ \end{cases}$ がいえる。

さらに，ⓐ，ⓑ，ⓒ より

$p_0 < p_1 < p_2 < \boldsymbol{p_3} = \boldsymbol{p_4} > p_5 > p_6 > \cdots$ がいえる ので，

p_n は $n = 3, 4$ のとき最大になる。

総合演習 23

サイコロを n 回投げる。ただし，$n \geq 2$ とする。そして次のルールで得点を与える。

(i) 1の目が2回以上出た場合には，得点 -30 点を与える。

(ii) 上記以外の場合には，サイコロを投げるたびに，1の目が出れば -10 点，1以外の目が出れば 10 点を与えて，n 回の合計を得点として与える。

n を $n \geq 2$ の範囲で変化させるとき，得点の期待値を最大にする n を求めよ。　　　　　　　　　　　　　　　　　　　［慶大－医］

[解答]

n 回中，1の目が1回も出ないとき

得点は $\underbrace{10+10+\cdots+10}_{n 個} = \mathbf{10n}$ 点である。

また，
n 回中，1の目が1回も出ない確率は $\left(\dfrac{5}{6}\right)^n$ …… ① である。

n 回中，1の目が1回だけ出るとき

得点は $\underbrace{10+10+\cdots+10}_{n-1 個} - 10 = \mathbf{10n-20}$ 点である。　◀ $10(n-1)-10$
 $= 10n - 10 - 10$
 $= 10n - 20$

また，
n 回中，1の目が1回だけ出る確率は

$\underbrace{{}_n C_1 \underbrace{\left(\dfrac{1}{6}\right)}_{\text{1が1回出る}} \underbrace{\left(\dfrac{5}{6}\right)^{n-1}}_{\text{1以外の目が } n-1 \text{ 回出る}}}_{}$ …… ② である。　◀ Point 2.3

（n 回のうち，何回目に1が出るのかを決める）

n 回中，1の目が2回以上出るとき

得点は $\mathbf{-30}$ 点である。

また，

> （全体）
> ＝「1の目が1回も出ない」or「1の目が1回だけ出る」
> or「1の目が2回以上出る」 より，

◀ ①と②を使って"余事象"で求める！

n 回中，1の目が2回以上出る確率は

$$1-\left(\frac{5}{6}\right)^n - {}_nC_1\left(\frac{1}{6}\right)\left(\frac{5}{6}\right)^{n-1}$$ である。

◀（全体）−「1の目が1回も出ない」①
−「1の目が1回だけ出る」②

よって，得点の期待値は

$$E_n = 10n\cdot\left(\frac{5}{6}\right)^n + (10n-20)\cdot {}_nC_1\left(\frac{1}{6}\right)\left(\frac{5}{6}\right)^{n-1}$$
$$+ (-30)\cdot\left\{1-\left(\frac{5}{6}\right)^n - {}_nC_1\left(\frac{1}{6}\right)\left(\frac{5}{6}\right)^{n-1}\right\}$$

$$= 10n\cdot\left(\frac{5}{6}\right)^n + (2n-4)n\left(\frac{5}{6}\right)\left(\frac{5}{6}\right)^{n-1}$$ ◀ ${}_nC_1 = n$

$$-30 + 30\left(\frac{5}{6}\right)^n + 6n\cdot\frac{5}{6}\left(\frac{5}{6}\right)^{n-1}$$ ◀ $30 = 6\cdot 5$

$$= 10n\left(\frac{5}{6}\right)^n + (2n^2-4n)\left(\frac{5}{6}\right)^n + 30\left(\frac{5}{6}\right)^n + 6n\left(\frac{5}{6}\right)^n - 30$$

▲ $\frac{5}{6}\left(\frac{5}{6}\right)^{n-1} = \left(\frac{5}{6}\right)^n$

$$= \{10n + (2n^2-4n) + 30 + 6n\}\left(\frac{5}{6}\right)^n - 30$$ ◀ $\left(\frac{5}{6}\right)^n$ でくくった

$$= 2(n^2+6n+15)\left(\frac{5}{6}\right)^n - 30$$

ここで，

$E_{n+1} - E_n$ ◀ Point 2.7

$$= 2\{(n+1)^2 + 6(n+1) + 15\}\left(\frac{5}{6}\right)^{n+1} - 30 - 2(n^2+6n+15)\left(\frac{5}{6}\right)^n + 30$$

$$= 2(n^2+8n+22)\left(\frac{5}{6}\right)^{n+1} - 2(n^2+6n+15)\left(\frac{5}{6}\right)^n$$

$$= 2\left(\frac{5}{6}\right)^n\left\{(n^2+8n+22)\frac{5}{6} - (n^2+6n+15)\right\}$$ ◀ $2\left(\frac{5}{6}\right)^n$ でくくった

$$= 2\left(\frac{5}{6}\right)^n\left(\frac{5}{6}n^2+\frac{20}{3}n+\frac{55}{3}-n^2-6n-15\right)$$

$$= 2\left(\frac{5}{6}\right)^n\left(-\frac{1}{6}n^2+\frac{2}{3}n+\frac{10}{3}\right)$$

$$= 2\left(\frac{5}{6}\right)^n \cdot \left(-\frac{1}{6}\right)(n^2-4n-20)$$

$$\therefore\ E_{n+1}-E_n = 2\left(\frac{5}{6}\right)^n \cdot \left(-\frac{1}{6}\right)\{(n-2)^2-24\} \quad \blacktriangleleft 平方完成した$$

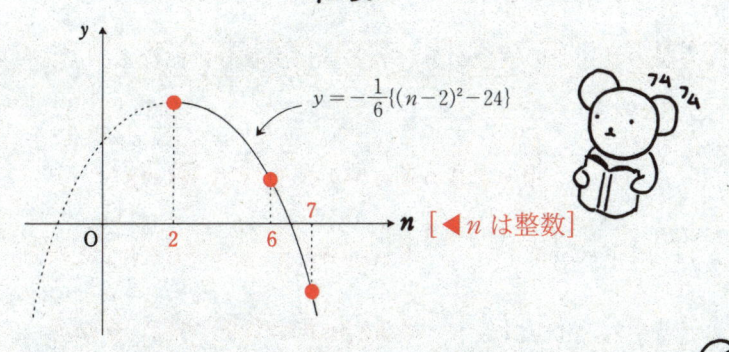

正 ← これの符号によって $E_{n+1}-E_n$ の符号が決まる！

グラフ：$y=-\frac{1}{6}\{(n-2)^2-24\}$, n軸上に $2, 6, 7$ [◀ n は整数]

よって，$n\geqq 2$ を考え，グラフより

$\begin{cases} 2\leqq n\leqq 6 \text{ のとき,}\ E_{n+1}-E_n>0\ \Rightarrow\ E_{n+1}>E_n\ \cdots\cdots\ⓐ \\ n\geqq 7 \text{ のとき,}\quad E_{n+1}-E_n<0\ \Rightarrow\ E_{n+1}<E_n\ \cdots\cdots\ⓑ \end{cases}$ がいえる。

さらに，ⓐ，ⓑより

$E_2<E_3<\cdots<E_6<\boldsymbol{E_7}>E_8>E_9>\cdots$ がいえる ので，

E_n は $n=7$ のとき最大になる。//

総合演習 24

Aが100円硬貨を4枚，Bが50円硬貨を3枚投げ，硬貨の表が出た枚数の多いほうを勝ちとし，同じ枚数のときは引き分けとする。硬貨の表，裏の出る確率はすべて $\dfrac{1}{2}$ であるものとする。

(1) Aの勝つ確率，Bの勝つ確率，引き分けの確率を求めよ。
(2) もし，勝ったほうが相手の投げた硬貨を全部もらえるとしたらAとBのどちらが有利か。　　　　　　　　　　　　　[東大]

[解答]

(1) AとBの表のコインの枚数が等しいときに引き分けになる ので，

(引き分けになる確率)

$= {}_4C_3 \left(\dfrac{1}{2}\right)^3 \left(\dfrac{1}{2}\right) \times \left(\dfrac{1}{2}\right)^3$　◀ AとBの表のコインがそれぞれ3枚のとき

$+ {}_4C_2 \left(\dfrac{1}{2}\right)^2 \left(\dfrac{1}{2}\right)^2 \times {}_3C_2 \left(\dfrac{1}{2}\right)^2 \left(\dfrac{1}{2}\right)$　◀ AとBの表のコインがそれぞれ2枚のとき

$+ {}_4C_1 \left(\dfrac{1}{2}\right) \left(\dfrac{1}{2}\right)^3 \times {}_3C_1 \left(\dfrac{1}{2}\right) \left(\dfrac{1}{2}\right)^2$　◀ AとBの表のコインがそれぞれ1枚のとき

$+ \left(\dfrac{1}{2}\right)^4 \times \left(\dfrac{1}{2}\right)^3$　◀ AとBの表のコインがそれぞれ0枚のとき（▶すべて裏のとき）

$= \left(\dfrac{1}{2}\right)^7 ({}_4C_3 + {}_4C_2 \cdot {}_3C_2 + {}_4C_1 \cdot {}_3C_1 + 1)$　◀ $\left(\dfrac{1}{2}\right)^7$ でくくった

$= \left(\dfrac{1}{2}\right)^7 (4 + 18 + 12 + 1)$

$= \dfrac{35}{128}$　◀ $2^7 = 128$

Bが勝つ場合は，次の3通りが考えられる。

(i) Bの表のコインが3枚のとき，Aの表のコインが2枚 or 1枚 or 0枚
(ii) Bの表のコインが2枚のとき，Aの表のコインが1枚 or 0枚
(iii) Bの表のコインが1枚のとき，Aの表のコインが0枚

よって，
(Bが勝つ確率)

$= \left(\dfrac{1}{2}\right)^3 \times \left\{{}_4C_2\left(\dfrac{1}{2}\right)^2\left(\dfrac{1}{2}\right)^2 + {}_4C_1\left(\dfrac{1}{2}\right)\left(\dfrac{1}{2}\right)^3 + \left(\dfrac{1}{2}\right)^4\right\}$ ◀(i)の場合

$\quad + {}_3C_2\left(\dfrac{1}{2}\right)^2\left(\dfrac{1}{2}\right) \times \left\{{}_4C_1\left(\dfrac{1}{2}\right)\left(\dfrac{1}{2}\right)^3 + \left(\dfrac{1}{2}\right)^4\right\}$ ◀(ii)の場合

$\quad + {}_3C_1\left(\dfrac{1}{2}\right)\left(\dfrac{1}{2}\right)^2 \times \left(\dfrac{1}{2}\right)^4$ ◀(iii)の場合

$= \left(\dfrac{1}{2}\right)^7 \times ({}_4C_2 + {}_4C_1 + 1)$

$\quad + {}_3C_2\left(\dfrac{1}{2}\right)^7 \times ({}_4C_1 + 1)$

$\quad + {}_3C_1\left(\dfrac{1}{2}\right)^7$

$= \left(\dfrac{1}{2}\right)^7 \{{}_4C_2 + {}_4C_1 + 1 + {}_3C_2({}_4C_1 + 1) + {}_3C_1\}$ ◀$\left(\dfrac{1}{2}\right)^7$でくくった

$= \left(\dfrac{1}{2}\right)^7 \{6 + 4 + 1 + 3(4+1) + 3\}$

$= \dfrac{29}{128}$ ◀$2^7 = 128$

(Aが勝つ確率)+(Bが勝つ確率)+(引き分けになる確率)=1 より，

(Aが勝つ確率) ◀この確率を求めるのが1番面倒くさそうなので，この場合に"余事象"を使って簡単に求めればよい！

$= 1 - \dfrac{35}{128} - \dfrac{29}{128}$

$= \dfrac{64}{128}$

$= \dfrac{1}{2}$

[考え方]

(2) Aが勝った場合は Bの150円 がもらえる。 ◀50円×3枚
また，Bが勝った場合は Aの400円 がもらえる。 ◀100円×4枚
これだけを考えると Aのほうが不利な気がするが，
Aのほうが硬貨の枚数が1枚多いので ◀AはBよりも1回多く硬貨を投げられる！
Aのほうが勝つ確率は高い。
結局，どっちが有利なのか？

[解答]

(2) Aに入ってくる金額の期待値は

$$150 \times \frac{1}{2}$$ ←Bが負ける確率（▶Aが勝つ確率）
　↑Bが持っているお金

$= 75$ 円 ……①

また，
Aから出ていく金額の期待値は ◀これは「Bに入ってくる金額の期待値」と同じもの！

$$400 \times \frac{29}{128}$$ ←Aが負ける確率（▶Bが勝つ確率）
　↑Aが持っているお金

$= \dfrac{2900}{32}$ 円 ……②

よって，

①-② ◀(Aに入る金額の期待値)-(Aから出る金額の期待値)
　　　　　　↑Bに入る金額の期待値

$= 75 - \dfrac{2900}{32}$

$= \dfrac{1}{32}(2400 - 2900) < 0$ ◀$\dfrac{1}{32}$でくくった

よって，
最終的にAが持っている金額はマイナスになるので ◀Aは赤字！
Bのほうが有利である。

[参考] (1) の (Aが勝つ確率) の別解

> AとBが3枚ずつコインを投げるとき
> Aが勝つ確率とBが勝つ確率は等しい

◀ AとBが同数のコインを投げるとき！

ので，その確率を p とおくと，

$$\begin{cases} (\text{3枚ずつコインを投げるとき Aが勝つ確率}) = p \\ (\text{3枚ずつコインを投げるとき Bが勝つ確率}) = p \\ (\text{3枚ずつコインを投げるとき 引き分けになる確率}) = 1-2p \end{cases}$$

◀ $1-p-p$

さらに，Aが4枚目のコインを投げるとき
Aが勝つのは，次の2つの場合が考えられる。

> $\begin{cases} \text{AとBが3枚ずつ投げた時点で，Aがすでに勝っている} \\ \quad\quad\quad\text{or} \\ \text{AとBが3枚ずつ投げたとき引き分けで，Aが4枚目を投げて表が出る} \end{cases}$

よって，
(Aが勝つ確率)
$= p \cdot 1 + (1-2p) \cdot \dfrac{1}{2}$
$= p + \dfrac{1}{2} - p$
$= \dfrac{1}{2}$ ◀ p が消えた！

(注) この結果から，「1枚コインが多いほうの勝つ確率は常に $\dfrac{1}{2}$ である」ことが分かる。 ◀ 余力があれば知っておこう

総合演習 25

4人でジャンケンをして、負けたものが順次去って、残りでジャンケンをして、勝者が1人になるまで続けるものとする。また、4人はそれぞれ独立に、グー（石）、チョキ（はさみ）、パー（紙）を確率 $\frac{1}{3}$ で出すものとする。

(1) 1回でゲームが終了する確率 p_1、および2回目の勝負が m 人 ($m=2, 3, 4$) で行われる確率 p_m を求めよ。

(2) 2回でこのゲームが終了する確率 q を求めよ。　　　　［京大］

[考え方]

この問題のベースになっているものは次の"ジャンケンの基本問題"なので、まずは準備として次の補題をやっておこう。

補題

n 人で1回ジャンケンをするとき、k 人が勝つ確率を求めよ。ただし、$k=1, 2, \cdots, n-1$ とする。

[補題の解答]

n 人をそれぞれ ①, ②, $\cdots$, ⓝ とおく。

n 人の手の出し方は

$$\begin{cases} ① \to \text{グー, チョキ, パーの3通り} \\ ② \to \text{グー, チョキ, パーの3通り} \\ \vdots \\ ⓝ \to \text{グー, チョキ, パーの3通り} \end{cases} \text{より,}$$

$\underbrace{3 \times 3 \times \cdots \times 3}_{n\text{個}} = \mathbf{3^n \text{通り}} \cdots\cdots(*)$ ある。

また、"k 人が勝つ"場合は、次の3つの場合が考えられる。

$\begin{cases} \text{(i)} & k \text{ 人がグーで勝つ} \quad \blacktriangleleft \text{残りの人はすべて チョキ} \\ \text{(ii)} & k \text{ 人がチョキで勝つ} \quad \blacktriangleleft \text{残りの人はすべて パー} \\ \text{(iii)} & k \text{ 人がパーで勝つ} \quad \blacktriangleleft \text{残りの人はすべて グー} \end{cases}$

(i)のときは，グーで勝つ人を n 人から k 人選べばいいので，$_nC_k$ 通り
(ii)のときは，チョキで勝つ人を n 人から k 人選べばいいので，$_nC_k$ 通り
(iii)のときは，パーで勝つ人を n 人から k 人選べばいいので，$_nC_k$ 通り

よって，"k 人が勝つ"場合は
$$_nC_k + {_nC_k} + {_nC_k} = 3 \times {_nC_k} \text{ 通り} \quad \cdots\cdots (**)$$ ◀ (i) or (ii) or (iii)

$(*)$ と $(**)$ より
(n 人で 1 回ジャンケンするとき，k 人が勝つ確率)
$$= \frac{3 \times {_nC_k}}{3^n}$$ ◀ $\dfrac{(**)}{(*)}$

この補題から次の公式が得られる！

Point 5.1 〈ジャンケンの公式〉

n 人で 1 回ジャンケンをするとき，k 人が勝つ確率を $P_{n,k}$ とおくと
$$P_{n,k} = \frac{3 \times {_nC_k}}{3^n} \quad (\text{ただし，} k=1, 2, \cdots, n-1)$$

[解答]

(1) n 人で 1 回ジャンケンをするとき，k 人が勝つ確率を $P_{n,k}$ とおくと
$$P_{n,k} = \frac{3 \times {_nC_k}}{3^n} \quad (\text{ただし，} k=1, 2, \cdots, n-1)$$ ◀ [考え方]参照

$$\boxed{p_1 = P_{4,1}} = \frac{3 \times {_4C_1}}{3^4} = \frac{4}{3^3} = \frac{4}{27}$$ ◀ $_4C_1 = 4$

$$\boxed{p_2 = P_{4,2}} = \frac{3 \times {_4C_2}}{3^4} = \frac{2}{3^2} = \frac{2}{9}$$ ◀ $_4C_2 = \dfrac{4 \cdot 3}{2} = 2 \cdot 3$

$$\boxed{p_3 = P_{4,3}} = \frac{3 \times {_4C_3}}{3^4} = \frac{4}{3^3} = \frac{4}{27}$$ ◀ $_4C_3 = {_4C_1} = 4$

$\boxed{p_1 + p_2 + p_3 + p_4 = 1}$ より ◀ p_4 は"誰も勝たない(引き分けになる)確率" なので，Point 5.1 は使えない！
$$p_4 = 1 - (p_1 + p_2 + p_3) = 1 - \frac{14}{27} = \frac{13}{27}$$

[考え方]
(2) 2回でゲームが終了するためには，
"2回目が終ったときに1人だけが残ればいい"ので，

$\begin{cases} 1回目に2人残って，2回目に1人だけになる場合 \\ 1回目に3人残って，2回目に1人だけになる場合 \\ 1回目に4人残って，2回目に1人だけになる場合 \end{cases}$

について考えればよい。

[解答]

(2)
$$q = \underbrace{p_2 \cdot P_{2,1}}_{\substack{2人残る \\ 2人から1人になる}} + \underbrace{p_3 \cdot P_{3,1}}_{\substack{3人残る \\ 3人から1人になる}} + \underbrace{p_4 \cdot P_{4,1}}_{\substack{4人残る \\ 4人から1人になる}}$$

$$= \frac{2}{9} \cdot \frac{3 \times {}_2C_1}{3^2} + \frac{4}{27} \cdot \frac{3 \times {}_3C_1}{3^3} + \frac{13}{27} \cdot \frac{3 \times {}_4C_1}{3^4}$$

$$= \frac{108}{729} + \frac{36}{729} + \frac{52}{729}$$

$$= \underline{\frac{196}{729}}$$

やったぁ♪
"☺"

総合演習 26

3人で"ジャンケン"をして勝者を決めることにする。たとえば，1人が"紙"を出し，他の2人が"石"を出せば，ただ1回でちょうど1人の勝者が決まることになる。3人で"ジャンケン"をして，負けた人は次の回に参加しないことにして，ちょうど1人の勝者が決まるまで"ジャンケン"を繰り返すことにする。このとき，k回目に，初めてちょうど1人の勝者が決まる確率を求めよ。 ［東大］

[解答]

n人で1回ジャンケンをするとき，k人が勝つ確率を$P_{n,k}$とおくと，
$$P_{n,k} = \frac{3 \times {}_nC_k}{3^n} \quad \cdots\cdots (*) \quad (\text{ただし } k=1, 2, \cdots, n-1)$$ ◀ Point 5.1
また，$P_{n,n}$は引き分けになる確率とする。 ◀「誰も負けない」=「引き分け」

$(*)$より ◀ 例題39のように普通(?)に求めてもよい

$$\begin{cases} P_{3,1} = \dfrac{3 \times {}_3C_1}{3^3} = \dfrac{1}{3} \quad \cdots\cdots ① \\[2mm] P_{3,2} = \dfrac{3 \times {}_3C_2}{3^3} = \dfrac{1}{3} \quad \cdots\cdots ② \\[2mm] \boxed{P_{3,3} = 1-(P_{3,1}+P_{3,2})} \quad ◀ P_{3,1}+P_{3,2}+P_{3,3}=1 \\[2mm] \quad = 1-\dfrac{2}{3} = \dfrac{1}{3} \quad \cdots\cdots ③ \\[2mm] P_{2,1} = \dfrac{3 \times {}_2C_1}{3^2} = \dfrac{2}{3} \quad \cdots\cdots ④ \\[2mm] \boxed{P_{2,2} = 1-P_{2,1}} = 1-\dfrac{2}{3} = \dfrac{1}{3} \quad \cdots\cdots ⑤ \end{cases}$$

ジャンケンは"誰かが勝つ"か"誰も負けない"のどちらかなので，一般に
$P_{n,1}+P_{n,2}+\cdots\cdots+P_{n,n-1}+P_{n,n}=1$
がいえる！

$k-1$回ジャンケンを続けても，勝者が1人に決まらない場合は次の2通りが考えられる。

(Ⅰ) ずっと3人のまま
(Ⅱ) ℓ回終了後 $(1 \leq \ell \leq k-1)$ に3人から2人になり，残りの$k-1-\ell$回は2人のまま

〔Ⅰ〕の場合

$$\underbrace{\frac{1}{3} \cdot \frac{1}{3} \cdot \cdots \cdot \frac{1}{3}}_{k-1 \text{個}} = \left(\frac{1}{3}\right)^{k-1} \quad \blacktriangleleft ③より$$

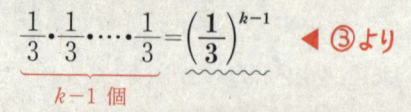

〔Ⅱ〕の場合 ◀ ℓ は 1 or 2 or 3 or … or $k-1$ の場合がある!

$\ell-1$ 回までは3人のままで，ℓ 回目に3人から2人になり，残りの $k-1-\ell$ 回は2人のままである確率は

$$\underbrace{\frac{1}{3} \cdot \frac{1}{3} \cdot \cdots \cdot \frac{1}{3}}_{\ell-1 \text{個}} \cdot \frac{1}{3} \cdot \underbrace{\frac{1}{3} \cdot \cdots \cdot \frac{1}{3}}_{k-1-\ell \text{個}} \quad \blacktriangleleft ③, ②, ⑤ より$$

$$= \left(\frac{1}{3}\right)^{k-1} \quad \cdots\cdots ⓐ \text{ であるが，} \quad \blacktriangleleft (\ell-1)+1+(k-1-\ell) = k-1$$

ⓐ は $\ell=1$ or 2 or 3 or … or $k-1$ の場合が考えられる ので，

$$\sum_{\ell=1}^{k-1} \left(\frac{1}{3}\right)^{k-1} = \left(\frac{1}{3}\right)^{k-1} \cdot \sum_{\ell=1}^{k-1} 1 \quad \blacktriangleleft \left(\frac{1}{3}\right)^{k-1} \text{は}\ell\text{には関係ないので} \sum_{\ell=1}^{k-1} \text{の外に出せる}$$

$$= (k-1) \cdot \left(\frac{1}{3}\right)^{k-1} \quad \blacktriangleleft \sum_{\ell=1}^{k-1} 1 = \underbrace{1+1+\cdots\cdots+1}_{k-1 \text{個}} = k-1$$

また，

k 回目に，初めてちょうど1人の勝者が決まるためには
〔Ⅰ〕の場合では，k 回目で3人から1人になり，
〔Ⅱ〕の場合では，k 回目で2人から1人になればよい。

よって，

（求める確率）

$$= \left(\frac{1}{3}\right)^{k-1} \times \frac{1}{3} + (k-1) \cdot \left(\frac{1}{3}\right)^{k-1} \times \frac{2}{3} \quad \blacktriangleleft (\text{Ⅰ}) \times P_{3,1} + (\text{Ⅱ}) \times P_{2,1}$$

$$= \left(\frac{1}{3}\right)^{k} + (2k-2)\left(\frac{1}{3}\right)^{k} \quad \blacktriangleleft \left(\frac{1}{3}\right)^{k-1} \times \frac{1}{3} = \left(\frac{1}{3}\right)^{k}$$

$$= (2k-1)\left(\frac{1}{3}\right)^{k} \quad \blacktriangleleft \left(\frac{1}{3}\right)^{k} \text{でくくった} \quad \{1+(2k-2)\}\left(\frac{1}{3}\right)^{k}$$

総合演習 27

次のようなゲームがある。
① 最初の持ち点は2である。
② サイコロを振って，奇数の目が出れば持ち点が1点増し，偶数の目が出れば持ち点が1点減る。このような操作を5回する。ただし，途中で持ち点が0になったら，その時点でゲームは終了する。

　このゲームについて，5回サイコロを振ることができる確率，およびゲームが終わったときの持ち点の期待値を求めよ。　　　　［京大］

[解答]

a点から次の過程で $a+1$点 or $a-1$点になる ことに注意して得点の樹形図をかくと，次のようになる。

ただし，5回までに持ち点が0になってはいけないので
1点の場合は，次の過程で必ず2点になる。

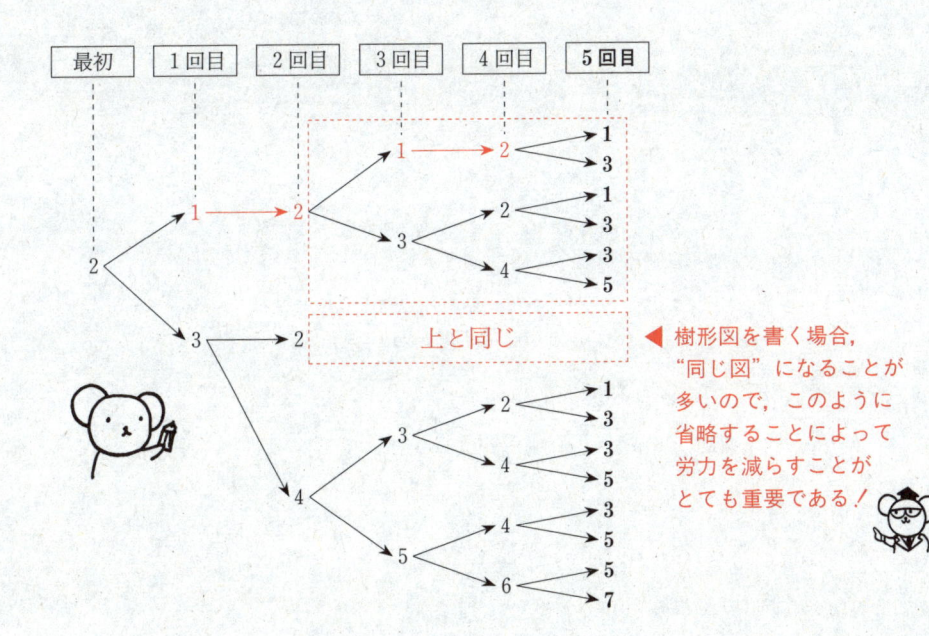

|最初|1回目|2回目|3回目|4回目|5回目|

```
              3回目以降：
2 ─┬─ 1 ──→ 2 ─┬─ 1 ──→ 2 ─┬─ 1
   │             │            └─ 3
   │             ├─ 3 ─┬─ 2 ─┬─ 1
   │             │     │     └─ 3
   │             │     └─ 4 ─┬─ 3
   │             │           └─ 5
   └─ 3 ── 2 ── 上と同じ
           4 ─┬─ 3 ─┬─ 2 ─┬─ 1
              │     │     └─ 3
              │     └─ 4 ─┬─ 3
              │           └─ 5
              └─ 5 ─┬─ 4 ─┬─ 3
                    │     └─ 5
                    └─ 6 ─┬─ 5
                          └─ 7
```

◀ 樹形図を書く場合，"同じ図"になることが多いので，このように省略することによって労力を減らすことがとても重要である！

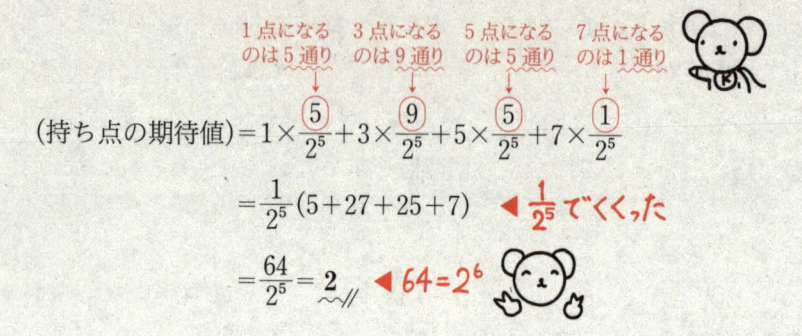

$(5回サイコロを振ることができる確率) = \dfrac{\boxed{20}}{\boxed{2^5}}$ ← 樹形図から5回目の個数を数えた

← 1回サイコロを振ったとき偶数 or 奇数の2通りが考えられるので、5回では $2\cdot2\cdot2\cdot2\cdot2=2^5$ 通り

$= \dfrac{5}{8}\underleftarrow{}$

1点になるのは5通り　3点になるのは9通り　5点になるのは5通り　7点になるのは1通り

$(持ち点の期待値) = 1 \times \dfrac{\boxed{5}}{2^5} + 3 \times \dfrac{\boxed{9}}{2^5} + 5 \times \dfrac{\boxed{5}}{2^5} + 7 \times \dfrac{\boxed{1}}{2^5}$

$ = \dfrac{1}{2^5}(5+27+25+7)$ ◀ $\dfrac{1}{2^5}$ でくくった

$ = \dfrac{64}{2^5} = \underline{2}\underleftarrow{}$ ◀ $64 = 2^6$

総合演習 28

ある硬貨を投げるとき，表と裏がおのおの確率 $\frac{1}{2}$ で出るものとする。この硬貨を 8 回繰り返して投げ，n 回目に表が出れば $X_n=1$，裏が出れば $X_n=-1$ とし，$S_n=X_1+X_2+\cdots+X_n\,(1\leqq n\leqq 8)$ とおく。このとき，次の確率を求めよ。

(1) $S_2\neq 0$ かつ $S_8=2$ となる確率
(2) $S_4=0$ かつ $S_8=2$ となる確率　　　　　　　　　　［東大］

[解答]

(1) $S_2\neq 0$ になる場合は，次の 2 通りが考えられる。

	0回目		1回目		2回目
(I)	0	$\xrightarrow{\frac{1}{2}}$	1	$\xrightarrow{\frac{1}{2}}$	2	◀確率は $\frac{1}{2}\cdot\frac{1}{2}=\left(\frac{1}{2}\right)^2$
(II)	0	$\xrightarrow{\frac{1}{2}}$	-1	$\xrightarrow{\frac{1}{2}}$	-2	◀確率は $\frac{1}{2}\cdot\frac{1}{2}=\left(\frac{1}{2}\right)^2$

よって，

$S_2\neq 0$ かつ $S_8=2$ になるためには，
(I) の場合では，残り 6 回の和が 0 になり，　◀ $2+0=\underline{2}$
(II) の場合では，残り 6 回の和が 4 になればよい。　◀ $-2+4=\underline{2}$

さらに，

(I) の "6 回の和が 0" になるためには
表 $(+1)$ と裏 (-1) が 3 回ずつ出ればよく，　◀ ${}_6C_3\left(\frac{1}{2}\right)^3\left(\frac{1}{2}\right)^3$
(II) の "6 回の和が 4" になるためには
表 $(+1)$ が 5 回出て，裏 (-1) が 1 回出ればよい。　◀ ${}_6C_5\left(\frac{1}{2}\right)^5\left(\frac{1}{2}\right)^1$

よって，
　　($S_2\neq 0$ かつ $S_8=2$ となる確率)
　　$=\left(\frac{1}{2}\right)^2\times{}_6C_3\left(\frac{1}{2}\right)^3\left(\frac{1}{2}\right)^3+\left(\frac{1}{2}\right)^2\times{}_6C_5\left(\frac{1}{2}\right)^5\left(\frac{1}{2}\right)^1$ ◀(I) or (II)

$$= {}_6C_3\left(\frac{1}{2}\right)^8 + {}_6C_1\left(\frac{1}{2}\right)^8 \quad \blacktriangleleft {}_6C_5 = {}_6C_1$$

$$= 20\cdot\left(\frac{1}{2}\right)^8 + 6\cdot\left(\frac{1}{2}\right)^8 \quad \blacktriangleleft {}_6C_3 = \frac{6\cdot5\cdot4}{3!} = 20,\ {}_6C_1 = 6$$

$$= 26\cdot\left(\frac{1}{2}\right)^8$$

$$= \frac{13}{128}$$

(2) $S_4 = 0$ になるためには
表 $(+1)$ と裏 (-1) が2回ずつ出ればよい。 $\blacktriangleleft {}_4C_2\left(\frac{1}{2}\right)^2\left(\frac{1}{2}\right)^2$

さらに，

$S_4 = 0$ のとき，$S_8 = 2$ になるためには
残り4回の和が2になればいいので， $\blacktriangleleft 0+2=2$
表 $(+1)$ が3回出て，裏 (-1) が1回出ればよい。 $\blacktriangleleft {}_4C_3\left(\frac{1}{2}\right)^3\left(\frac{1}{2}\right)^1$

よって，
　　($S_4 = 0$ かつ $S_8 = 2$ となる確率)

$$= {}_4C_2\left(\frac{1}{2}\right)^2\left(\frac{1}{2}\right)^2 \times {}_4C_3\left(\frac{1}{2}\right)^3\left(\frac{1}{2}\right) \quad \blacktriangleleft \text{連続操作}$$

$$= {}_4C_2\left(\frac{1}{2}\right)^4 \times {}_4C_1\left(\frac{1}{2}\right)^4 \quad \blacktriangleleft {}_4C_3 = {}_4C_1$$

$$= 6\times4\times\left(\frac{1}{2}\right)^8 \quad \blacktriangleleft {}_4C_2 = \frac{4\cdot3}{2!} = 6,\ {}_4C_1 = 4$$

$$= \frac{3}{2^5} \quad \blacktriangleleft 3\cdot2^3\cdot\frac{1}{2^8} = 3\cdot\frac{1}{2^5}$$

$$= \frac{3}{32}$$

総合演習 29

　3人の選手 A, B, C が次の方式で優勝を争う。まず A と B が対戦する。そのあとは，1つの対戦が終わると，その勝者と休んでいた選手が勝負をする。このようにして対戦を繰り返し，先に2勝した選手を優勝者とする。（2連勝でなくてもよい。）

　各回の勝負で引き分けはなく，A と B は互角の力であるが，C が A, B に勝つ確率はともに p である。
(1)　2回の対戦で優勝者が決まる確率を求めよ。
(2)　ちょうど4回目の対戦で優勝者が決まる確率を求めよ。
(3)　A, B, C の優勝する確率が等しくなるような p の値を求めよ。

[京大]

[解答]

(k 回戦目の勝者, k 回戦目の敗者) とする と，優勝者が決まるのは，次のように4回以内であることが分かる。

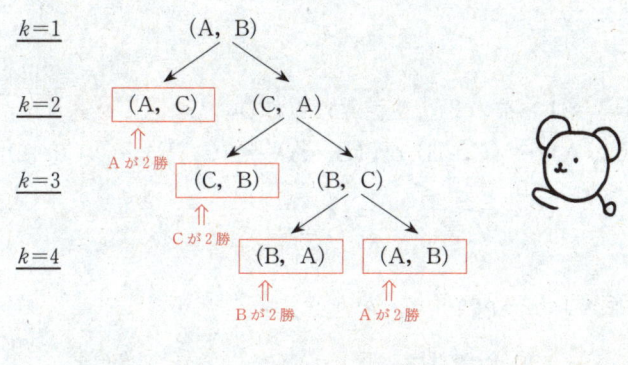

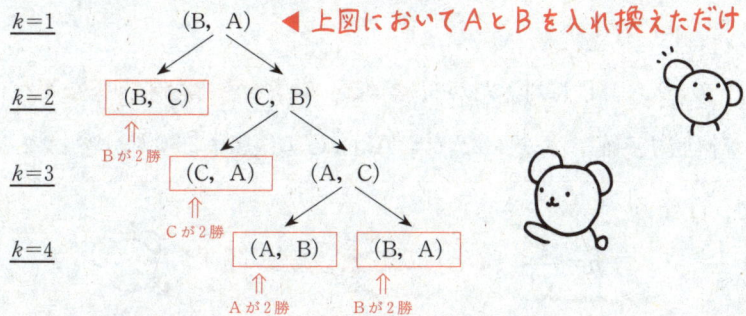

$k=1$ 　　(A, B)
$k=2$ 　(A, C)　(C, A)
　　　　　↑ A が2勝
$k=3$ 　　　(C, B)　(B, C)
　　　　　　↑ C が2勝
$k=4$ 　　　　　(B, A)　(A, B)
　　　　　　　　↑ B が2勝　↑ A が2勝

◀ 上図において A と B を入れ換えただけ

$k=1$ 　　(B, A)
$k=2$ 　(B, C)　(C, B)
　　　　　↑ B が2勝
$k=3$ 　　　(C, A)　(A, C)
　　　　　　↑ C が2勝
$k=4$ 　　　　　(A, B)　(B, A)
　　　　　　　　↑ A が2勝　↑ B が2勝

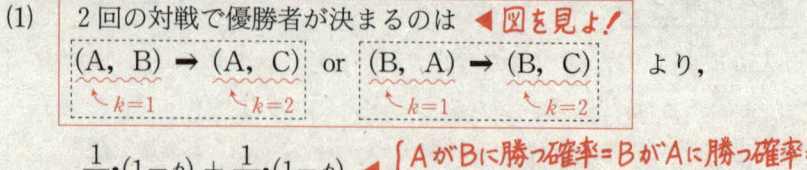

(1) 2回の対戦で優勝者が決まるのは ◀図を見よ！

(A, B) ➡ (A, C)　or　(B, A) ➡ (B, C)
　$k=1$　　$k=2$　　　　$k=1$　　$k=2$

より，

$$\frac{1}{2}\cdot(1-p) + \frac{1}{2}\cdot(1-p)$$ ◀ $\begin{cases} \text{AがBに勝つ確率}=\text{BがAに勝つ確率}=\frac{1}{2} \\ \text{AがCに勝つ確率}=\text{BがCに勝つ確率}=1-p \end{cases}$

$$= 1-p$$

(2) 4回目の対戦で優勝者が決まるのは ◀図を見よ！

(A, B) ➡ (C, A) ➡ (B, C)　◀ 4回戦目は必ず勝者が決まるので考えなくてよい
　$k=1$　　$k=2$　　$k=3$

or

(B, A) ➡ (C, B) ➡ (A, C)　◀ 4回戦目は必ず勝者が決まるので考えなくてよい
　$k=1$　　$k=2$　　$k=3$

より，

$$\frac{1}{2}\cdot p\cdot(1-p) + \frac{1}{2}\cdot p\cdot(1-p)$$ ◀ CがAに勝つ確率=CがBに勝つ確率=p

$$= p(1-p)$$

(3) Cが優勝する場合は，次の2通りが考えられる。 ◀図を見よ！

(A, B) ➡ (C, A) ➡ (C, B) or (B, A) ➡ (C, B) ➡ (C, A)
　$k=1$　　$k=2$　　$k=3$　　　$k=1$　　$k=2$　　$k=3$

よって，

$$(\text{Cが優勝する確率}) = \frac{1}{2}\cdot p\cdot p + \frac{1}{2}\cdot p\cdot p$$

$$= p^2 \ \cdots\cdots ①$$

また，

問題文よりAとBは対等だから， ◀ つまり，AとBが優勝する確率は等しい

Cが優勝する確率が $\frac{1}{3}$ になれば，A, B, Cの優勝する確率が等しくなる

ので，①より

$p^2 = \frac{1}{3}$ ∴ $p = \frac{1}{\sqrt{3}}$ ◀ p は「確率」なので 正！

総合演習 30

A，Bが先に2連勝したほうが優勝，という約束でゲームを始めたところ，まずAが勝った。このとき，Aが優勝する確率を求めよ。ただし，各回において，A，Bが勝つ確率はそれぞれ $\frac{1}{3}$，$\frac{2}{3}$ である。

[解答]

(k 回戦目の勝者，k 回戦目の敗者) とする と，Aが優勝する場合は，下図のようになる。

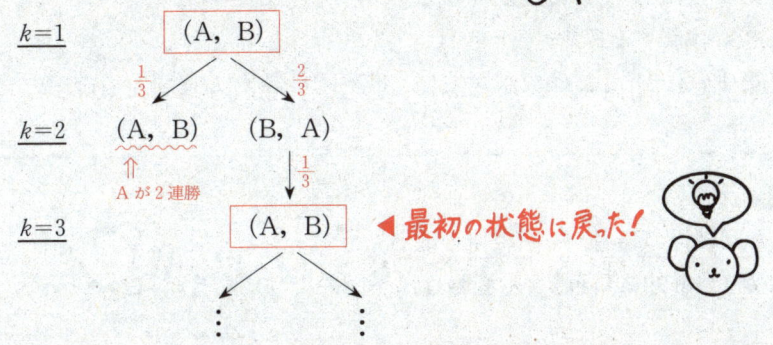

$k=1$ (A, B)
　　　↙ $\frac{1}{3}$ ↘ $\frac{2}{3}$
$k=2$ (A, B)　(B, A)
　　　↑　　　↓ $\frac{1}{3}$
　　Aが2連勝
$k=3$ 　　　(A, B) ◀ 最初の状態に戻った！

求めるAが優勝する確率を p とおくと， ◀ Aが1勝しているときに，最終的にAが優勝する確率

$$p = \frac{1}{3} + \frac{2}{3} \cdot \frac{1}{3} \cdot p \quad \cdots\cdots (*)$$

が得られる。 ◀ 上図を見よ

最初の状態の確率を p とおいたので，最初の状態に戻ったからこの確率も p になる！

$(*) \Leftrightarrow p = \frac{1}{3} + \frac{2}{9} p$

$\Leftrightarrow \frac{7}{9} p = \frac{1}{3}$

$\therefore\ p = \frac{3}{7}$

総合演習 31

A，B，C の 3 高校が野球の試合をする。まず 2 校が対戦して，勝ったほうが残りの 1 校と対戦する。これを繰り返して，2 連勝した高校が優勝する。A 校が B，C 校に勝つ確率をそれぞれ p，q とし，B 校が C 校に勝つ確率を $\dfrac{1}{2}$ とする。次の確率をそれぞれ求めよ。ただし，$0<p<1$，$0<q<1$ とする。

(1) 第 1 戦に A 校と B 校が対戦し A 校が勝ち，さらに A 校が優勝する確率

(2) 第 1 戦に A 校と B 校が対戦し A 校が負け，さらに A 校が優勝する確率

(3) 第 1 戦に B 校と C 校が対戦し，最終的に A 校が優勝する確率

［京大］

[解答]

(1) (k 回戦目の勝者，k 回戦目の敗者) とする と，A が（最終的に）優勝する場合は，下図のようになる。

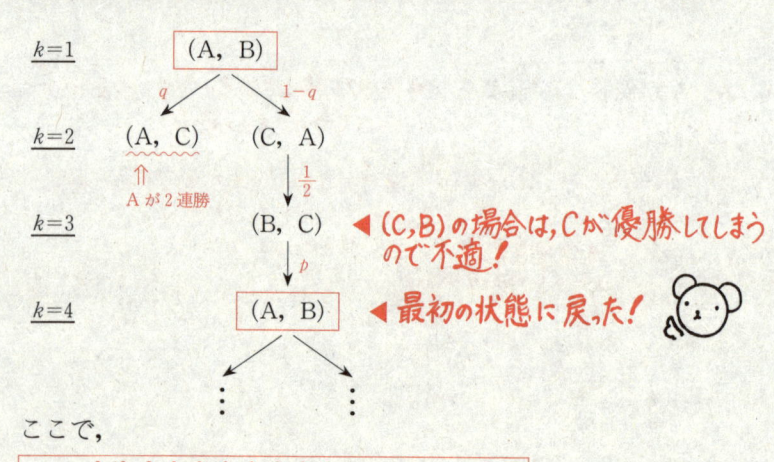

$k=1$　　(A, B)
　　　　q ↙　↘ $1-q$
$k=2$　(A, C)　(C, A)　　← A が 2 連勝
　　　　　　　　↓ $\dfrac{1}{2}$
$k=3$　　　　　(B, C)　◀ (C, B) の場合は，C が優勝してしまうので不適！
　　　　　　　　↓ p
$k=4$　　　　　(A, B)　◀ 最初の状態に戻った！
　　　　　　　↙　↘
　　　　　　　⋮　　⋮

ここで，A が第 1 戦に勝ったもとで A が（最終的に）優勝する確率を P_1 とおく と，

$P_1 = q + (1-q) \cdot \dfrac{1}{2} \cdot p \cdot P_1$　◀ 上図を見よ

$\Leftrightarrow 2P_1 = 2q + (p-pq)P_1$ ◀両辺に2を掛けて分母を払った

$\Leftrightarrow (2-p+pq)P_1 = 2q$

$\Leftrightarrow P_1 = \dfrac{2q}{2-p+pq}$ ◀これは，Aが第1戦に勝ったことを前提にしたときのAが(最終的に)優勝する確率

よって，
Aが第1戦に勝って優勝する確率は， ◀Aが第1戦に勝って，Aが(最終的に)優勝する(→ P_1 が起こる)確率

$$p \times P_1 = \dfrac{2pq}{2-p+pq} /\!/$$ ◀連続操作

(2) 第1戦目にAが負けるとき，
　Aが(最終的に)優勝する場合は，下図のようになる。

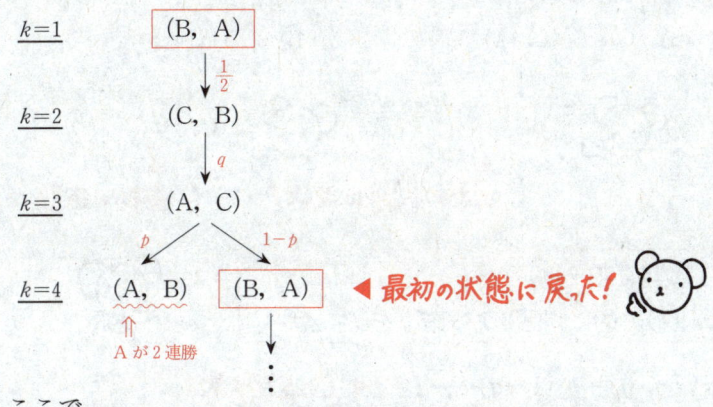

$k=1$　　(B, A)
　　　　　↓ $\frac{1}{2}$
$k=2$　　(C, B)
　　　　　↓ q
$k=3$　　(A, C)
　　　　p ↙　↘ $1-p$
$k=4$　(A, B)　(B, A)　◀最初の状態に戻った！
　　　　↑
　　　Aが2連勝

ここで，

　Aが第1戦に負けたもとで
　Aが(最終的に)優勝する確率を P_2 とおく　と，

$P_2 = \dfrac{1}{2}\cdot q \cdot p + \dfrac{1}{2}\cdot q \cdot (1-p) \cdot P_2$ ◀上図を見よ

$\Leftrightarrow 2P_2 = pq + (q-pq)P_2$ ◀両辺に2を掛けて分母を払った

$\Leftrightarrow (2-q+pq)P_2 = pq$

$\Leftrightarrow P_2 = \dfrac{pq}{2-q+pq}$ ◀これは，Aが第1戦に負けたことを前提にしたときのAが(最終的に)優勝する確率

よって，
Aが第1戦に負けて優勝する確率は， ◀ Aが第1戦に負けて，Aが(最終的に)優勝する (→ P_2 が起こる)確率

$$(1-p) \times P_2 = \frac{(1-p)pq}{2-q+pq}\ //$$
◀ 連続操作

(3) 第1戦目にBとCが対戦するとき，Aが(最終的に)優勝する場合は次のように2通りある。……(*)

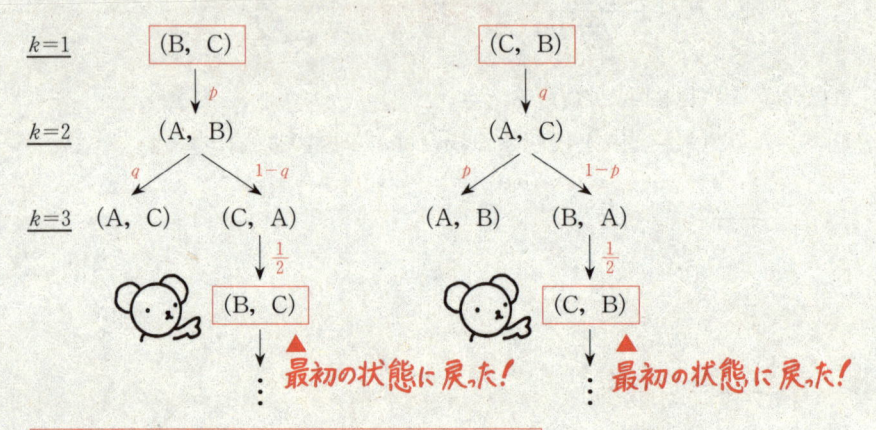

$k=1$　(B, C)　　　　　　　(C, B)
　　　　　↓ p　　　　　　　↓ q
$k=2$　(A, B)　　　　　　　(A, C)
　　　q ↙　↘ $1-q$　　　p ↙　↘ $1-p$
$k=3$　(A, C)　(C, A)　　(A, B)　(B, A)
　　　　　　　　↓ $\frac{1}{2}$　　　　　　↓ $\frac{1}{2}$
　　　　　　　 (B, C)　　　　　　　(C, B)

▲ 最初の状態に戻った！　　▲ 最初の状態に戻った！

第1戦目にBが勝ったもとでAが(最終的に)優勝する確率を P_3 とおくと，

$$P_3 = p \cdot q + p \cdot (1-q) \cdot \frac{1}{2} \cdot P_3$$ ◀ 上の左図を見よ

$\Leftrightarrow 2P_3 = 2pq + (p-pq)P_3$ ◀ 両辺に2を掛けて分母を払った

$\Leftrightarrow (2-p+pq)P_3 = 2pq$

$\Leftrightarrow P_3 = \dfrac{2pq}{2-p+pq}$ ◀ これは，Bが第1戦に勝ったことを前提にしたときのAが(最終的に)優勝する確率

よって，
Bが第1戦に勝ってAが優勝する確率は， ◀ Bが第1戦に勝って，Aが(最終的に)優勝する (→ P_3 が起こる)確率

$$\frac{1}{2} \times P_3 = \frac{pq}{2-p+pq} \quad \cdots\cdots ①$$
◀ 連続操作

また，

> 第1戦目にCが勝ったもとで，
> Aが(最終的に)優勝する確率を P_4 とおく

と，

$$P_4 = q \cdot p + q \cdot (1-p) \cdot \frac{1}{2} \cdot P_4$$ ◀ P.196 の右図を見よ

$\Leftrightarrow 2P_4 = 2pq + (q-pq)P_4$ ◀ 両辺に2を掛けて分母を払った

$\Leftrightarrow (2-q+pq)P_4 = 2pq$

$\Leftrightarrow P_4 = \dfrac{2pq}{2-q+pq}$ ◀ これは，Cが第1戦に勝ったことを前提にしたときのAが(最終的に)優勝する確率

よって，

Cが第1戦に勝ってAが優勝する確率は， ◀ Cが第1戦に勝って，Aが(最終的に)優勝する (→ ② が起こる)確率

$\dfrac{1}{2} \times P_4 = \dfrac{pq}{2-q+pq}$ ……② ◀ 連続操作

以上より，(＊)を考え，

$$\dfrac{pq}{2-p+pq} + \dfrac{pq}{2-q+pq}$$ ◀ ①＋②

$$\left[= \dfrac{pq(2pq-p-q+4)}{(2-p+pq)(2-q+pq)} \right]$$

総合演習 32

2人が1つのサイコロを1回ずつ振り，大きい目を出したほうを勝ちとすることにした。ただし，このサイコロは必ずしも正しいものではなく，k の目の出る確率は p_k ($k=1, 2, 3, 4, 5, 6$) である。このとき，

(1) 引き分けになる確率 P を求めよ。

(2) $P \geqq \dfrac{1}{6}$ であることを示せ。また，$P = \dfrac{1}{6}$ ならば $p_k = \dfrac{1}{6}$ である ($k=1, 2, 3, 4, 5, 6$) ことを示せ。　　　　　　[京大]

[解答]

(1) 「引き分けになる」
    ∥
「共に1の目が出る」or「共に2の目が出る」or「共に3の目が出る」or「共に4の目が出る」or「共に5の目が出る」or「共に6の目が出る」

より，

$$P = p_1 \cdot p_1 + p_2 \cdot p_2 + p_3 \cdot p_3 + p_4 \cdot p_4 + p_5 \cdot p_5 + p_6 \cdot p_6$$
$$= p_1^2 + p_2^2 + p_3^2 + p_4^2 + p_5^2 + p_6^2$$

[考え方]

(2) この問題は"確率の問題"というよりは"不等式の問題"で，式の形から，次の「シュワルツの不等式」を使えば一瞬で解けてしまう！

Point 5.2 〈シュワルツの不等式〉

$\begin{cases} \vec{x} = (x_1, x_2, \cdots, x_n) \\ \vec{y} = (y_1, y_2, \cdots, y_n) \end{cases}$ とおくと，

$(\vec{x} \cdot \vec{y})^2 \leqq |\vec{x}|^2 |\vec{y}|^2$ より　◀ $(\vec{x} \cdot \vec{y})^2 = |\vec{x}|^2 |\vec{y}|^2 \cos^2\theta$

$(x_1 y_1 + x_2 y_2 + \cdots + x_n y_n)^2 \leqq (x_1^2 + x_2^2 + \cdots + x_n^2)(y_1^2 + y_2^2 + \cdots + y_n^2)$

が得られる。この不等式のことを「シュワルツの不等式」という。

また，この式の等号が成立する条件は $\vec{x}$ と $\vec{y}$ が平行のときである。

▶詳しくは『不等式の証明と最大最小問題が本当によくわかる本』の Section 3 の「シュワルツの不等式の使い方」を見よ。

[解答]

(2) $\begin{cases} \vec{x}=(1,\ 1,\ 1,\ 1,\ 1,\ 1) \\ \vec{y}=(p_1,\ p_2,\ p_3,\ p_4,\ p_5,\ p_6) \end{cases}$ とおく と,

$(\vec{x}\cdot\vec{y})^2 \leqq |\vec{x}|^2|\vec{y}|^2$ より ◀ $(\vec{x}\cdot\vec{y})^2=|\vec{x}|^2|\vec{y}|^2\cos^2\theta$

$\begin{cases} \vec{x}\cdot\vec{y}=1\cdot p_1+1\cdot p_2+1\cdot p_3+1\cdot p_4+1\cdot p_5+1\cdot p_6 \\ \qquad = p_1+p_2+p_3+p_4+p_5+p_6 \\ |\vec{x}|=\sqrt{1^2+1^2+1^2+1^2+1^2+1^2}=\sqrt{6} \\ |\vec{y}|=\sqrt{p_1{}^2+p_2{}^2+p_3{}^2+p_4{}^2+p_5{}^2+p_6{}^2} \end{cases}$

を考え,

$(p_1+p_2+p_3+p_4+p_5+p_6)^2 \leqq 6(p_1{}^2+p_2{}^2+p_3{}^2+p_4{}^2+p_5{}^2+p_6{}^2)$

$\Leftrightarrow 1^2 \leqq 6\cdot P$ ◀ $p_1+p_2+p_3+p_4+p_5+p_6=1$ と $p_1{}^2+p_2{}^2+p_3{}^2+p_4{}^2+p_5{}^2+p_6{}^2=P$ を代入した

$\therefore P \geqq \dfrac{1}{6}$ ……(*)

また, (*) の等号が成立するとき ◀ $P=\dfrac{1}{6}$ のとき
$\vec{y}=k\vec{x}$ とおける ので, ◀ $\vec{x}$ と $\vec{y}$ が平行なので!

$(p_1,\ p_2,\ p_3,\ p_4,\ p_5,\ p_6)=k(1,\ 1,\ 1,\ 1,\ 1,\ 1)$ ◀ $\vec{y}=k\vec{x}$
$\qquad\qquad\qquad\qquad\quad =(k,\ k,\ k,\ k,\ k,\ k)$ ……①

これを $p_1+p_2+p_3+p_4+p_5+p_6=1$ に代入すると,

$k+k+k+k+k+k=1 \Leftrightarrow 6k=1$

$\therefore k=\dfrac{1}{6}$

よって, (*) の等号が成立するとき, ① より

$p_1=p_2=p_3=p_4=p_5=p_6=\dfrac{1}{6}$ がいえる。 (q.e.d.)

総合演習 33

サイコロを振って出た目の数だけ，原点から出発して，数直線上にコマを進める。1回目は正の方向に，2回目は負の方向に，3回目は正の方向に，4回目は負の方向に動くものとする。次の確率を求めよ。
(1) 2回目に原点にもどる確率
(2) 3回目に原点にもどる確率
(3) 4回目に原点にもどる確率

［上智大－理工］

[解答]

1回目，2回目，3回目，4回目に出るサイコロの目をそれぞれ a, b, c, d とおく。 ◀ Point 2.6

(1) a と b の組合せは
$\begin{cases} a \rightarrow 1\sim6 \text{ の 6 通り} \\ b \rightarrow 1\sim6 \text{ の 6 通り} \end{cases}$ より

$6 \times 6 = 6^2$ 通り ある。……①

また，2回目の座標は $a-b$ なので， $a-b=0$

2回目で原点にもどるためには $a=b$ であればよい。

$a=b$ となる a, b の組合せは
$a=b=$ 1 or 2 or 3 or 4 or 5 or 6 の 6 通り ……②

①, ② より

$\dfrac{6}{6^2} = \dfrac{1}{6}$ //

(2) a と b と c の組合せは
$\begin{cases} a \rightarrow 1\sim6 \text{ の 6 通り} \\ b \rightarrow 1\sim6 \text{ の 6 通り} \\ c \rightarrow 1\sim6 \text{ の 6 通り} \end{cases}$ より

$6 \times 6 \times 6 = 6^3$ 通り ある。……③

また，3回目の座標は $a-b+c$ なので， $a-b+c=0$

3回目で原点にもどるためには $b=a+c$ であればよい。

$a+c$ はサイコロの目の和 なので,
$b=a+c$ となる a, b, c の組合せは ◀ $\begin{cases} b=1, 2, \cdots, 6 \\ a+c= \quad 2, \cdots, 6, \cdots, 12 \end{cases}$

$b=3$ のとき　$b=5$ のとき
a, c の組は2つ　a, c の組は4つ

①+②+③+④+⑤=**15通り** ……④　◀ 下の表を見よ

$b=2$ のとき　　$b=4$ のとき　　$b=6$ のとき
a, c の組は1つ　a, c の組は3つ　a, c の組は5つ

b(サイコロの目の和)	2	3	4	5	6	7	8	9	10	11	12
a, c の組合せ	1	2	3	4	5	6	5	4	3	2	1

(1, 1)　(1, 3)(2, 2)(3, 1)
　　　　(1, 2)(2, 1)

③,④より

$$\frac{15}{6^3} = \frac{5}{72}$$

(3)　a と b と c と d の組合せは

$\begin{cases} a \to 1\sim6 \text{ の6通り} \\ b \to 1\sim6 \text{ の6通り} \\ c \to 1\sim6 \text{ の6通り} \\ d \to 1\sim6 \text{ の6通り} \end{cases}$ より

$6\times6\times6\times6 = \underline{6^4\text{通り}}$ ある。……⑤

また,4回目の座標は $a-b+c-d$ なので, ← $a-b+c-d=0$
4回目で原点にもどるためには $b+d=a+c$ であればよい。

ここで,

$b+d=k$ とおく $(k=2, 3, \cdots, 12)$ と, ◀ (2)と同じ形にすることによって考えやすくする!

$b+d=a+c \Leftrightarrow k=a+c$ ……(*)

$a+c$ はサイコロの目の和 なので,

$k=a+c$ ……(*) となる k, a, c の組合せは次の表のようになる。

k(サイコロの目の和)	2	3	4	5	6	7	8	9	10	11	12
a, c の組合せ	1	2	3	4	5	6	5	4	3	2	1

また，$b+d$ もサイコロの目の和 なので，
$b+d=k$ となる k, b, d の組合せも次の表のようになる。

k(サイコロの目の和)	2	3	4	5	6	7	8	9	10	11	12
b, d の組合せ	1	2	3	4	5	6	5	4	3	2	1

よって，
$b+d=a+c(=k)$ となる a, b, c, d の組合せは

$1 \cdot 1 + 2 \cdot 2 + 3 \cdot 3 + 4 \cdot 4 + 5 \cdot 5 + 6 \cdot 6 + 5 \cdot 5 + 4 \cdot 4 + 3 \cdot 3 + 2 \cdot 2 + 1 \cdot 1$

$= 1 + 4 + 9 + 16 + 25 + 36 + 25 + 16 + 9 + 4 + 1$
$= \mathbf{146}$ 通り ……⑥

⑤，⑥ より
$$\frac{146}{6^4} = \frac{73}{648}$$

総合演習 34

箱の中に n 個 ($n \geq 3$) の球があり，連続した n 個の整数 $a, a+1,$ $\cdots, a+n-1$ がそれぞれの球に1つずつ記されている。以下では，n の値は知らされているが，a の値は知らされていないものとする。

(1) この箱から無作為に1個の球を取り出し，記されている整数を調べる。ただし，取り出した球は箱に戻さない。これを繰り返して，k 回目に初めて a の値が分かるものとする。
 (i) $X=k$ となる（▶ k 回目に初めて a の値が分かる）確率を求めよ。
 (ii) X の期待値 $E(X)$ を求めよ。

(2) この箱から無作為に1個の球を取り出し，記されている整数を調べて箱に戻すことを k 回繰り返す。この操作により a の値が分かる確率を求めよ。　　　　　　　　　　　　　　　[早大－理工]

[解答]

(1) 連続した n 個の整数において "最大の数" と "最小の数" の差は $n-1$ だから， ◀ $(a+n-1)-a = n-1$
"差が $n-1$" となる2つの数を取り出せば，その2つの数が "最大の数 $a+n-1$" と "最小の数 a" であることが分かる。

よって， ▶[解説]を見よ

"差が $n-1$" となる a と $a+n-1$ の球を両方とも取り出したときに初めて（最小の数）a の値が分かる。 ……(*)

(i) ◀ 組合せで考える

(*) より，k 回目に初めて a の値が分かるのは a と $a+n-1$ の球が k 回目と i ($i=1, 2, \cdots, k-1$) 回目に取り出されるときである。

k 回目と i ($i=1, 2, \cdots, k-1$) 回目に a と $a+n-1$ の2つの球が取り出される組合せは

$k-1$ 通り ……①
（ただし，$k=2, 3, \cdots, n$）

◀ k 番目と1番目
　or
　k 番目と2番目
　⋮
　or
　k 番目と $k-1$ 番目

また，

k 回目と i 回目に取り出される球の組合せは

${}_n C_2$ 通り ……② ◀ n 個の球から，"k 回目の球"と"i 回目の球"を

考えられる。　　　　1つずつ(▶合計2つ)選べばよい

①，②より，$k=1, 2, 3, \cdots$ を考え， ◀ k は回数だから

$$\begin{cases} P(X=k) = \dfrac{k-1}{{}_n C_2} = \underline{\underline{\dfrac{2(k-1)}{n(n-1)}}} \quad (k=2, 3, \cdots, n) \\ P(X=k) = \underline{\underline{0}} \quad (k=1, n+1, n+2, \cdots) \end{cases}$$

　　　　　　　　　　↑①より，$k=1$ の場合は　　　球は n 個しかないので，
　　　　　　　　　　　ありえない！　　　　　　　　n 個までしかありえない！

(ii) $\displaystyle\sum_{k=2}^{n} k \cdot P(X=k)$

$= \displaystyle\sum_{k=2}^{n} k \cdot \dfrac{2(k-1)}{n(n-1)}$ ◀ $k=2, 3, \cdots, n$ のとき，$P(X=k) = \dfrac{2(k-1)}{n(n-1)}$

$= \dfrac{2}{n(n-1)} \displaystyle\sum_{k=2}^{n} k(k-1)$ ◀ k と関係のない $\dfrac{2}{n(n-1)}$ を $\sum$ の外に出した

$= \dfrac{2}{n(n-1)} \displaystyle\sum_{k=2}^{n} \dfrac{1}{3}\{(k+1)k(k-1) - k(k-1)(k-2)\}$ ◀ Point 3.5

$= \dfrac{2}{n(n-1)} \cdot \dfrac{1}{3}(n+1)n(n-1)$ ◀ Telescoping Method !

$= \underline{\underline{\dfrac{2(n+1)}{3}}}$

$f(k) = (k+1)k(k-1)$ とおくと，

$\displaystyle\sum_{k=2}^{n} \{(k+1)k(k-1) - k(k-1)(k-2)\}$

$= \displaystyle\sum_{k=2}^{n} \{f(k) - f(k-1)\}$

$= \{f(2) + \cdots + f(n-1) + f(n)\}$ ◀ $\displaystyle\sum_{k=2}^{n} f(k)$

$\quad -\{f(1) + f(2) + \cdots + f(n-1)\}$ ◀ $-\displaystyle\sum_{k=2}^{n} f(k-1)$

$= f(n) - f(1) = f(n)$ ◀ $f(1) = 0$

[考え方]

(2) k 回のうち，a と $a+n-1$ を少なくとも1回ずつ取り出せば a の値が分かるのだが，これは考えにくいよね。

そこで，余事象を考えよう。 ◀ Point 1.16

[解答]

(2) k 回目までに a の値が分からないのは
a or $a+n-1$ が取り出されないときである。 ◀ 余事象！

よって，

(a or $a+n-1$ が取り出されない)
$=$(a が取り出されない)$+$($a+n-1$ が取り出されない)
$-$(a と $a+n-1$ が取り出されない)

を考え，
(k 回目までに a の値が分からない確率)
$= \left(\dfrac{n-1}{n}\right)^k + \left(\dfrac{n-1}{n}\right)^k - \left(\dfrac{n-2}{n}\right)^k$ ……(★)

n 個のうちから a 以外の球を選ぶ　　n 個のうちから $a+n-1$ 以外の球を選ぶ　　n 個のうちから a と $a+n-1$ 以外の球を選ぶ

よって，
(k 回目までに a の値が分かる確率)
$= 1 - \left\{ \left(\dfrac{n-1}{n}\right)^k + \left(\dfrac{n-1}{n}\right)^k - \left(\dfrac{n-2}{n}\right)^k \right\}$ ◀ $1-$(★)
$= \mathbf{1 - 2\left(\dfrac{n-1}{n}\right)^k + \left(\dfrac{n-2}{n}\right)^k}$

[解説] 連続した n 個の整数における"特性"について

まず，
「連続した n 個の整数において，
"最大の数" と "最小の数" の差は $n-1$ である」……(∗)
ということは分かるかい？

▶ "一番小さい a" と "一番大きい $a+n-1$" の差は
$(a+n-1)-a= \underline{n-1}$ のように，実際に $n-1$ になるよね。

(*) より，
「連続した n 個の整数において，差が $n-1$ になるような 2 つの数が取り出せれば，その 2 つが 最大の数 と 最小の数 になっている」ことが分かるよね。

その 2 つの数のうち小さい方が 最小の数 a なので，差が $n-1$ になっている 2 つの数が取り出せれば，a の値が具体的に分かるのである！

これについては，なんとなくでしかイメージがわかない人が多いと思うので，次のような具体例を考えてみよう。

|$n=4$ の場合について| ◀ $n=4$ の場合は，最大の数と最小の数の差は $\underline{3}$ である

1 回目に 12 を取り出したとし，
2 回目に 14 を取り出したとする。
この 2 つの数の差は $14-12=2$ だから ◀ 3 ではない
12 と 14 は 最大・最小のペアじゃないよね。

3 回目に 11 を取り出したとする。
$14-11=3$ より， ◀ 2 つの数の差が 3 になった！
11 が最小の数で，14 が最大の数になっていることが分かるよね。

よって，この場合は
最小の数 a は 11 であることが分かった。

(注)
　連続した 4 つの整数について考えているので，残りの 1 つは
11, 12, ◯, 14 より，13 だと分かる。

このように，連続した n 個の整数では，"差が $n-1$" となるような 2 つの数が取り出せれば 最大の数 と 最小の数 a が分かるのである！

総合演習 35

A，B，C，D，Eの5人が1つのサイコロと，1組53枚（ジョーカー1枚を含む）のトランプを使って，次のゲームを行う。トランプのカードは よくきって重ねてふせておく。

まず，Aがサイコロを振り，出た目が a ならば，上から順に a 枚のカードを取る。その a 枚の中に ジョーカーがあれば，「Aの勝ち」でゲームが終了する。
ジョーカーがなければ，今度はBがサイコロを振り，出た目が b ならば，残りのカードの上から順に b 枚を取る。その b 枚の中に ジョーカーがあれば，「Bの勝ち」でゲームは終了する。
ジョーカーがなければ，今度はCがサイコロを振る。
このようにしてゲームを続ける。
ただし，5人目のEがカードを取って その中にジョーカーがなければ，「引き分け」でゲームは終了する。

(1) Aが勝つ確率は □ である。
(2) Bが勝つ確率は □ である。
(3) ゲームが引き分けになる確率は □ である。　　［慶大－理工］

[解答]

(1) Aのサイコロの目が k ($k=1, 2, \cdots, 6$) である確率は $\dfrac{1}{6}$ であり，
そのとき，Aは k 枚のカードを引くことができて，
その中にジョーカーがある確率は $\dfrac{k}{53}$ である。 ◀《注》を見よ

このとき，
　Aが勝つ確率は $\dfrac{1}{6} \cdot \dfrac{k}{53}$ である。 ◀連続操作

よって，
　$k=1$ or 2 or 3 or 4 or 5 or 6 を考え，

(Aが勝つ確率)

$$= \sum_{k=1}^{6} \frac{1}{6} \cdot \frac{k}{53} \quad \blacktriangleleft \boxed{\frac{1}{6} \cdot \frac{1}{53}} + \boxed{\frac{1}{6} \cdot \frac{2}{53}} + \boxed{\frac{1}{6} \cdot \frac{3}{53}} + \boxed{\frac{1}{6} \cdot \frac{4}{53}} + \boxed{\frac{1}{6} \cdot \frac{5}{53}} + \boxed{\frac{1}{6} \cdot \frac{6}{53}}$$

$k=1$ のとき　$k=2$ のとき　$k=3$ のとき　$k=4$ のとき　$k=5$ のとき　$k=6$ のとき

$$= \frac{1}{6} \cdot \frac{1}{53} \sum_{k=1}^{6} k$$

$$= \frac{1}{6} \cdot \frac{1}{53} \cdot \frac{6 \cdot 7}{2} \quad \blacktriangleleft \sum_{k=1}^{n} k = \frac{n(n+1)}{2}$$

$$= \underline{\frac{7}{106}}$$

(2) A, B, C, D, E が勝つ確率をそれぞれ p_A, p_B, p_C, p_D, p_E とおくと，明らかに

$p_A = p_B = p_C = p_D = p_E$ ……(*) がいえる。　◀[補足]を見よ

よって，(1)より

$p_B = \underline{\dfrac{7}{106}}$

(3) (全体)=(Aが勝つ) or (Bが勝つ) or (Cが勝つ) or (Dが勝つ) or (Eが勝つ) or (引き分けになる) を考え，◀余事象を使って求める！

(引き分けになる確率)
$= 1 - (p_A + p_B + p_C + p_D + p_E)$
$= 1 - 5 \times p_A$　◀(*)より
$= 1 - 5 \times \dfrac{7}{106}$　◀(1)より
$= 1 - \dfrac{35}{106}$
$= \underline{\dfrac{71}{106}}$

(注)

53枚のうちジョーカーは1枚あるので，

上から1枚目がジョーカーである確率は $\dfrac{1}{53}$ で，

上から2枚目がジョーカーである確率も $\dfrac{1}{53}$ で，
⋮

上から k 枚目がジョーカーである確率も $\dfrac{1}{53}$ である。

よって，上から k 枚目までにジョーカーがある確率は

$\dfrac{k}{53}$ である。 ◀ $\underbrace{\dfrac{1}{53}+\dfrac{1}{53}+\cdots\cdots+\dfrac{1}{53}}_{k個}$

[補足] $p_A = p_B = p_C = p_D = p_E$ について

「くじびき」（▶P. 220 の One Point Lesson を見よ！）として考えても $p_A = p_B = p_C = p_D = p_E$ は明らかであるが，
次のように考えても $p_A = p_B = p_C = p_D = p_E$ は明らかである。

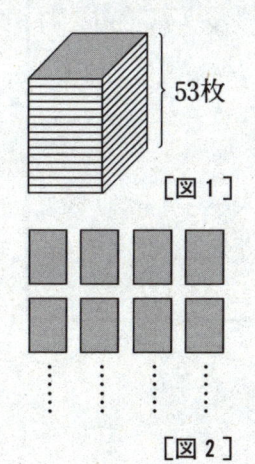

53枚のカードは [図1] のように積まれていても [図2] のように床に置いてあっても，ゲームには全く影響がないよね。

[図1]

そこでゲームの設定を [図2] を使って次のように決めよう。

（次のように設定を変えてもゲームそのものの内容は変わらないことを各自確認せよ。）

[図2]

> **STEP1**
>
> A, B, C, D, E はそれぞれ最大6枚のカードしか取れないので 53枚のカードを [図3] のように
> 6枚, 6枚, 6枚, 6枚, 6枚, 23枚 に分ける。

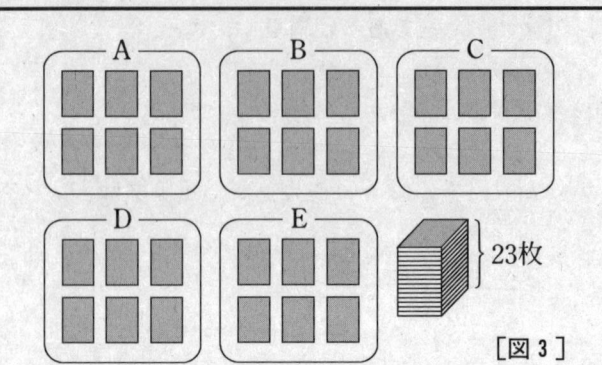

[図3]

> ▶この状態では, ジョーカーがどこにあるのか分からないので当然 A, B, C, D, E はすべて平等だよね。

> **STEP2**
>
> A, B, C, D, E がそれぞれサイコロを振り, 出た目が a ならば6枚から a 枚カードを取ることができる。その a 枚の中にジョーカーが入っていれば その人の勝ちとする。
>
> また, A, B, C, D, E の5人がジョーカーを取ることができなかったら「引き分け」でゲームは終了する。

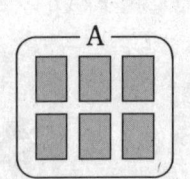

p_A について

Aが勝つ確率は当然(1)で求めた確率と等しいよね。

よって, $p_A = \dfrac{7}{106}$

p_B, p_C, p_D, p_E について

B, C, D, E の 4 人についても"A と全く同じ状況"なので，p_B, p_C, p_D, p_E は p_A と全く同じように計算すればいいよね。

よって，

$p_A = p_B = p_C = p_D = p_E \left(= \dfrac{7}{106} \right)$ がいえる。

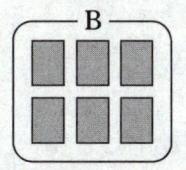

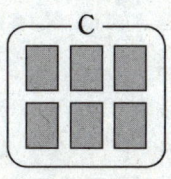

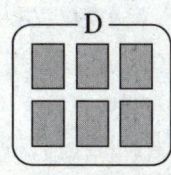

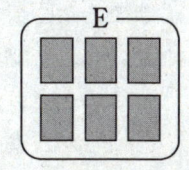

総合演習 36

サイコロを n 回投げて，xy 平面上の点 P_0，P_1，$\cdots$，P_n を次の規則 (a)，(b) によって定める。

(a)　$P_0 = (0, 0)$

(b)　$1 \leq k \leq n$ のとき，k 回目に出た目の数が $1, 2, 3, 4$ のときには P_{k-1} をそれぞれ東，北，西，南に $\left(\dfrac{1}{2}\right)^k$ だけ動かした点を P_k とする。また，k 回目に出た目の数が $5, 6$ のときには $P_k = P_{k-1}$ とする。ただし，y 軸の正の向きを北と定める。

このとき，以下の問いに答えよ。

(1)　P_n が x 軸上にあれば，P_0，P_1，$\cdots$，P_{n-1} もすべて x 軸上にあることを示せ。

(2)　P_n が第 1 象限 $\{(x, y) | x > 0, y > 0\}$ にある確率を n で表せ。［東大］

[考え方]

(1)　まず，素直に直接示そうとするとどうやって示したらいいのかよく分からないので，"背理法" を使って示すことにしよう！

[解答]

問題文の "逆" は $P_1 \sim P_{n-1}$ のうち x 軸上にない点が存在する場合！

(1)　$k(1 \leq k \leq n-1)$ 回目に初めて点 P が x 軸上から動いたとする。　……(∗)

◀背理法!!

x 軸上から動く場合は，次の (i)，(ii) の 2 通りが考えられる。

(i)　k 回目に 2 が出て，P_k の y 座標が $\left(\dfrac{1}{2}\right)^k$ になったとき

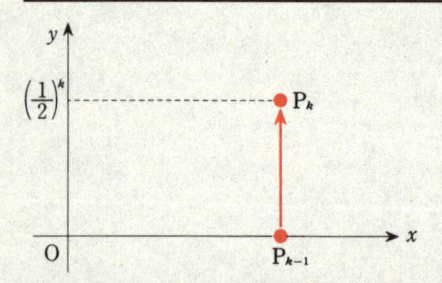

← 再び P_n が x 軸に戻れるのかどうかを調べる！

$\boxed{n \text{ 回のうちの残り } n-k \text{ 回がすべて 4 であったとする}}$ と，
(P_n の y 座標)

$= \left(\dfrac{1}{2}\right)^k \underbrace{- \left(\dfrac{1}{2}\right)^{k+1}}_{k+1 \text{ 回目に } 4 \text{ が出る}} \underbrace{- \left(\dfrac{1}{2}\right)^{k+2}}_{k+2 \text{ 回目に } 4 \text{ が出る}} - \cdots \underbrace{- \left(\dfrac{1}{2}\right)^n}_{n \text{ 回目に } 4 \text{ が出る}}$ ◀ このときに P_n の y 座標は 1番小さくなる！

$= \left(\dfrac{1}{2}\right)^k - \left(\dfrac{1}{2}\right)^k \left\{ \dfrac{1}{2} + \left(\dfrac{1}{2}\right)^2 + \cdots + \left(\dfrac{1}{2}\right)^{n-k} \right\}$ ◀ $-\left(\dfrac{1}{2}\right)^k$ でくくった

$= \left(\dfrac{1}{2}\right)^k - \left(\dfrac{1}{2}\right)^k \cdot \dfrac{\dfrac{1}{2}\left\{\left(\dfrac{1}{2}\right)^{n-k} - 1\right\}}{\dfrac{1}{2} - 1}$ ◀ (等比数列の和の公式)$= \dfrac{a_1(r^{項数}-1)}{r-1}$

$= \left(\dfrac{1}{2}\right)^k - \left(\dfrac{1}{2}\right)^k \cdot \dfrac{\left(\dfrac{1}{2}\right)^{n-k} - 1}{1 - 2}$ ◀ 分母分子に 2 を掛けた

$= \left(\dfrac{1}{2}\right)^k - \left(\dfrac{1}{2}\right)^k \left\{ -\left(\dfrac{1}{2}\right)^{n-k} + 1 \right\}$

$= \left(\dfrac{1}{2}\right)^n \underset{\sim}{> 0}$ ◀ $\left(\dfrac{1}{2}\right)^k + \left(\dfrac{1}{2}\right)^n - \left(\dfrac{1}{2}\right)^k = \left(\dfrac{1}{2}\right)^n$

よって，
(i) のときは，絶対に $\underset{\sim\sim\sim\sim\sim\sim\sim\sim\sim}{(P_n \text{ の } y \text{ 座標})=0}$ には なれない。

$\boxed{\text{(ii) } k \text{ 回目に } 4 \text{ が出て，} P_k \text{ の } y \text{ 座標が } -\left(\dfrac{1}{2}\right)^k \text{ になったとき}}$

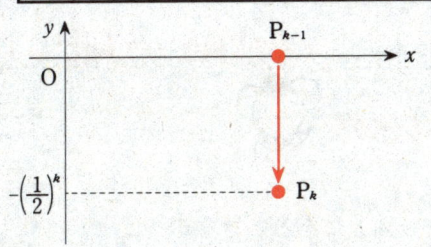

このときも
$\boxed{\text{対称性から (i) と同様に } (P_n \text{ の } y \text{ 座標})=0 \text{ には なれない。}}$

(i), (ii) より,

(*) のとき P_n は x 軸上には戻れない ので,

P_n が x 軸上にあるときは (*) のような P_k は存在しない。

よって,

P_n が x 軸上にあるならば, $P_0, P_1, \cdots, P_{n-1}$ もすべて x 軸上にある。

(q.e.d.)

(2) （全体）=（P_n が第1象限にある）or（P_n が第2象限にある）
　　 or（P_n が第3象限にある）or（P_n が第4象限にある）
　　 or（P_n が座標軸上にある）　……①

また, 対称性を考え,

（P_n が第1象限にある確率）
=（P_n が第2象限にある確率）
=（P_n が第3象限にある確率）
=（P_n が第4象限にある確率）がいえる　ので,

① から 次のことがいえる。

$1 = 4 \times$（P_n が第1象限にある確率）
　　+（P_n が座標軸上にある確率）　……②

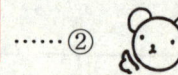

ここで,

（P_n が座標軸上にある確率）を求める。◀ 座標軸上 = x軸上 or y軸上
　　　　　　　　　　　　　　　　　　　　共に原点を含んでいることに注意！

(1)より, ◀ 前の問題の結果を使う！

P_n が x 軸上にある場合は
$P_1, P_2, \cdots, P_n$ のすべてが x 軸上にあるときなので,
n 回の移動がすべて「東 or 西 or 移動なし」であればよい。

よって，
1回の移動が「東or西or移動なし」である確率は
$\frac{4}{6}=\frac{2}{3}$ であることを考え， ◀ サイコロの目が 1 or 3 or 5 or 6 であればよい

(P_n が x 軸上にある確率) $= \underbrace{\frac{2}{3} \cdot \frac{2}{3} \cdot \cdots \cdot \frac{2}{3}}_{n \text{個}} = \left(\frac{2}{3}\right)^n$ ……ⓐ

また，対称性を考え，

(P_n が y 軸上にある確率) $= \left(\frac{2}{3}\right)^n$ ……ⓑ

また，

P_n が x 軸と y 軸の交点である"原点"にある場合は，
(1)より，P_1，P_2，…，P_n のすべてが原点にあるときなので，
n 回の移動がすべて「移動なし」であればよい。

よって， ◀「移動なし」であるためにはサイコロの目が 5 or 6 であればよい

(P_n が原点にある確率) $= \underbrace{\frac{1}{3} \cdot \frac{1}{3} \cdot \cdots \cdot \frac{1}{3}}_{n \text{個}} = \left(\frac{1}{3}\right)^n$ ◀ ⓐとⓑの"ダブリ"

以上より，

(P_n が座標軸上にある)
$=$(P_n が x 軸上にある)$+$(P_n が y 軸上にある)$-$(P_n が原点にある)

を考え，

(P_n が座標軸上にある確率)
$= \left(\frac{2}{3}\right)^n + \left(\frac{2}{3}\right)^n - \left(\frac{1}{3}\right)^n = 2 \cdot \left(\frac{2}{3}\right)^n - \left(\frac{1}{3}\right)^n$

よって，②を考え， ◀ $1 = 4 \times$(P_n が第1象限にある確率)
　　　　　　　　　　　　$+$(P_n が座標軸上にある確率)…②

(P_n が第1象限にある確率)
$= \frac{1}{4}\left\{1 - 2 \cdot \left(\frac{2}{3}\right)^n + \left(\frac{1}{3}\right)^n\right\}$

One Point Lesson
～場合の数と確率の「ルール」について～

場合の数の「ルール」について

まず,「場合の数」における"ルール"について解説しよう。

「場合の数の問題」においては,
| 同じ色の玉 | や | 同じ数字のカード | や | 同じ大きさのサイコロ |
については
"区別がないもの"として考えるのが「ルール」なんだよ。

また,「場合の数の問題」においては,
| 人 | などの"明らかに区別がつくもの"については
"区別があるもの"として考えるのが「ルール」なんだよ。

Point 1 〈場合の数の「ルール」について〉

「場合の数の問題」においては,
| 同じ色の玉 | や | 同じ数字のカード | や | 同じ大きさのサイコロ |
は"区別がないもの"で,
| 人 | などの"明らかに区別がつくもの"については
"区別があるもの"として考えるのが「ルール」である。

ちょっと大事な話 ～Intro～

ここで少し視点を変えて
"実社会"の場合について考えてみよう。

〜場合の数と確率の「ルール」について〜　217

まず，目の前に赤玉が2つあったとしよう。

この2つの赤玉は，本当に区別がつかないんだろうか？
例えばよく見てみると，片方が
「ビミョーにキズがある」場合もあるだろうし，
「少し汚れている」場合もあるだろう。

このように，"実社会"において2つの赤玉は，必ずしも
"区別がつかない"わけではないのである。

つまり，現実には，2つの赤玉は
"区別がつかない場合"も"区別がつく場合"もあるのである！

ただ，その"どちらか"が分からないと
「場合の数」を求めることはできないので，とりあえず
「場合の数」を求める問題においては「ルール」として
"2つの赤玉は区別がないものとする"と決めているのである。

確率の「ルール」について

さて，次に「確率」における"ルール"について解説しよう。

基本的に「確率の問題」は
"実社会"における確率を求めているので，
実は「確率」を求めるときには，2つの赤玉は
"区別がないもの"として考えてもいいし，
"区別があるもの"として考えてもいいんだよ。

「えっ，そうなの?!」と不思議に思った人もいるだろう。

「確率の問題でも（場合の数と同様に）同じ色の玉は
　"区別がないもの"として扱わなければならない！」と習っている人が
意外に多いみたいだからね。

でも，実はそれは"間違い"なんだよ！

例えば，**練習問題 20** で
「4個の赤玉から 3個を取り出す場合」を求めるとき
どうやって求めた？

Point 1.11 の 「$_nC_r$ の公式」を使って
$_4C_3$ のように求めたよね。

これは，赤玉を"区別があるもの"として扱っている，ということに
気が付いていたかい？

だって，$_nC_r$ の公式は
「異なる n 個のものから r 個を取り出すときの取り出し方」　◀ P.17参照
だったでしょ！

つまり，「赤玉に対して $_nC_r$ の公式を使う」ということは，
「赤玉を"区別があるもの"として扱う」ということなんだよ。

この例からも分かるように，
「確率」の問題においては（「場合の数」のときとは違って）
　同じ色の玉　や　同じ数字のカード　や　同じ大きさのサイコロ
については，
"区別がないもの"として考えてもいいし，
"区別があるもの"として考えてもいいんだよ。

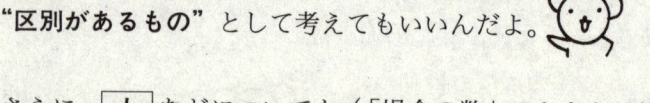

さらに，人などについても（「場合の数」のときとは違って）
"区別がないもの"として考えてもいいし，　◀ 例えば"5人の女子を
"区別があるもの"として考えてもいいんだよ。　　"区別のない5個の赤玉"
　　　　　　　　　　　　　　　　　　　　　　　として考えてもよい！

「えっ，"どっちでもいい"のなら，
　答えが違ってきちゃうんじゃないの？」と思う人もいるだろうね。

これは（P.48でいった）
「重要事項（確率を求めるときの注意事項）」さえ守っておけば
特に心配する必要はないんだよ。

つまり，「確率」を求める際に，
"分母と分子を同じ基準で考える"ということさえ守っていれば，
必ず正しい答えが出るんだよ！

> ▶例えば 赤玉を
> "区別がないもの"として確率を求めても，
> "区別があるもの"として確率を求めても，
> 「同じ赤玉についての確率」なんだから
> 当然 答えは同じになるはずである！

以上のように，「確率の問題」においては，
| 同じ色の玉 |　や　| 同じ数字のカード |　や　| 人 |　などについて
自分の都合のいいように"区別の有無"を決めていいんだよ。

Point 2 〈確率の「ルール」について〉

「確率の問題」においては，
| 同じ色の玉 |　や　| 同じ数字のカード |　や　| 人 |　などの
"区別の有無"は（同様に確からしいのであれば）
自分の都合のいいように決めてよい。
ただし，その際に
"分母と分子を同じ基準で考える"ということを
忘れないようにすること！

One Point Lesson
～「くじびき」の問題の考え方～

　例題37（P.58）の「くじびき」の問題についての質問がものすごく多いので，ここでキチンと「くじびき」の問題について解説しておきます。

　ここから「くじびき」の問題について解説します。

「くじびき」の問題を解くにあたって 最も重要なことは，いかに「"日常的な感覚"を 問題に あてはめることができるか」ということです。

つまり，「くじびき」の問題は，
今までのように1つ1つをまじめに考えていっても 時間をかければ解けるのだが，　◀問題によっては，1つ1つを まじめに考えていっては 絶対に試験時間内に 終わらないものもある！
実は 何も計算しなくても 日常的な感覚を使うだけで 答えが一瞬で分かってしまう場合が 非常に多いのである！

　そこで，ここでは その"日常的な感覚"を 確認するために 次の「日常的なくじびきのはなし」から考えてみよう。

~「くじびき」の問題の考え方~　221

確認問題1

　A，B，Cの3人がカードをめくります。
3枚のカードのうち1枚だけ裏に「当たり」と書いてあります。

Aが①のカードをめくり，Bが②のカードをめくり，
Cが③のカードをめくります。

全員が同時にカードをめくるとき，
Aが当たりを引く確率P_Aと Bが当たりを引く確率P_Bと
Cが当たりを引く確率P_Cをそれぞれ求めよ。

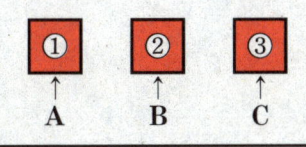

　①　　②　　③
　↑　　↑　　↑
　A　　B　　C

[考え方と解答]

　まず，君が「①~③のカードのどれでも好きなものを選んでいいよ」といわれたらどうする？

①~③のカードは特に何の区別もないから
「何番のカードでもいいや」って思うでしょ。

つまり，

　①~③のカードは特に何の区別もないので，
　どれを取っても当たる確率は同じ　だよね。

だから，A~Cはみんな平等なので，

　　（Aが当たりを引く確率）
　＝（Bが当たりを引く確率）
　＝（Cが当たりを引く確率）　がいえる。

よって，

$P_A = P_B = P_C = \dfrac{1}{3}$　◀ $P_A + P_B + P_C = 1$

確認問題2

A，B，Cの3人がカードをめくります。
3枚のカードのうち1枚だけ裏に「当たり」と書いてあります。

まず，Aが①のカードを取り，当たりかどうかを
こっそり1人で確認します。
次に，Bが②のカードを取り，当たりかどうかを
こっそり1人で確認します。
次に，Cが③のカードを取り，当たりかどうかを
こっそり1人で確認します。

そしてCがカードを確認した後に，全員でカードを見せ合います。
このとき，
Aが当たりを引く確率 P_A と Bが当たりを引く確率 P_B と
Cが当たりを引く確率 P_C をそれぞれ求めよ。

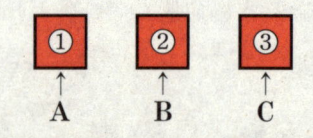

①	②	③
↑	↑	↑
A	B	C

[考え方と解答]

まず，確認問題1と確認問題2との状況の違いを確認しておこう。

確認問題1では，
「3人が同時にカードを引き，3人同時に 自分が当たったのか
どうかが分かる」という状況で，

確認問題2では，
「1人ずつ 順にカードを引き，A，B，Cの順に 自分が当たったのか
どうかが分かる」という状況である。

このような状況の違いはあるが，最終的な答えは全く同じになる，
ということは分かるかい？

～「くじびき」の問題の考え方～　223

まず，**確認問題2** において，
1番目にカードを引いても，2番目にカードを引いても，3番目にカードを引いても，自分のカードが当たる確率は変わらないよね。
だって，そもそも
"何番目のカードが当たるのか"ということは既に，カードが並べられた時点で決まっている（▶ **カードを引く前から自分の運命は決まっている！**）ので，自分のカードが当たったのかどうかが早く分かったってそれは自分のカードが当たる確率とは全く関係がないよね。

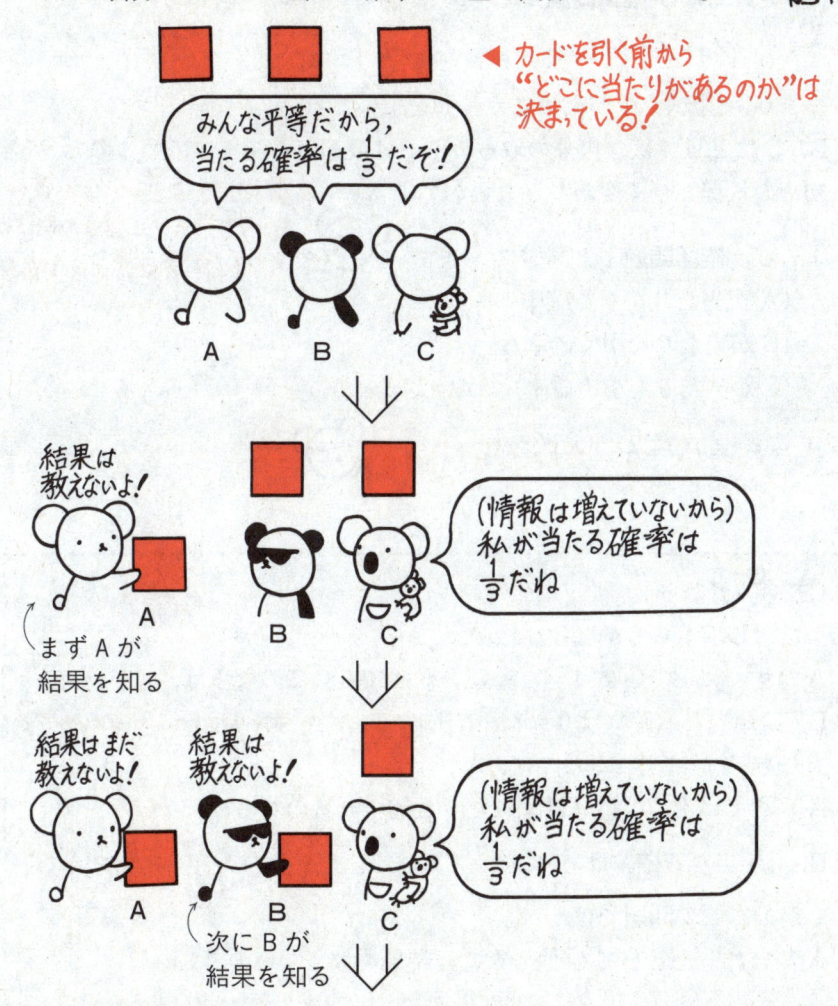

◀ カードを引く前から
"どこに当たりがあるのか"は
決まっている！

みんな平等だから，当たる確率は $\frac{1}{3}$ だぞ！

A　B　C

結果は教えないよ！
まずAが結果を知る

（情報は増えていないから）私が当たる確率は $\frac{1}{3}$ だね

結果はまだ教えないよ！
結果は教えないよ！
A　B　次にBが結果を知る

（情報は増えていないから）私が当たる確率は $\frac{1}{3}$ だね

A　B　C

最後にCが結果を知る

誰も 有利にも不利にもなっていない！

（▶確認問題2では"途中の結果を伝えない"ので，実質的には確認問題1の"3人が同時に引く"場合と同じ状況である！）

つまり，例えばAが初めにカードを引いても
B，Cにとっては，自分の取るカードは最初から決まっているので初めの状況と全く変わりがないのである。 ◀ 最初にカードを取ろうと 最後にカードを取ろうと，自分のカードが当たる確率は常に $\frac{1}{3}$ である！

よって，確認問題1と同様に

（Aが当たりを引く確率）
=（Bが当たりを引く確率）
=（Cが当たりを引く確率） がいえるので，

$P_A = P_B = P_C = \frac{1}{3}$　◀ $P_A + P_B + P_C = 1$

（注）

ただし，もしもAが当たったときに，
AがすぐにB，Cに「当たった！」と知らせるのならば，
B，Cが当たる確率は0になってしまうし，　◀ 当たりは1つしかないので！
もしもAがはずれたときに，
AがすぐにB，Cに「はずれた」と知らせるのならば，
B，Cが当たる確率は $\frac{1}{2}$ になってしまう。　◀ B，Cのどちらかが 必ず当たることになるので！
しかし，この問題では，
Aが当たったとしても他の人には結果を教えないので，

～「くじびき」の問題の考え方～

Aがカードを先に引いても，他の人にとっては 初めの状況と全く変わりがないのである。

以上をまとめると 次のようになる。

くじびきの考え方

Point 1
　くじびきにおいて "何番目のくじが当たるのか" は
既に（くじを引く前から！）決まっている。

Point 2
　くじを引く人は
"何番目のくじが当たるのか" ということは 当然 分からない。
つまり，すべてのくじは 特に何の区別もないので，
何番目のくじを引こうと 当たる確率は すべて同じである！

これらのことを踏まえて もう1度 次の **例題37** をやってみよう。

例題37
　箱の中に10個の白球と5個の黒球が入っている。箱から順に1個ずつ5個の球を取り出して並べるとき，次の確率を求めよ。
(1)　2番目の球が黒球である確率
(2)　2番目の球と4番目の球がともに黒球である確率

▶ 問題文では
「15個の球から5個の球を取り出し，その5個の球を1列に並べる」
というような 面倒くさいことが書かれているが，要は
「15個の球を1列に並べて，最初の人が1番目の球を取り，
　次の人が2番目の球を取り，次の人が3番目の球を取り，……」
ということと同じだよね。

また，
"黒球だったら当たり"と考えれば この問題は
「くじびき」の問題と みなせるよね。
そこで，ここでは，考えやすい後者の状況で考えることにする。

[考え方]
(1) 最初に 15 個の球が並べられた時点で，"何番目の球が黒球か"
ということは (球を取る前から) 既に決まっているし，
15 個の球は 特に何の区別もないので，何番目の球であっても
黒球である確率は みんな同じだよね。

つまり，1〜15 番目の球を取る人は みんな平等なので，
　　(1 番目の球が黒球である確率)
　＝(2 番目の球が黒球である確率)
　＝(3 番目の球が黒球である確率)
　　　　　⋮
　＝(15 番目の球が黒球である確率)　がいえる。　◀ 2番目だけを特別に考える必要はない!

また，
15 個の球のうち "10 個の球が白球で残りの 5 個が黒球" なので，
球を 1 個取ったとき その球が白球である確率は $\frac{10}{15}$ で，
球を 1 個取ったとき その球が黒球である確率は $\frac{5}{15}$ だよね。

よって，
　　(2 番目の球が黒球である確率)＝$\frac{5}{15}$
　　　　　　　　　　　　　　　　＝$\frac{1}{3}$　がいえる。

[解答]
(1) $\frac{5}{15} = \frac{1}{3}$

(注)
「どうしても球を取る順番が気になる」という人がいるのかもしれないけれど，例えば5番目の人が 5番目の球を取ろうと，5番目の球の色は"1～4番目の人が球を取る前から既に決まっている。"つまり，1番目に球を取ろうと5番目に球を取ろうと"条件は同じ"で，球を何番目に取り出しても 特に有利にも不利にもならないのである！

[考え方]
(2) これは今までの問題とは状況が違うよね。

2番目の球と4番目の球がともに黒球であるためには
2番目の球が黒で，4番目も黒球でなければならないよね。 ◀連続操作！

つまり，(2)は

まず，2番目の人が2番目の球を取り，それが黒であることが分かり，そのことを4番目の人が知った後で4番目の人が
4番目の球を取り，それが黒であることが分かる， という状況についての問題なんだよ。◀1番目と3番目の球については"結果が分かっていない"ので，1番目と3番目の球が 実際に取られていようといまいと 4番目の人には 特に関係がない！

そこで，
(2番目の球が黒球である確率) と
(2番目の球が黒球であることが分かった後での
 4番目の球が黒球である確率) について考えよう。

まず，(2番目の球が黒球である確率) は(1)より $\frac{1}{3}$ だよね。

次に，
(2番目の球が黒球であることが分かった後での
 4番目の球が黒球である確率) を求めよう。

最初は15個の球の中に黒球は5個あったのだが，そのうちの1個の黒球は既になくなってしまっているよね。◀ **2番目の結果が分かったから！**
つまり，残り14個の球の中に黒球は4個しかないのである。
だから，

| （2番目の球が黒球であることが分かった後での
4番目の人が黒球である確率） | は

$\frac{4}{14}$ になってしまうよね。

◀ **最初は4番目の人も黒球である確率が $\frac{5}{15}$ だったのに，2番目が黒球であったという結果が分かったので，4番目の人が黒球である確率は $\frac{4}{14}$ に減ってしまった！**
右図を参照せよ

以上より，

$$\begin{cases} （2番目の球が黒球である確率）= \frac{1}{3} \\ （2番目の球が黒球であることが分かった後での\\ \quad 4番目の球が黒球である確率）= \frac{4}{14} \end{cases}$$

を考え，

　　（2番目の球と4番目の球がともに黒球である確率）

$= \frac{1}{3} \times \frac{4}{14}$ ◀ **連続操作！**

$= \frac{2}{21}$ がいえる。

[解答]

(2)　$\frac{1}{3} \times \frac{4}{14}$ ◀ **連続操作！**

$= \frac{2}{21}$ //

~「くじびき」の問題の考え方~ 229

> (注)
> (2)は
> 「2番目の球と3番目の球がともに黒球である確率」であっても
> 「2番目の球と5番目の球がともに黒球である確率」であっても
> 当然，答えは同じである！

～情報が増えると 確率は変化する～

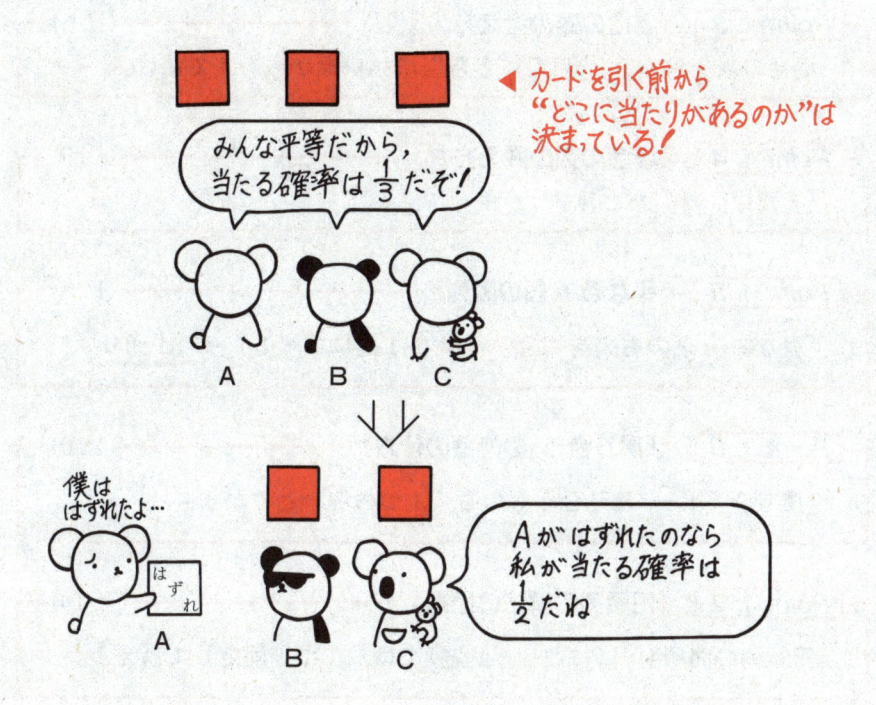

◀ カードを引く前から
"どこに当たりがあるのか"は
決まっている！

みんな平等だから，
当たる確率は $\frac{1}{3}$ だぞ！

A B C

僕は
はずれたよ…
A

B C

Aがはずれたのなら
私が当たる確率は
$\frac{1}{2}$ だね

Point 一覧表 ～索引にかえて～

Point 1.1 〈5で割り切れる条件〉 ──── (P.3)
「5で割り切れる」⇒ 下1ケタ(▶一の位)が 0 or 5

Point 1.2 〈場合の数の数え方①〉 ──── (P.3)
「連続操作」は掛け算！

Point 1.3 〈場合の数の考え方の原則〉 ──── (P.6)
場合の数を求めるときは，"制限"の強い順から考えていけ！

Point 1.4 〈場合の数の数え方②〉 ──── (P.6)
「または」は，たし算！

Point 1.5 〈異なる n 個の順列〉 ──── (P.8)
「異なる n 個のものを順番を考えて1列に並べる」⇒ $n!$ 通り

Point 1.6 〈「隣り合う」の処理の仕方〉 ──── (P.9)
「隣り合う」⇒ 隣り合うものを "1つの塊" とみなす！

Point 1.7 〈円順列の解法の原則〉 ──── (P.10)
円順列の問題(円形に並べる問題)では，1つを固定して考えよ。

Point 1.8 〈円順列の公式〉 ──── (P.10)
「異なる n 個のものを円形に並べる」⇒ $(n-1)!$ 通り

Point 1. 9 〈順列の公式〉 ────────── (P. 13)

異なる n 個のものから r 個を取り出し，1列に並べるときの並べ方
(▶取り出した順に 左から1列に並べていけばよい！) は

$$_n\mathrm{P}_r = n(n-1)(n-2)\cdots(n-r+1) \text{ 通り}$$ ある。

ただし，$r=0, 1, 2, \cdots, n$ とし，
$r \neq 0, 1, 2, \cdots, n$ のときは $_n\mathrm{P}_r=0$ とする。

Point 1. 10 〈「隣り合わない」の処理の仕方〉 ────── (P. 15)

「Aの集団が隣り合わない」
↓
「A以外のものを1列に並べて その間に A を入れていく」と考える！

Point 1. 11 〈組合せの公式〉 ──────── (P. 17)

異なる n 個のものから r 個を取り出すときの取り出し方は

$$_n\mathrm{C}_r = \frac{n(n-1)(n-2)\cdots(n-r+1)}{r!} \text{ 通り}$$ ある。

ただし，$r=0, 1, 2, \cdots, n$ とし，
$r \neq 0, 1, 2, \cdots, n$ のときは $_n\mathrm{C}_r=0$ とする。

Point 1. 12 〈組にふり分ける問題〉 ─────── (P. 20)

組にふり分ける問題で，区別のない組が存在する場合は
次のように考えればよい。

Step 1
すべての組に区別がある，として 組にふり分ける。

Step 2
Step 1 の結果を (区別のない組の個数)! で割る。

> **Point 1.13** 〈直線の本数〉 ──────────(解答編 P.10)
>
> 平面上に n 個の相異なる点があるとき，その n 個の点から $_nC_2$ 本の直線がつくれる。
> ただし，3個以上の点を含む直線は存在しないものとする。

> **Point 1.14** 〈三角形の個数〉 ──────────(解答編 P.13)
>
> 平面上に n 個の相異なる点があるとき，その n 個の点から $_nC_3$ 個の三角形がつくれる。
> ただし，3点以上の点を含む直線は存在しないものとする。

> **Point 1.15** 〈同じものを含むものを1列に並べるときの並べ方〉(P.28)
>
> Aが a 個，Bが b 個，Cが c 個，…… の計 n 個を1列に並べるときの並べ方は
> $\dfrac{n!}{a!\,b!\,c!\cdots}$ 通り　$(n=a+b+c+\cdots)$

> **Point 1.16** 〈「少なくとも」の処理の仕方〉 ──────────(P.32)
>
> 「少なくとも」が出てきたら "余事象" を考えよ！

Point 1.17 〈リンゴと仕切りの問題〉 ────── (P.37)

　リンゴが A 個あり，これを両親と子供1人で分ける。
（1個ももらわない人がいてもよいとする。）

　父親，母親，子供のリンゴの個数をそれぞれ x, y, z とおく と

$$\begin{cases} x+y+z=A \quad \blacktriangleleft 3人のリンゴの合計はA個 \\ x \geq 0 \quad \blacktriangleleft 父親のリンゴの個数は0以上 \\ y \geq 0 \quad \blacktriangleleft 母親のリンゴの個数は0以上 \\ z \geq 0 \quad \blacktriangleleft 子供のリンゴの個数は0以上 \end{cases}$$

が得られる。
よって，
$x+y+z=A$, $x \geq 0$, $y \geq 0$, $z \geq 0$ を満たす整数 (x, y, z) の組の個数は，A 個のリンゴと2つの仕切りの並べ方について考えればよい！

Point 1.18 〈Point 1.17 の応用例〉 ────── (P.39)

　$x+y+z=A$, $x \geq 1$, $y \geq 1$, $z \geq 1$ ……(*)

を満たす整数 (x, y, z) の組を考えるのは面倒くさいので，(*) を
$(x-1)+(y-1)+(z-1)=A-3$,
$(x-1) \geq 0$, $(y-1) \geq 0$, $(z-1) \geq 0$ ◀1を左辺に移項して ≥ 0 の形をつくった！
のように変形して
　$x-1=a$, $y-1=b$, $z-1=c$ とおけ！

すると，$a+b+c=A-3$, $a \geq 0$, $b \geq 0$, $c \geq 0$ が得られるので，
リンゴと（仕切り）の問題（**Point 1.17**）として考えることができる!!

Point 1.19 〈最短経路の公式〉 ————————————— (P.41)

A→B の最短経路は
$\dfrac{(m+n)!}{m!\,n!}$ 通り

Point 1.20 〈最短経路の特性〉 ————————————— (P.44)

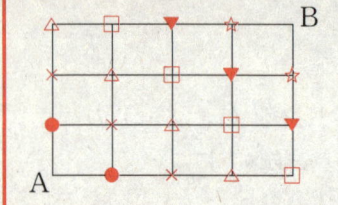

A から B へ最短経路で行くためには必ず●のどれか 1 点だけを通らなければならない。◀ 1つの対角線上の点に着する！
($×$, $△$, $□$, $▼$, $☆$ についても同様)

Point 2.1 〈確率の定義〉 ————————————— (P.48)

事象 A の起こる確率を $P(A)$ とおくと，

$$P(A) = \dfrac{\text{事象 A の起こる場合の数}}{\text{起こり得るすべての場合の数}}$$

Point 2.2 〈3 の倍数の問題の解法〉 ————————————— (解答編 P.28)

3 の倍数の問題では，
1～9 を，次のように 3 で割った余りで分類せよ！
$A_0 = \{3, 6, 9\}$, $A_1 = \{1, 4, 7\}$, $A_2 = \{2, 5, 8\}$

Point 2.3 〈反復試行の確率〉 ————————————— (P.55)

事象 A が起こる確率が常に p (一定) のとき，
n 回のうち，k 回だけ A が起こる確率は ◀ 残りの $n-k$ 回は A が起こらない
$_nC_k\, p^k (1-p)^{n-k}$

Point 2.4 〈n 枚のコインを同時に投げる問題〉 ──── (P.66)

「n 枚のコインを同時に投げる操作」は，次のように考えればよい。

Step 1
n 枚のコインに区別をつける。

▶ n 枚のコインを ①，②，③，…，Ⓝ とおく。

Step 2
1 枚のコインを投げる，という操作を
①，②，③，…，Ⓝ の順に行う。

Point 2.5 〈複数のコインの「k 回目で終了」に関する問題〉 ─ (解答編 P.39)

複数のコインの問題において，
「k 回目で終了する確率」を求めるのは大変なので，次のように考える。

Step 1
とりあえず「k 回以内で終了する確率」を求める。

▶ k 回以内で終了するためには
それぞれのコインが k 回以内でなくなればよい。

つまり，**すべてのコインを独立に考えることができる！**

(注) k 回目で終了する場合は ◀ 少なくとも1枚は k 回目でなくならなければならない！
「それぞれのコインが k 回目でなくなればよい」
とはいえない！！

Step 2
　（k 回目で終了する）　◀ 少なくとも1枚は k 回目で終了しなければならない！
＝（k 回以内で終了する）　◀（$k-1$ 回以内で終了する場合）も含んでいる！
　－（$k-1$ 回以内で終了する）
を使って，「k 回目で終了する確率」を求める。

Point 2.6 〈数直線上の座標に関する問題〉 ―――― (P. 68)

数直線上の座標に関する問題では，
(直接，座標について考えるのではなく)
"正の向きに進む回数" と "負の向きに進む回数" について考えよ！

Point 2.7 〈数列 P_m の最大・最小の求め方〉 ―――― (P. 76)

数列 P_m の増減を調べるためには，$P_{m+1} - P_m$ の符号を考えよ。

Point 2.8 〈状態推移の問題の考え方〉 ―――― (P. 80)

状態推移の問題では，樹形図をかいて考えよ。

ただし，
樹形図をかくのが大変すぎる問題では，
漸化式をつくって考えよ！

Point 2.9 〈$a_{n+1} = ra_n$ の解法〉 ―――― (P. 89)

$a_{n+1} = ra_n$ という漸化式は すぐに解ける。

$a_{n+1} = ra_n$ ➡ $a_{n+1} = r^n a_1$ より，$a_n = r^{n-1} a_1$ ◀ n を1つずらした

Point 2.10 〈3項間の漸化式の解法〉 ――――(解答編 P.51)

$a_{n+2}=x^2$, $a_{n+1}=x$, $a_n=1$ とおくと,
$x^2-Ax-B=0$ という特性方程式が得られる。

これの解を α, β ($\alpha \neq \beta$) とおくと,

$$a_{n+2}=Aa_{n+1}+Ba_n$$
$$\rightarrow \begin{cases}(a_{n+2}-\alpha a_{n+1})=\beta(a_{n+1}-\alpha a_n) \cdots\cdots ① \\ (a_{n+2}-\beta a_{n+1})=\alpha(a_{n+1}-\beta a_n) \cdots\cdots ②\end{cases}$$

◀①と②は Pattern 0 の形！

がいえる。 ◀この結果は覚えよ!!

さらに,
①より $(a_{n+2}-\alpha a_{n+1})=\beta^n(a_2-\alpha a_1) \cdots\cdots ①'$ がいえ,
②より $(a_{n+2}-\beta a_{n+1})=\alpha^n(a_2-\beta a_1) \cdots\cdots ②'$ がいえる。

$①'-②'$ より, ◀a_{n+2} が消えて a_{n+1} だけの式が得られる！

$(\beta-\alpha)a_{n+1}=\beta^n(a_2-\alpha a_1)-\alpha^n(a_2-\beta a_1)$ が得られ,

両辺を $(\beta-\alpha)$ で割ると, ◀a_{n+1} について解く

$$a_{n+1}=\frac{1}{\beta-\alpha}\{\beta^n(a_2-\alpha a_1)-\alpha^n(a_2-\beta a_1)\}$$

$\therefore a_n=\frac{1}{\beta-\alpha}\{\beta^{n-1}(a_2-\alpha a_1)-\alpha^{n-1}(a_2-\beta a_1)\}$ ◀a_n を求めることができた！

Point 3.1 〈2項定理〉 ――――(P.100)

$(a+b)^n = {}_nC_0 a^n b^0 + {}_nC_1 a^{n-1} b^1 + {}_nC_2 a^{n-2} b^2 + \cdots$
$\qquad\qquad + {}_nC_k a^{n-k} b^k + \cdots + {}_nC_{n-1} a^1 b^{n-1} + {}_nC_n a^0 b^n$
$\qquad = \sum_{k=0}^{n} {}_nC_k a^{n-k} b^k$

Point 3.2 〈${}_nC_r$ の基本公式〉 ――――(P.101)

${}_nC_r = {}_nC_{n-r}$

Point 3.3 〈$_nC_r$ の重要公式 I〉 ──────── (P. 102)
$k \cdot {}_nC_k = n \cdot {}_{n-1}C_{k-1}$

Point 3.4 〈反復試行の確率と期待値の公式〉 ── (解答編 P. 58)
ある試行で事象 A の起こる確率を p とする。
この試行を独立に n 回繰り返すとき，
事象 A がちょうど k 回起こる確率は
${}_nC_k p^k (1-p)^{n-k}$ で， ◀ Point 2.3
期待値は
$$\sum_{k=0}^{n} k \cdot {}_nC_k p^k (1-p)^{n-k} = np$$

Point 3.5 〈Σの計算における $k(k-1)$ の変形〉 ──── (P. 105)
$k(k-1) = a\{(k+1)k(k-1) - k(k-1)(k-2)\}$ とおける。

Point 3.6 〈Σの計算における $k(k-1)(k-2)(k-3)$ の変形〉 (解答編 P. 60)
$k(k-1)(k-2)(k-3)$
$= a\{(k+1)k(k-1)(k-2)(k-3) - k(k-1)(k-2)(k-3)(k-4)\}$
とおける。

Point 3.7 〈$_nC_r$ の重要公式 II〉 ──────── (解答編 P. 61)
${}_nC_r = {}_{n-1}C_{r-1} + {}_{n-1}C_r$

Point 4.1 〈平均(期待値)とは?〉 ──────── (P. 109)
x_1 をとる確率が p_1，x_2 をとる確率が p_2，…，x_n をとる確率が p_n のとき，
　(平均) $= x_1 p_1 + x_2 p_2 + \cdots + x_n p_n$
と書ける。また，この平均のことを「期待値」ともいう。

Point 4.2 〈期待値の公式Ⅰ〉 ─────────── (P.110)

$E(aX+b) = aE(X) + b$

ただし，a と b は定数で，X は確率変数とする。

Point 4.3 〈期待値の公式Ⅱ〉 ─────────── (P.112)

$E(X_1 + X_2) = E(X_1) + E(X_2)$

ただし，X_1 と X_2 は確率変数とする。

Point 4.4 〈「n 個の数の最小値が k」であるための条件〉 (P.116)

$\{n \text{ 個の数の最小値が } k\}$
$= \{n \text{ 個の数がすべて } k \text{ 以上}\}$
$\quad - \{n \text{ 個の数がすべて } (k+1) \text{ 以上}\}$

◀ k が1つもない場合！ すべてが $(k+1)$ 以上になる場合のみ 最小値が k にはなれない！

Point 4.5 〈「n 個の数の最大値が k」であるための条件〉 (P.116)

$\{n \text{ 個の数の最大値が } k\}$
$= \{n \text{ 個の数がすべて } k \text{ 以下}\}$
$\quad - \{n \text{ 個の数がすべて } (k-1) \text{ 以下}\}$

◀ k が1つもない場合！ すべてが $(k-1)$ 以下になる場合のみ 最大値が k にはなれない！

Point 5.1 〈ジャンケンの公式〉 ─────────── (P.183)

n 人で1回ジャンケンをするとき，k 人が勝つ確率を $P_{n,k}$ とおくと

$P_{n,k} = \dfrac{3 \times {}_nC_k}{3^n}$ （ただし，$k = 1, 2, \cdots, n-1$）

Point 5.2 〈シュワルツの不等式〉 —————————— (P.198)

$\begin{cases} \vec{x} = (x_1, x_2, \cdots, x_n) \\ \vec{y} = (y_1, y_2, \cdots, y_n) \end{cases}$ とおくと，

$(\vec{x} \cdot \vec{y})^2 \leq |\vec{x}|^2 |\vec{y}|^2$ より ◀ $(\vec{x} \cdot \vec{y})^2 = |\vec{x}|^2 |\vec{y}|^2 \cos^2\theta$

$(x_1 y_1 + x_2 y_2 + \cdots + x_n y_n)^2 \leq (x_1^2 + x_2^2 + \cdots + x_n^2)(y_1^2 + y_2^2 + \cdots + y_n^2)$

が得られる。この不等式のことを「シュワルツの不等式」という。

また，この式の等号が成立する条件は $\vec{x}$ と $\vec{y}$ が平行のときである。

<メモ>

<メモ>

細野真宏の
確率が
本当によくわかる本

解答&解説編

「別冊解答・解説編」は本体にこの表紙を残したまま、ていねいに抜き取ってください。
なお、「別冊解答・解説編」抜き取りの際の損傷についてのお取り替えはご遠慮願います。

1週間集中講義シリーズ

偏差値を30UPから70に上げる数学

細野真宏の
確率が
本当によくわかる本

解答&解説

小学館

Section 1　場合の数の求め方

1

[考え方]

まず奇数番目である 1, 3, 5 桁目に入る奇数を選び, その後で偶数番目である 2, 4 桁目に入る数を選べばよい。

[解答]

① 1桁目 ➡ 1, 3, 5, 7, 9 の 5通り
② 3桁目 ➡ 1, 3, 5, 7, 9 で ① 以外の 4通り
③ 5桁目 ➡ 1, 3, 5, 7, 9 で ①, ② 以外の 3通り
④ 2桁目 ➡ 1〜9 で ①, ②, ③ 以外の 6通り
⑤ 4桁目 ➡ 1〜9 で ①, ②, ③, ④ 以外の 5通り

∴ $5 \times 4 \times 3 \times 6 \times 5 = 1800$ 通り　◀連続操作

2

[解答]

(1)
- 百の位 ➡ 0以外の 5通り　◀「3ケタの数」なので 0 はダメ
- 十の位 ➡ 0〜5 で, 百の位の数以外の 5通り
- 一の位 ➡ 0〜5 で, 百と十の位で使った 2 つを除く 4通り

∴ $5 \times 5 \times 4 = 100$ 通り　◀連続操作

(2) [(i) 一の位が 0 のとき]　◀百の位が 0 になることはありえない！

- 一の位 ➡ 1通り　◀0 だけ
- 百の位 ➡ 5通り
- 十の位 ➡ 4通り　　∴ $1 \times 5 \times 4 = 20$ 通り ……①　◀連続操作

(ii) 一の位が 0 以外のとき ◀ 百の位が 0 になるかもしれない！

$$\begin{cases} 一の位 \to 2, 4 \text{ の 2 通り} & ◀「偶数」なので \\ 百の位 \to 4 \text{ 通り} & ◀「3ケタの数」なので 0 はダメ \\ 十の位 \to 4 \text{ 通り} \end{cases} \therefore 2 \times 4 \times 4 = 32 \text{ 通り} \quad \cdots\cdots ② \quad ◀ 連続操作$$

よって，(i) or (ii) より

$20 + 32 = 52$ 通り ◀「または」は，たし算

(注) 例題3(2)の [別解] のように余事象を使ってもよい。

(3) 3の倍数 → 3つの数字の和が3の倍数であればよい。

使用する3つの数字の組を (a, b, c) とおく。

和が 3 のとき ◀ (0,1,2) であればよい！
　　$(0, 1, 2) \to 102, 120, 201, 210$ の 4 通り $\cdots\cdots ①$

和が 6 のとき ◀ (0,1,5) or (0,2,4) or (1,2,3) であればよい！
$$\begin{cases} (0, 1, 5) \to 105, 150, 501, 510 \text{ の 4 通り} & ◀ 明らかに①と同じ \\ (0, 2, 4) \to 204, 240, 402, 420 \text{ の 4 通り} & ◀ 明らかに①と同じ \\ (1, 2, 3) \to 123, 132, 213, 231, 312, 321 \text{ の 6 通り} & \cdots\cdots (*) \end{cases}$$
　　$\therefore \quad 4 + 4 + 6 = 14$ 通り $\cdots\cdots ②$ ◀「または」は，たし算

和が 9 のとき ◀ (0,4,5) or (1,3,5) or (2,3,4) であればよい！
$$\begin{cases} (0, 4, 5) \to 4 \text{ 通り} & ◀ 明らかに①と同じ \\ (1, 3, 5) \to 6 \text{ 通り} & ◀ 明らかに(*)と同じ \\ (2, 3, 4) \to 6 \text{ 通り} & ◀ 明らかに(*)と同じ \end{cases}$$
　　$\therefore \quad 4 + 6 + 6 = 16$ 通り $\cdots\cdots ③$ ◀「または」は，たし算

和が 12 のとき ◀ (3,4,5) であればよい！
　　$(3, 4, 5) \to 6$ 通り $\cdots\cdots ④$ ◀ 明らかに(*)と同じ

① or ② or ③ or ④ より
$4 + 14 + 16 + 6 = 40$ 通り ◀「または」は，たし算

(注) 練習問題21(2)の **Point 2.2**(P.28) を使っても解ける。

(4) 　5の倍数　➡　下1桁が0 or 5であればよい。

　　(i) 一の位が0のとき　◀ 百の位が0になることはありえない！
　　　$\begin{cases} 一の位 ➡ 1通り & ◀ 0だけ \\ 百の位 ➡ 5通り & ◀ 0以外の5通り \\ 十の位 ➡ 4通り & ∴\ 1×5×4=\underline{20通り} \ ……① \end{cases}$

　　(ii) 一の位が0以外のとき　◀ 百の位が0になるかもしれない！
　　　$\begin{cases} 一の位 ➡ 5のみの1通り & ◀ 下1ケタは0 or 5なので \\ 百の位 ➡ 0と5以外の4通り & ◀「3ケタの数」なので0はダメ \\ 十の位 ➡ 4通り & ∴\ 1×4×4=\underline{16通り} \ ……② \end{cases}$

　　(i) or (ii) より　$20+16=\underline{36通り}$　◀「または」は，たし算

（注）　例題3(2)の[別解]のように余事象を使ってもよい。

3

[考え方]

　5でも4でも割り切れない数 はたくさんあって考えにくいが，その逆（▶余事象）の

　5または4で割り切れる数 は考えやすい。　◀ 一般に「割り切れない数」よりは「割り切れる数」の方が考えやすい！

　そこで 余事象を考えることにしよう！

[解答]

　全体 ＝ 5でも4でも割り切れない数 ＋ 5または4で割り切れる数 　……(*)

　全体 ➡ $\begin{cases} 千の位 ➡ 6通り & ◀「4ケタの整数」なので0はダメ \\ 百の位 ➡ 7通り \\ 十の位 ➡ 7通り \\ 一の位 ➡ 7通り & ∴\ 6×7×7×7=\underline{2058個} \ ……① \end{cases}$

```
┌─────────────────────────────┐
│ 5 または 4 で割り切れる数 │ ◀ │5で割り切れる数│ と │4で割り切れる数│ は共に
└─────────────────────────────┘     "5と4で割り切れる数"を含むことに注意!
              ∥
┌─────────────────┐ ┌─────────────────┐ ┌───────────────────┐
│ 5で割り切れる数 │+│ 4で割り切れる数 │−│ 5と4で割り切れる数 │
└─────────────────┘ └─────────────────┘ └───────────────────┘
```

```
┌──────────────────────┐  ┌─────────────────────────┐  ┌──────────────────────┐
│ ┌千の位 ➡ 6通り     │  │ ┌千の位 ➡ 6通り          │  │ ┌千の位 ➡ 6通り      │
│ │百の位 ➡ 7通り     │  │ │百の位 ➡ 7通り          │  │ │百の位 ➡ 7通り      │
│ ┤十の位 ➡ 7通り     │  │ ┤下2ケタ ➡ 00, 04, 12,   │  │ ┤下2ケタ ➡ 00, 20, 40,│
│ │一の位 ➡ 0 or 5 の │  │ │         16, 20, 24,    │  │ │         60 の 4 通り │
│ └        2通り      │  │ │         32, 36, 40,    │  │ └                    │
│                      │  │ │         44, 52, 56,    │  │  ∴ 6×7×4=168         │
│  ∴ 6×7×7×2=588       │  │ │         60, 64 の      │  │                      │
│                      │  │ └         14通り         │  │                      │
│                      │  │  ∴ 6×7×14=588           │  │                      │
└──────────────────────┘  └─────────────────────────┘  └──────────────────────┘
```

よって,

$\boxed{\text{5 または 4 で割り切れる数}} = 588+588-168$

$= \underline{\underline{1008 個}}$ ……②

以上より, (*)を考え

$\boxed{\text{5 でも 4 でも割り切れない数}} = 2058-1008$ ◀ ①−②

$= \underline{\underline{1050 個}}$

4

[解答]

両親が隣り合う ➡ (父, 母) or (母, 父) の **2通り** ……① ◀ **Point 1.6**

(両親)と子供4人の並べ方 ➡ $(5-1)!$ ◀ **Point 1.8**

$= 4! = \underline{\underline{24通り}}$ ……②

固定する(**Point 1.7**)

(図: 両親を固定した円に子₁, 子₂, 子₃, 子₄)

よって, ①かつ②より

$2 \times 24 = \underline{\underline{48通り}}$ ◀ 連続操作

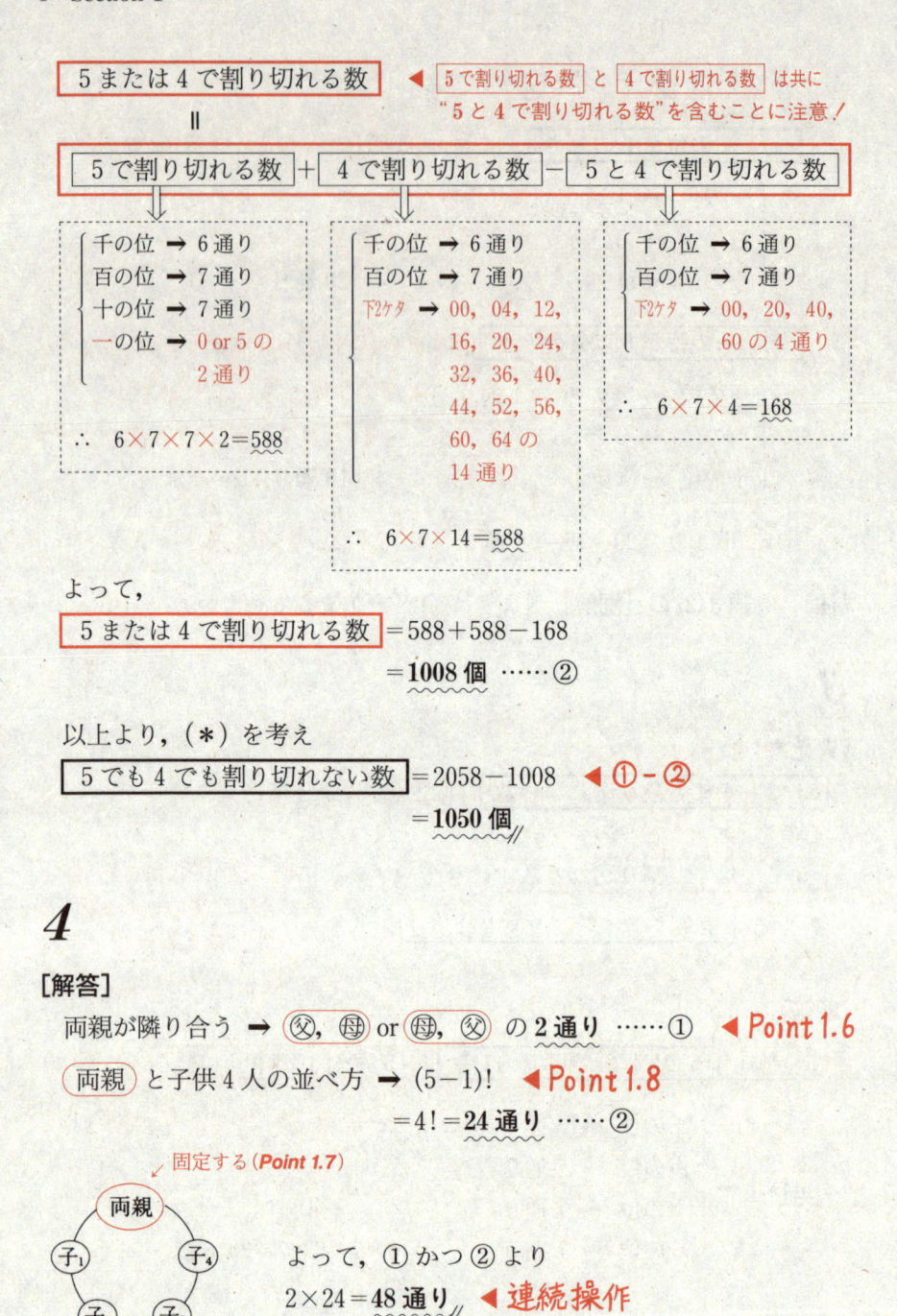

5

[解答]
(1) ここに男子を入れる → $_4P_2$ 通り ……ⓐ

残りの4人を1列に並べる → $4!$ 通り ……ⓑ

よって，ⓐかつⓑより

$_4P_2 \times 4! = \underline{288}$ 通り ◀連続操作

(2) 男₁ ○ 男₂ ○ 男₃ ○ 男₄ ◀Point 1.10

ここに女子2人を入れる

$\begin{cases} 男子の並べ方 → 4! 通り ……ⓒ \\ 女子の並べ方 → _3P_2 通り ……ⓓ \end{cases}$

よって，ⓒかつⓓより

$4! \times _3P_2 = \underline{144}$ 通り ◀連続操作

(3) 男 ① 男 ② 男 ③ 男 ◀①，②，③には女子が入る

(2) = 特定の男女1組が隣り合わない + 特定の男女1組が隣り合う ……(*)

より， ◀前の問題の結果を使う！

特定の男女1組が隣り合う 場合について考える。

頭の中：男子を主体に考えると 場合分けが面倒くさいので， 女子を主体に考える。 ◀特定の男子が端にいる or 端にいない

$\begin{cases} 特定の女子の並べ方 → ① or ② or ③ の3通り \\ 特定の男子の並べ方 → Ⓐ 特定の女子 Ⓑ の Ⓐ or Ⓑ の2通り \\ 残りの人の並べ方 → _2P_1 \cdot 3! ← 残りの男子の並べ方 \end{cases}$

① or ② or ③の残り2つから1つを選び，
そこに 残った女子を入れる

よって，
$\boxed{\text{特定の男女1組が隣り合う}}$ 場合は，
$3\times 2\times {}_2P_1 \cdot 3! = \underline{\underline{72 \text{ 通り}}}$

以上より，(*) を考え，
$\boxed{\text{特定の男女1組が隣り合わない}}$ 場合は，
$\underbrace{\text{⑭⑭}}_{(2)\text{の結果}} - 72 = \underline{\underline{72 \text{ 通り}}}$

> **（注）** ～問題文の"特定の"の意味について～
>
> "特定の男女"とは
> 「あらかじめ出題者が選んでいる特定の男女」のことなので，
> 僕らは"特定の男女"を選ぶ必要はない！

6

[考え方]
1～5の箱に 赤 or 白 or 青の玉を入れていくと，1～5の箱は
$\boxed{Ⓡ \text{ 赤が入っている箱}}$ or $\boxed{Ⓦ \text{ 白が入っている箱}}$ or $\boxed{Ⓑ \text{ 青が入っている箱}}$
のどれかになるよね。 ◀ それぞれの箱に赤or白or青のどれか1つが入るので！
しかし，1～5の箱がそれぞれⓇ，Ⓦ，Ⓑのどれになっているのかを
イッキに考えるのは大変なので，次のように分けて考えよう。 ◀ 例題14と同じ！

> **Step 1**
> "Ⓡ，Ⓦ，Ⓑ は それぞれ何個存在するのか"を考える。
> （問題文より，それぞれの箱の個数が0になることはない，という
> ことに注意せよ！）

Step 1より ◀ Ⓡの個数＋Ⓦの個数＋Ⓑの個数＝5
(Ⓡの個数，Ⓦの個数，Ⓑの個数) ◀ (赤が入っている箱,白が入っている箱,青が入っている箱)
$= (1, 1, 3), (1, 3, 1), (3, 1, 1), (1, 2, 2), (2, 1, 2), (2, 2, 1)$
が得られる。

Step 2

"1～5の箱がそれぞれⓇ, Ⓦ, Ⓑのどれなのか"を考える。
(▶ 1～5の箱をⓇ, Ⓦ, Ⓑという3つの部屋にふり分ける, と考えればよい！)

(Ⓡの個数, Ⓦの個数, Ⓑの個数)＝(1, 1, 3) の場合について

Ⓡ 赤が入っている箱 は1個なので,
1～5の箱の中から1つを選べばよい ➡ $_5C_1$ 通り ……①

Ⓦ 白が入っている箱 は1個なので,
1～5の残り4つの箱から1つを選べばよい ➡ $_4C_1$ 通り ……②

Ⓑ 青が入っている箱 は3個なので,
1～5の残り3つの箱から3つを選べばよい ➡ $_3C_3$ 通り ……③

①かつ②かつ③より, ◀連続操作

$_5C_1 \times _4C_1 \times _3C_3$ 通り

また, 他の (1, 3, 1), (3, 1, 1), (1, 2, 2), (2, 1, 2), (2, 2, 1) の場合についても上の (1, 1, 3) の場合と同様に求めればよい！

[解答]

(赤が入っている箱の個数, 白が入っている箱の個数, 青が入っている箱の個数) とすると,

$(1, 1, 3) \Rightarrow {}_5C_1 \cdot {}_4C_1 \cdot {}_3C_3 = 20$ 通り
$(1, 3, 1) \Rightarrow {}_5C_1 \cdot {}_4C_3 \cdot {}_1C_1 = 20$ 通り } これらは対称性から当然等しい。
$(3, 1, 1) \Rightarrow {}_5C_3 \cdot {}_2C_1 \cdot {}_1C_1 = 20$ 通り

$(1, 2, 2) \Rightarrow {}_5C_1 \cdot {}_4C_2 \cdot {}_2C_2 = 30$ 通り
$(2, 1, 2) \Rightarrow {}_5C_2 \cdot {}_3C_1 \cdot {}_2C_2 = 30$ 通り } これらは対称性から当然等しい。
$(2, 2, 1) \Rightarrow {}_5C_2 \cdot {}_3C_2 \cdot {}_1C_1 = 30$ 通り

よって, $20+20+20+30+30+30=$ **150 通り**

（注）〜この問題は結局，何の問題なのか？〜

まず，異なる5つの箱を"5人"とみなすと，この問題は
「"5人"に赤 or 白 or 青のどれか1つの玉を渡していく問題」
となるよね。
さらに，

> 赤の玉を持っている人は 赤い部屋に行き，
> 白の玉を持っている人は 白い部屋に行き，
> 青の玉を持っている人は 青い部屋に行く

と考えると，
この問題は 実質的には
「5人を3つの部屋に分ける問題」にすぎないことが分かった！

つまり，この問題は，キチンと
"結局，何の問題なのか" ということを考えれば ◀問題の本質を見抜く！
（既に習得している）「部屋分けの問題」の知識だけで解けるのである。
実際に ［解答］も 例題14 の「6人を3つの組に分ける問題」と
全く同じように解いているよね。 ◀各自確認せよ！

7

[考え方]

　Point 1.12 より， ◀区別のない部屋が3つある
例題15 (3)の答えを 3! で割ったものが答えである。
そこで，"例題15 の流れ" ◀この解法の流れは必ず覚えておくこと！
に従って，間接的に（空の部屋がない場合）を求めよう！

[解答]

部屋の区別があるとして，その3つの部屋をA, B, Cとおく。 ◀Point 1.12 (Step 1)

$\begin{cases} （空の部屋があってもいい場合）= 3^n \text{通り} \cdots\cdots ① & ◀例題15 (1) \\ （どれか1つの部屋だけが空になる場合）= 3(2^n-2) \text{通り} \cdots\cdots ② \\ （2つの部屋が空になる場合）= 3 \text{通り} \cdots\cdots ③ & ▲例題15 (2) \end{cases}$

よって，
(空の部屋がない場合) = ① − ② − ③　◀ 例題15(3)を参照!
$$= 3^n - 3 \cdot 2^n + 3 \text{ 通り} \cdots\cdots(*)$$

以上より，(*)を考え
(部屋の区別がない場合) = $\dfrac{3^n - 3 \cdot 2^n + 3}{3!}$ 通り　◀ $\dfrac{(*)}{3!}$ [Point 1.12] [(Step2)]

(注)
例題14において，6人が10人になったら非常に面倒くさいよね。そこで10人のように人数が多くなった場合は，まずこの**練習問題7**を解いて，その n に 10 を代入したほうが，普通に求めるより はやく 確実に求められるのである！

8

[解答]

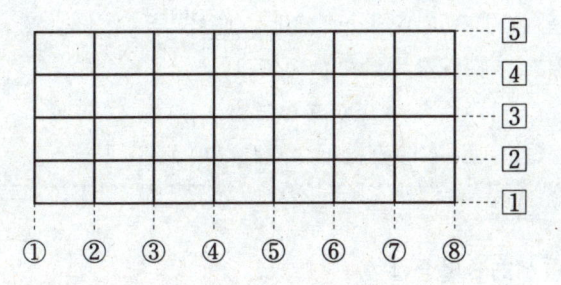

たての 1〜5 から2つ選び，横の ①〜⑧ から2つ選べば 四角形が1つできる ので，◀[解説]を見よ

$_5C_2 \cdot {}_8C_2 = 280$ 通り　◀ たてを2つ選び，横を2つ選ぶ(連続操作)

[解説]

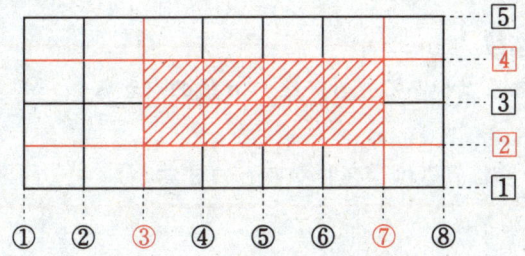

例えば，たてを 2, 4 横を ③, ⑦ にすれば，左図のように四角形が1つつくれる。

9

[考え方]

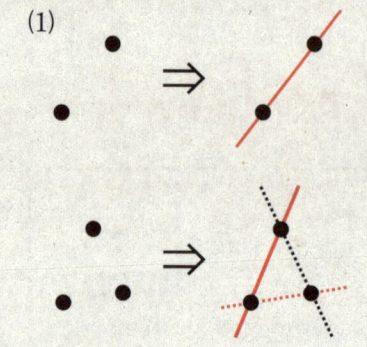

(1) まず、左図のように 平面上に 2 点があれば 1 本の直線をつくることができる よね。

よって、3 点がある場合は $_3C_2$ 本（＝3 本）　◀3点から2点を選ぶ！
の直線をつくることができるよね。

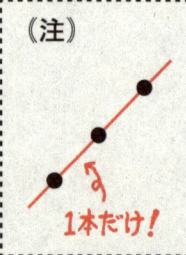

（注）ただし、左図のように "3 点が同一直線上に並ぶ" という特殊な場合については、いくら 3 点があっても $_3C_2$ 本の直線はつくれない！

1本だけ！

さらに、n 個の点がある場合は　◀3点以上を通る直線は存在しないとする
$_nC_2$ 本　◀n個の点から2点を選ぶ！
の直線をつくることができるよね！

以上より、次の **Point** が得られる。

Point 1.13 〈直線の本数〉

平面上に n 個の相異なる点があるとき、その n 個の点から $_nC_2$ 本の直線がつくれる。
ただし、3 個以上の点を含む直線は存在しないものとする。

[解答]

(1)

(i) 3点以上を通る直線が1本もなければ，
11個の点から2点ずつを選んで得られる直線は
$_{11}C_2 = 55$ 本 存在する。　◀ Point 1.13

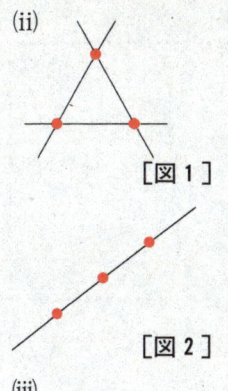

(ii) 3点が[図1]のように同一直線上になければ
3点から $_3C_2 = 3$ 本の直線がつくれるが，
[図2]のように3点が同一直線上にあると
その3点から1本しか直線がつくれない。

[図1]

[図2]

よって，
3点が同一直線上にある場合は，◀ 直線は1体しかつくれない!
(i)より直線が 2本 少なくなる。◀ ($_3C_2 - 1$)本
　↳ 3点以上が同一直線上にない場合

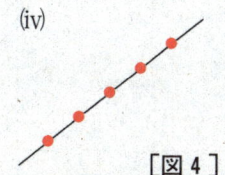

(iii) また，
4点が同一直線上になければ
$_4C_2 = 6$ 本の直線がつくれるので，　◀ Point 1.13

[図3]

4点が同一直線上にある場合は，◀ 直線は1体しかつくれない!
(i)より直線が 5本 少なくなる。◀ ($_4C_2 - 1$)本
　↳ 3点以上が同一直線上にない場合

(iv) さらに，
5点が同一直線上になければ
$_5C_2 = 10$ 本の直線がつくれるので，　◀ Point 1.13

[図4]

5点が同一直線上にある場合は，◀ 直線は1体しかつくれない!
(i)より直線が 9本 少なくなる。◀ ($_5C_2 - 1$)本
　↳ 3点以上が同一直線上にない場合

以上より，
直線が(i)の55本より "7本少ない" 48本になるためには，　◀ 7 = 2 + 5
3点が同一直線上に並んだもの1本 と
4点が同一直線上に並んだもの1本 が存在していればよい。//

[考え方]

(2) まず，左図のように
平面上に 3 点があれば
1 個の三角形をつくることが
できる よね。

(注) ただし，左図のように
"3 点が同一直線上に並ぶ"という
特殊な場合については，
いくら 3 点があっても
三角形はつくれない！

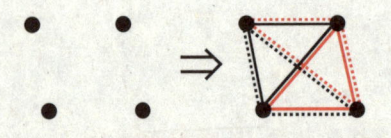

よって，4 点がある場合は
$_4C_3$ 個（＝4 個） ◀ 4点、から3点、を選ぶ！
の三角形をつくることができるよね。

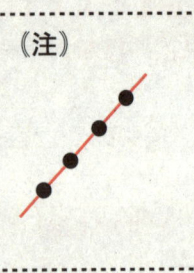

(注) ただし，左図のように
"4 点が同一直線上に並ぶ"という
特殊な場合については，
いくら 4 点があっても
$_4C_3$ 個の三角形はつくれない！

さらに，n 個の点がある場合は ◀ 3点、以上を通る直線は存在しないとする
$_nC_3$ 個 ◀ n個の点、から3点、を選ぶ！
の三角形をつくることができるよね！

以上より，次の **Point** が得られる。

Point 1.14 〈三角形の個数〉

平面上に n 個の相異なる点があるとき，その n 個の点から $_nC_3$ 個の三角形がつくれる。
ただし，3点以上の点を含む直線は存在しないものとする。

[解答]

(2) 　3点以上を通る直線が1本もなければ，三角形は $_{11}C_3 = 165$ 個 存在する。……①　◀ Point 1.14

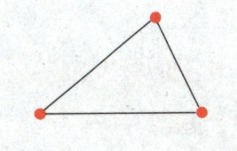

3点が同一直線上になければ
3点から三角形が1個つくれるが，
3点が同一直線上にあるときには
三角形がつくれない。……②　◀ −1個

また，
4点が同一直線上になければ
4点から三角形が $_4C_3 = 4$ 個つくれるが，
4点が同一直線上にあるときには
三角形がつくれない。……③　◀ −4個

よって，①，②，③ より
$165 − 1 − 4 = \mathbf{160}$ 個

10

[解答]

白石 $(n-3)$ 個を並べて，その両端 or 間の $(n-2)$ か所の □ のうちの3か所に黒石を入れればいいので，　◀ Point 1.10

$_{n-2}C_3 = \dfrac{1}{6}(n-2)(n-3)(n-4)$ 通り

(注) 黒石は人間とは違って区別がないので，$_{n-2}P_3$ にはならない。

11

[解答]

次のように考える。

Step 1
$x_1, x_2, \cdots, x_n$ が 1 or 2 の 2 通りの値しかとれないとする。

▶ つまり，符号を無視する。

すると，
$x_1 \cdot x_2 \cdot \cdots \cdot x_n = 8$ になるためには
n 個のうちの 3 個が 2 であればいい ので， ◀ 残りはすべて 1

$_nC_3$ 通り ……① ◀ n 個から3個を選んで その3個を2にして，残りをすべて1にすればよい！

Step 2
符号について考える。

$x_1 \sim x_{n-1}$ の符号が何であっても，x_n の符号を選ぶことによって $x_1 \cdot x_2 \cdot \cdots \cdot x_{n-1} \cdot x_n$ を正にすることができる。

[▶ $x_1 \cdot x_2 \cdot \cdots \cdot x_{n-1}$ が正ならば x_n を正にすればよい。
 $x_1 \cdot x_2 \cdot \cdots \cdot x_{n-1}$ が負ならば x_n を負にすればよい。] ◀ つまり x_n の符号は自動的に(1通りに)決まる！

よって，
$(x_1), (x_2), \cdots, (x_{n-1})$ の符号は何でもいいので， ◀ x_n 以外については (何の制限もないので) 符号は自由に決めることができる！
　↑　　↑　　　　↑
　±の　±の　　　±の
　2通り 2通り　　2通り

符号のつけ方は 2^{n-1} 通り ……②

① かつ ② より ◀ 連続操作

$_nC_3 \times 2^{n-1}$ 通り $\dfrac{n(n-1)(n-2)}{3 \cdot 2 \cdot 1} \times 2^{n-1} = \dfrac{n(n-1)(n-2)}{3} \cdot 2^{n-2}$ でもよい

12

[解答]

●, ●, ●, ●, O, O, A, A を1列に並べて，その後●に左から順に Y, K, H, M を入れる と考えると，

$$\frac{8!}{4!2!2!} = 420 \text{ 通り} \quad \blacktriangleleft \text{Point 1.15}$$

13

[解答]

両端の並べ方は
$$\begin{cases} A \boxed{} E \\ E \boxed{} A \end{cases} \text{の 2 通り} \cdots\cdots(*)$$

$\boxed{}$ の並べ方について

(D, D, R, S, S の並べ方)
$$= \frac{5!}{2!2!} = 30 \text{ 通り} \cdots\cdots ①$$

◀ 隣り合ってはいけないものが1種類であれば **Point 1.10** を使って簡単に解けるのだが，この問題では，隣り合ってはいけないものが D と S の2種類あるので **Point 1.10** は使えない！
一般に「隣り合わない場合」は考えにくいので，余事象を使って「隣り合う場合」について考えよう！

(D, D が隣り合う並べ方)
$$= \frac{4!}{2!} = 12 \text{ 通り} \cdots\cdots ②$$

◀ (D, D) と R と S と S の4つの並べ方

(S, S が隣り合う並べ方)
$$= 12 \text{ 通り} \cdots\cdots ③ \quad \blacktriangleleft ② と同じ$$

また，
(D, D と S, S が共に隣り合う並べ方)
$$= 3!$$
$$= 6 \text{ 通り} \cdots\cdots ④$$

◀ ②と③は共にこの場合を含むことに注意！
◀ (D, D) と (S, S) と R の3つの並べ方

よって,
(同じ文字が隣り合わない並べ方)
$= 30 - \{(12+12) - 6\}$ ◀ ①−{(②+③)−④} ←②と③の"ダブリ"
$= \underline{12 \text{ 通り}}$ ……(**)   ↑全体   ↑同じ文字が隣り合う並べ方

(*)かつ(**)より, ◀連続操作
$2 \times 12 = \underline{24 \text{ 通り}}$

14

[解答]

赤玉6個を3つの箱に入れる ◀「リンゴ6個を3人で分ける」と同じ!
→ $\dfrac{8!}{6!2!} = \underline{28 \text{ 通り}}$ ……① ◀赤玉6個と仕切り2つを1列に並べる

白玉4個を3つの箱に入れる ◀「リンゴ4個を3人で分ける」と同じ!
→ $\dfrac{6!}{4!2!} = \underline{15 \text{ 通り}}$ ……② ◀白玉4個と仕切り2つを1列に並べる

①かつ②より, ◀連続操作
$28 \times 15 = \underline{420 \text{ 通り}}$

15

[考え方]
(1) 3つの箱に入る玉の個数を x, y, z とおくと,
3つの箱に区別があるので, ◀ x, y, z の区別がある!
$\boxed{x+y+z=5, \ x \geqq 0, \ y \geqq 0, \ z \geqq 0}$ のように書ける。

[解答]
(1) $\boxed{x+y+z=5, \ x \geqq 0, \ y \geqq 0, \ z \geqq 0}$ を満たす整数 (x, y, z) の組の個数を求めればよい。

○|○○|○○ ◀ ○○|○○|○○ のように決め，
　　　　　　　　x の個数　y の個数　z の個数
　　　　　　　5個の"リンゴ"と2個の仕切りを1列に並べる！

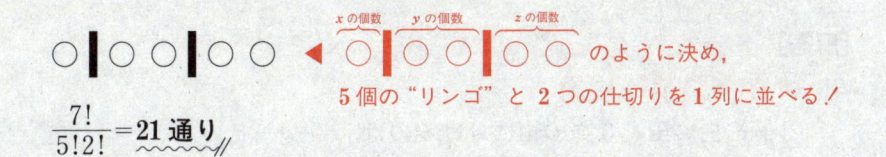

$\dfrac{7!}{5!2!} = 21$ 通り

[考え方]

(2) 3つの箱に入る玉の個数を x, y, z とおく。

　3つの箱に区別がないので，

　"1番多いもの"を x とおき，"2番目に多いもの"を y とおき，

　"1番少ないもの"を z とおくことによって

　$\boxed{x+y+z=5,\ x\geqq y\geqq z\geqq 0}$ のように書ける。

[▶(1)はどの箱に玉が何個ふり分けられたのかが問題で，] ◀ 箱の区別アリ
[　(2)はふり分けられた玉の個数だけが問題となっている。] ◀ 箱の区別ナシ

[解答]

(2) $\boxed{x+y+z=5,\ x\geqq y\geqq z\geqq 0}$ を満たす整数 (x, y, z) の組の
　　個数を求めればよい。　◀《注》を見よ！

　よって，　◀ P.19のまとめの Case 2' を見よ

　$(x, y, z) = (5, 0, 0),\ (4, 1, 0),\ (3, 2, 0),\ (3, 1, 1),\ (2, 2, 1)$

　の 5 通り

《注》

　　一般に(1)のような

　$\boxed{x+y+z=n,\ x\geqq 0,\ y\geqq 0,\ z\geqq 0}$ を満たす (x, y, z) の組

　については，

　"リンゴと仕切りの問題"として公式を使うことによって

　一瞬で解けてしまうが，

　$\boxed{x+y+z=n,\ x\geqq y\geqq z\geqq 0}$ のような少し違う形になると

　もううまい解法が存在しなくなってしまうのである。

　だから，$\boxed{x+y+z=n,\ x\geqq y\geqq z\geqq 0}$ の場合については，地道に

　式を満たす (x, y, z) の組をみつけていくしかない。

[解答]

(3) ◀ 練習問題14と同じ

2個の白い玉を3つの箱に分けるのは，

○|○|　　◀ ○|○|○ （1つ目の箱 2つ目の箱 3つ目の箱）のように決め，
2個の"リンゴ"と2つの仕切りを1列に並べる！

$\dfrac{4!}{2!2!} = 6$ 通り ……①

5個の赤い玉を3つの箱に分けるのは，(1)より　◀ 前の問題の結果を使う！
21通り ……②

①かつ②より　◀ 連続操作
$6 \times 21 = \underline{126 \text{ 通り}}$

[考え方]

(4) これも(2)と同様に，すぐに公式を使って求めることはできない。しかし，赤い玉だけであれば(2)の結果が使えるので，まず赤い玉だけについて考えよう！　◀ 入試問題において前の問題の結果が使えるのは常識!!

そして，赤い玉を3つの箱に分けたら，その3つの箱に白い玉を入れていけばよい！

[解答]

(4) 赤い玉の分け方は，(2)より　◀ 前の問題の結果を使う！
(4, 1, 0), (3, 2, 0)
(5, 0, 0), (3, 1, 1), (2, 2, 1) の5通りある。

(i) (4, 1, 0) or (3, 2, 0) の場合　◀ 赤玉の個数が3つとも違うので3つの箱に区別がある!!

(4, 1, 0) のとき

2個の白い玉を"3つの区別された箱"に入れればいい　ので，
(3)の①より，6通り

(3, 2, 0) のときも同様に，6通り

(ii) $(5, 0, 0)$ or $(3, 1, 1)$ or $(2, 2, 1)$ の場合　◀赤玉の個数が同じ箱が2つあるので その2つの箱に区別がない！

$(5, 0, 0)$ のとき　◀2番目と3番目の箱は区別がない！
　2個の白い玉の分け方は $(2, 0, 0)$
　　　　　　　　　　　　$(0, 2, 0)$　▶ $(0, 0, 2)$ は $(0, 2, 0)$ と同じ
　　　　　　　　　　　　$(1, 1, 0)$　▶ $(1, 0, 1)$ は $(1, 1, 0)$ と同じ
　　　　　　　　　　　　$(0, 1, 1)$ の 4 通り

$(3, 1, 1)$ or $(2, 2, 1)$ のときも同様に，それぞれ 4 通り

よって，(i) or (ii) より，
　$2 \times 6 + 3 \times 4$　◀ $(6+6) + (4+4+4)$
　$= 24$ 通り

まとめ（組分けの問題）

人（▶区別があるもの）と 玉（▶区別がないもの）の解法の比較

Case 1
n 人を3つの組（組の区別はアリ）に分けるときの分け方

▶例題 15 参照
※ n が小さい値のときは
例題 13(1), (2)(i) や 例題 14 のようにも解ける。

Case 1′
n 個の玉を3つの箱（箱の区別はアリ）に分けるときの分け方

▶ n 個の玉と2つの仕切りを1列に並べればよい。
（練習問題 15(1) 参照）

Case 2
n 人を3つの組（組の区別はナシ）に分けるときの分け方

▶ Case 1 の結果を 3! で割ればよい。（練習問題 7 参照）

Case 2′
n 個の玉を3つの箱（箱の区別はナシ）に分けるときの分け方

▶うまい解法はない！
つまり，この場合は
練習問題 15(2) のように，地道に1つ1つ調べていくしかない！

16

[解答]

(1) $\boxed{x+y+z=15,\ x\geq 1,\ y\geq 1,\ z\geq 1}$ ……(∗)

$\Leftrightarrow \boxed{\begin{array}{l}(x-1)+(y-1)+(z-1)=12,\\ (x-1)\geq 0,\ (y-1)\geq 0,\ (z-1)\geq 0\end{array}}$

$\boxed{x-1=a,\ y-1=b,\ z-1=c\ \text{とおく}}$ と， ◀ Point 1.18

$\boxed{a+b+c=12,\ a\geq 0,\ b\geq 0,\ c\geq 0}$

○○ | ○○○○○○○ | ○○
$\underbrace{}_{a}\ \underbrace{}_{b}\ \underbrace{}_{c}$

$\dfrac{14!}{12!2!}=\underline{\underline{91\ \text{通り}}}$ ◀ リンゴ12個を3人で分ける

(2) $x=y$ のとき

(∗) $\Leftrightarrow \boxed{2x+z=15,\ x\geq 1,\ z\geq 1}$ ……(∗)′

(∗)′ を満たす整数 x, z の組は

$(x,\ z)=(1,\ 13),\ (2,\ 11),\ (3,\ 9),\ (4,\ 7),$
$\qquad\qquad (5,\ 5),\ (6,\ 3),\ (7,\ 1)$

の $\underline{\underline{7\ \text{通り}}}$

(3) $\boxed{(1)\text{を満たす}\ (x,\ y,\ z)\ \text{の組の個数}}$ ←(1)より 91 通り

$=\begin{cases}\boxed{x=y\ \text{の場合}} & \leftarrow(2)\text{より}\ 7\ \text{通り} \\ \quad+ & \\ \boxed{x>y\ \text{の場合}} & \\ \quad+ & \\ \boxed{x<y\ \text{の場合}} & \end{cases}$ この2つは x と y の対等性から等しい！

よって，求める組の個数を a とすると，

$91=7+a+a$

$\Leftrightarrow 84=2a \quad \therefore\quad a=\underline{\underline{42\ \text{通り}}}$

17

[考え方]

> $\dfrac{x}{2}+y+z \leqq n$ の形だと今までの公式が使えないので
> $x+y+z \leqq n$ の形にするために $x=2k$ とおいてみよう。

すると,

$\dfrac{x}{2}+y+z \leqq n \Leftrightarrow k+y+z \leqq n$ となり 公式が使える形が得られるよね。

しかし x(整数)は $2k$(偶数)の場合だけではなく
$2k+1$(奇数)の場合もあるので 場合分けが必要である！

[解答]

$\boxed{\dfrac{x}{2}+y+z \leqq n,\ x \geqq 0,\ y \geqq 0,\ z \geqq 0}$ ……(*)

$\boxed{(\mathrm{i})\quad x=2k\ (k=0,\ 1,\ 2,\ \cdots)\text{ のとき}}$ ◀ x が偶数のとき

$(*) \Leftrightarrow k+y+z \leqq n,\ k \geqq 0,\ y \geqq 0,\ z \geqq 0$
　　　　　　　　　↝ $2k \geqq 0 \to k \geqq 0$

$\Leftrightarrow k+y+z+a=n,\ k \geqq 0,\ y \geqq 0,\ z \geqq 0,\ a \geqq 0$ ……①
　　　　　↝ 不等式だと考えにくいので $a(\geqq 0)$ を導入して 等式に変えた！

① を満たす整数 $k,\ y,\ z,\ a$ の組は

$\dfrac{(n+3)!}{n!3!}$ ◀ n 個のリンゴと 3つの仕切りを1列に並べる

$= \dfrac{(n+3)(n+2)(n+1)n!}{n!3!}$ ◀ $(n+3)!=(n+3)(n+2)(n+1)\boxed{n(n-1)\cdots 3\cdot 2\cdot 1}$
　　　　　　　　　　　　　　　　　　　　　　　　　　　$n!$

$= \dfrac{(n+3)(n+2)(n+1)}{6}$ 通りある。 ◀ 分母分子の $n!$ を約かした

(ii) $x=2k+1$ $(k=0, 1, 2, \cdots)$ のとき ◀ x が奇数のとき

$(*) \Leftrightarrow k+\dfrac{1}{2}+y+z \leqq n,\ 2k+1 \geqq 0,\ y \geqq 0,\ z \geqq 0$

$\Leftrightarrow k+y+z \leqq n-\dfrac{1}{2},\ k \geqq -\dfrac{1}{2},\ y \geqq 0,\ z \geqq 0$

$\Leftrightarrow k+y+z \leqq n-1,\ k \geqq 0,\ y \geqq 0,\ z \geqq 0,$ ◀《注1》を見よ!

$\Leftrightarrow k+y+z+b = n-1,\ k \geqq 0,\ y \geqq 0,\ z \geqq 0,\ b \geqq 0 \ \cdots\cdots$ ②

↑ 不等式だと考えにくいので $b(\geqq 0)$ を導入して等式に変えた!

② を満たす整数 $k,\ y,\ z,\ b$ の組は

$\dfrac{(n+2)!}{(n-1)!\,3!}$ ◀ $(n-1)$ 個のリンゴと3つの仕切りを1列に並べる

$=\dfrac{(n+2)(n+1)n(n-1)!}{(n-1)!\,3!}$ ◀ $(n+2)! = (n+2)(n+1)n\underbrace{(n-1)(n-2)\cdots 3\cdot 2\cdot 1}_{(n-1)!}$

$=\dfrac{(n+2)(n+1)n}{6}$ 通りある。 ◀ 分母分子の $(n-1)!$ を約分した

(i) or (ii) より ◀《注2》を見よ!

$\dfrac{(n+3)(n+2)(n+1)}{6} + \dfrac{(n+2)(n+1)n}{6}$

$=\dfrac{(n+2)(n+1)}{6}\{(n+3)+n\}$ ◀ $\dfrac{(n+2)(n+1)}{6}$ でくくった

$=\dfrac{(n+2)(n+1)(2n+3)}{6}$ 通り //

(注1)

$k+y+z$ は整数なので, $k+y+z \leq n-\dfrac{1}{2}$ ➡ $k+y+z \leq n-1$ がいえる。

$n-\dfrac{1}{2}$ 以下の整数は $n-1$ 以下の整数と同じである！

▶ **Ex.** $k+y+z \leq \dfrac{3}{2}$ ➡ $k+y+z \leq 1$

k は整数なので, $k \geq -\dfrac{1}{2}$ ➡ $k \geq 0$ もいえる。

$-\dfrac{1}{2}$ 以上の整数は 0 以上の整数と同じである！

(注2)

整数 x は 偶数と奇数の両方の場合がある！

| 0, 1, 2, 3, 4, 5, … | = | 0, 2, 4, … | + | 1, 3, 5, … |

x 　　　　　　　　$2k$ 　　　　$2k+1$

18

[解答]

$\boxed{(全体)=(Xを通る)+(Xを通らない)}$ ……(*)

(A→B の最短経路)

$= \dfrac{9!}{4!5!}$ ◀ Point 1.19

$= \underwave{126 通り}$ ……①

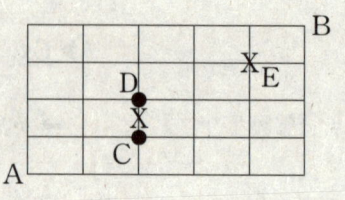

ここで，(Xを通る A→B の最短経路) を求める。

(A→C→D→B の最短経路) ◀ C→D の間にある X を通る場合

$= \boxed{\dfrac{3!}{2!1!}} \times \boxed{1} \times \boxed{\dfrac{5!}{3!2!}} = \underwave{30 通り}$ ……ⓐ

　　↑　　　↑　　　↑
　A→C　C→D　D→B

(A→E→B の最短経路) ◀ E にある X を通る場合

$= \boxed{\dfrac{7!}{4!3!}} \times \boxed{\dfrac{2!}{1!1!}} = \underwave{70 通り}$ ……ⓑ

　　↑　　　↑
　A→E　E→B

(A→C→D→E→B の最短経路) ◀ 2つの X を通る場合

$= \boxed{\dfrac{3!}{2!1!}} \times \boxed{1} \times \boxed{\dfrac{3!}{2!1!}} \times \boxed{\dfrac{2!}{1!1!}} = \underwave{18 通り}$ ……ⓒ

　　↑　　　↑　　　↑　　　↑
　A→C　C→D　D→E　E→B

よって， 　　　　　　　　　　　ⓐとⓑの"ダブり"
(Xを通る A→B の最短経路)＝30＋70－18 ◀ ⓐ＋ⓑ－ⓒ

　　　　　　　　＝$\underwave{82 通り}$ ……②

以上より，(*)を考え

(Xを通らない A→B の最短経路)＝126－82 ◀ ①－②

　　　　　　　　＝$\underwave{44 通り}$

19

[解答]

(1) $\boxed{\dfrac{4!}{2!2!}} \times \boxed{\dfrac{7!}{3!4!}} = \underline{\underline{210 \text{ 通り}}}$ ……ⓐ

　　　↑　　　　↑
　　A→C　　C→B

(2) ◀ "通らない"は考えにくいので、余事象を考える！

(A→B の最短経路)

$= \dfrac{11!}{5!6!} = 462 \text{ 通り}$ ……①

(D を通る A→B の最短経路)

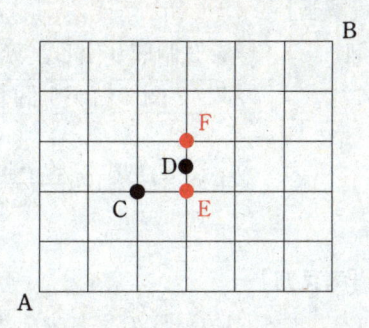

$= \boxed{\dfrac{5!}{3!2!}} \times \boxed{1} \times \boxed{\dfrac{5!}{3!2!}} = \underline{\underline{100 \text{ 通り}}}$ ……②

　　↑　　　↑　　　↑
　A→E　　E→F　　F→B

よって、

(D を通らない A→B の最短経路)

$= 462 - 100$　◀ ① − ②

$= \underline{\underline{362 \text{ 通り}}}$

(3) ◀ "通らない"は考えにくいので、余事象を考える！

$\boxed{(\text{C を通る}) = (\text{C を通り、D も通る}) + (\text{C を通り、D を通らない})}$ ……(*)
　　↑
　　(1)

(C を通り、D も通る A→B の最短経路)

$= \boxed{\dfrac{4!}{2!2!}} \times \boxed{1} \times \boxed{1} \times \boxed{\dfrac{5!}{3!2!}} = \underline{\underline{60 \text{ 通り}}}$ ……ⓑ

　　↑　　　　↑　　　↑　　　↑
　A→C　　C→E　　E→F　　F→B

よって、(*) を考え

(C を通り、D を通らない A→B の最短経路)

$= 210 - 60$　◀ ⓐ − ⓑ

$= \underline{\underline{150 \text{ 通り}}}$

Section 2　確率の求め方

20

[解答]　◀ 組合せで考える

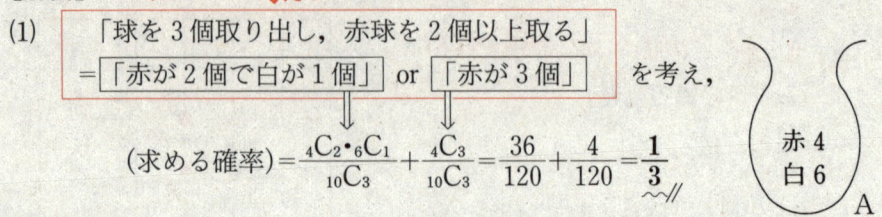

(1)　「球を3個取り出し，赤球を2個以上取る」
＝「赤が2個で白が1個」 or 「赤が3個」　を考え，

$$(求める確率) = \frac{{}_4C_2 \cdot {}_6C_1}{{}_{10}C_3} + \frac{{}_4C_3}{{}_{10}C_3} = \frac{36}{120} + \frac{4}{120} = \frac{1}{3}$$

赤4
白6
A

[考え方]

(2)　まず，「A，Bのうち少なくとも一方から赤球を2個以上取り出す」
ということを直接求めようとするとちょっと面倒くさいので，
Point 1.16 を考え，次のように「余事象」を考えることにしよう。

「A，Bのうち少なくとも一方から赤球を2個以上取り出す」
⇓ 余事象　◀ Point 1.16
「A，Bの両方から赤球を2個以上取り出さない」……(*)

さらに，(*)は

(Aから赤球を2個以上取り出さない) かつ (Bから赤球を2個以上取り出さない)

と書き直すことができるが，　◀ 連続操作
(Aから赤球を2個以上取り出さない確率)を求めるときにも
「余事象」がうまく使えることに注意しよう。　◀(1)の結果を使う！

[解答]
(2) 「Aから赤球を2個以上取り出さない」
　　　⇓ 余事象　◀(1)の結果を使う！
　　「Aから赤球を2個以上取り出す」　◀(1)の問題　を考え，

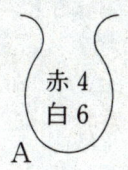

（A赤4白6）

　　（Aから赤球を2個以上取り出さない確率）
　　$= 1 - \dfrac{1}{3}$　◀ $1 -$ (1)の結果
　　$= \dfrac{2}{3}$ ……①

　「Bから赤球を2個以上取り出さない」
　　　∥
　「Bから赤球を1個 or 0個取り出す」
　→「赤球が1個で白球が2個」or「赤球が0個で白球が3個」

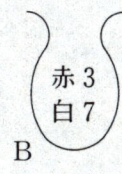

（B赤3白7）を考え，

　　（Bから赤球を2個以上取り出さない確率）
　　$= \dfrac{{}_3C_1 \cdot {}_7C_2}{{}_{10}C_3} + \dfrac{{}_7C_3}{{}_{10}C_3}$ ……②

よって，
（A, Bのうち少なくとも一方から赤球を2個以上取り出す確率）
$= 1 - (① \times ②)$　◀[考え方]参照
　　　　　　　↳A, Bの両方から赤球を2個以上取り出さない確率
$= 1 - \left(\dfrac{2}{3} \times \dfrac{63 + 35}{120}\right)$
$= \dfrac{41}{90}$

21

[考え方]
(1) 　2の倍数であるためには，一の位が2の倍数であればいい
　ので，◀十の位と百の位は何であってもよい！
　一の位だけを考えればよい。

[解答]
(1) 1〜9の中に2の倍数は2, 4, 6, 8の4つあるので,

　　(2の倍数である確率)＝$\dfrac{4}{9}$

[考え方]
(2) 「3の倍数である」(▶3で割り切れる)ための条件は
「各位（くらい）の和が3で割り切れる」ということだけど,　◀本文のP.4参照
この「各位の和が3で割り切れる」という条件は
次の **Point** のようにすると とても考えやすくなるのである！

> **Point 2.2**　〈3の倍数の問題の解法〉
> 　3の倍数の問題では,
> 1〜9を, 次のように3で割った余りで分類せよ！
> $A_0=\{3, 6, 9\}$, $A_1=\{1, 4, 7\}$, $A_2=\{2, 5, 8\}$

▶3の倍数であるためには 各位の数字の和が3の倍数であればいい
ので,
　3桁の数が3の倍数になるためには, 次の4通りを考えればよい！

> (i) A_0 から3つの数を選ぶ
> (ii) A_1 から3つの数を選ぶ
> (iii) A_2 から3つの数を選ぶ
> (iv) A_0, A_1, A_2 から数を1つずつ選ぶ

[解答] (組合せで考える) ◀ 順列で考えてもよい

(2) 1～9 から 3 つの数を選ぶ組合せは，$_9C_3$ 通り ……①

> 1～9 の数を 3 で割ったときの余りが k である集合を A_k とおくと，
> $A_0=\{3, 6, 9\}$, $A_1=\{1, 4, 7\}$, $A_2=\{2, 5, 8\}$ のようになり，
> 3 桁の数が 3 の倍数になる場合は，次の 4 通りが考えられる。
>
> (i) A_0 から 3 つの数を選ぶ $\Rightarrow$ $_3C_3=1$ 通り
> (ii) A_1 から 3 つの数を選ぶ $\Rightarrow$ $_3C_3=1$ 通り
> (iii) A_2 から 3 つの数を選ぶ $\Rightarrow$ $_3C_3=1$ 通り
> (iv) A_0, A_1, A_2 から数を 1 つずつ選ぶ $\Rightarrow$ $_3C_1 \cdot _3C_1 \cdot _3C_1 = 3^3$
> $= 27$ 通り

(i) or (ii) or (iii) or (iv) より，
①のとき，3 の倍数になる場合は，
$1+1+1+27 =$ **30 通り** ……②

よって，①，② より
(3 の倍数である確率) $= \dfrac{30}{_9C_3}$

$= \dfrac{30}{84} = \dfrac{5}{14}$

22

[解答]

(表の回数，裏の回数) とおく。

(1) A → B になるためには (3, 2) であればよい。

$_5C_3 \left(\dfrac{1}{2}\right)^3 \left(\dfrac{1}{2}\right)^2 = \dfrac{5}{16}$ ◀ Point 2.3

(2) A → C になるためには (5, 5) であればよい。

$_{10}C_5 \left(\dfrac{1}{2}\right)^5 \left(\dfrac{1}{2}\right)^5 = \dfrac{63}{256}$ ◀ Point 2.3

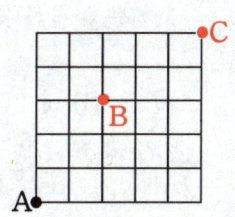

23

[解答]

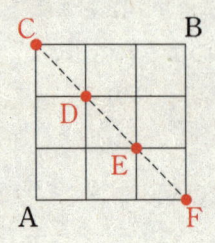

A→B の人と B→A の人が出会う地点は，左図のC, D, E, Fである。

(1)

(I) 点Cで会う場合

A→C と B→C が同時に起こればいいので，

1通り　1通り

$$1 \cdot \left(\frac{1}{2}\right)^3 \times 1 \cdot \left(\frac{1}{2}\right)^3 = \frac{1}{2^6} \quad \cdots\cdots ①$$

A→Cが起こる確率　B→Cが起こる確率

(II) 点Dで会う場合

A→D と B→D が同時に起こればいいので，

$\frac{3!}{2!1!}=3$通り　$\frac{3!}{2!1!}=3$通り

$$3 \cdot \left(\frac{1}{2}\right)^3 \times 3 \cdot \left(\frac{1}{2}\right)^3 = \frac{9}{2^6} \quad \cdots\cdots ②$$

A→Dが起こる確率　B→Dが起こる確率

(III) 点Eで会う場合

対称性から(II)と同じ。

(IV) 点Fで会う場合

対称性から(I)と同じ。

よって，(I) or (II) or (III) or (IV) より　◀ (I)+(II)+(III)+(IV)

$2\times(①+②)=\dfrac{5}{16}$　◀ $2\times\left(\dfrac{1}{2^6}+\dfrac{9}{2^6}\right)$

(2) $\begin{cases} A \to B \text{ (or } B \to A\text{) は, } \dfrac{6!}{3!3!} = 20 \text{ 通り} \cdots\cdots (*) \\ A \to C \to B \text{ (or } B \to C \to A\text{) は, } 1 \text{ 通り} \cdots\cdots ⓐ \\ A \to D \to B \text{ (or } B \to D \to A\text{) は, } \dfrac{3!}{2!1!} \cdot \dfrac{3!}{1!2!} = 9 \text{ 通り} \cdots\cdots ⓑ \\ A \to E \to B \text{ (or } B \to E \to A\text{) は, } 9 \text{ 通り} \cdots\cdots ⓒ \quad ◀ ⓑ と同じ \\ A \to F \to B \text{ (or } B \to F \to A\text{) は, } 1 \text{ 通り} \cdots\cdots ⓓ \quad ◀ ⓐ と同じ \end{cases}$

(i) 点 C で会う場合   ◀《注》を見よ！

A→C→B と B→C→A が同時に起こればいいので,

$(*)$ と ⓐ より, $\dfrac{1}{20} \times \dfrac{1}{20} \cdots\cdots$ ⓐ′   ◀ A→C→B と B→C→A が起こる確率は共に $\dfrac{1}{20}$

(ii) 点 D で会う場合

A→D→B と B→D→A が同時に起こればいいので,

$(*)$ と ⓑ より, $\dfrac{9}{20} \times \dfrac{9}{20} \cdots\cdots$ ⓑ′   ◀ A→D→B と B→D→A が起こる確率は共に $\dfrac{9}{20}$

(iii) 点 E で会う場合
対称性から (ii) と同じ.

(iv) 点 F で会う場合
対称性から (i) と同じ.

よって, (i) or (ii) or (iii) or (iv) より   ◀ (i)+(ii)+(iii)+(iv)

$2 \times (ⓐ' + ⓑ') = \dfrac{41}{100}$ ◀ $2 \times \left(\dfrac{1}{20} \times \dfrac{1}{20} + \dfrac{9}{20} \times \dfrac{9}{20} \right)$

(注)

例えば (2) の (i) の確率を求めるときに ((1) と同様に)
"A→C と B→C が同時に起こればいい" と考える人がいるが,
(2) では分母を "A→B (or B→A) の 20 通り" としているから
分子も A→C→B と B→C→A にしなければならない！   ◀ 本文 P.48 の重要事項を参照！

24

[解答]

← 例題 34 の表を見よ！

> 出る目の和が 6 以下になる確率 $=\dfrac{15}{36}=\dfrac{5}{12}$ ……ⓐ
>
> 出る目の和が 7 になる確率 $=\dfrac{6}{36}=\dfrac{1}{6}$ ……ⓑ
>
> 出る目の和が 8 以上になる確率 $=\dfrac{15}{36}=\dfrac{5}{12}$ ……ⓒ

> ⓐ, ⓑ, ⓒ がそれぞれ a, b, c 回起こるとすると，5 回以下で点 $(3, 3)$ に到達するためには
> $$\begin{cases} a+b+c \leqq 5 & \cdots\cdots ① \\ b+c=3 & \cdots\cdots ② \\ a+b=3 & \cdots\cdots ③ \end{cases}$$ であればよい。

▲[解説Ⅰ]を見よ

② を ① に代入すると，

$a+3 \leqq 5 \ \Rightarrow\ a \leqq 2$

よって，$a=0, 1, 2$　◀ a は回数(0以上)だから

(i) $a=0$ のとき

　③ $\Rightarrow b=3$，② $\Rightarrow c=0$

(ii) $a=1$ のとき

　③ $\Rightarrow b=2$，② $\Rightarrow c=1$

(iii) $a=2$ のとき

　③ $\Rightarrow b=1$，② $\Rightarrow c=2$

よって，

$(a, b, c)=(0, 3, 0), (1, 2, 1), (2, 1, 2)$

以上より，ⓐ，ⓑ，ⓒ を考え

{5回以下で 点(3, 3) に到達する確率}

$= \left(\dfrac{1}{6}\right)^3 + \dfrac{4!}{2!}\left(\dfrac{5}{12}\right)\left(\dfrac{1}{6}\right)^2\left(\dfrac{5}{12}\right) + \dfrac{5!}{2!2!}\left(\dfrac{5}{12}\right)^2\left(\dfrac{1}{6}\right)^2\left(\dfrac{5}{12}\right)^2$ ◀[解説Ⅱ]を見よ

　　(0, 3, 0)　　　(1, 2, 1)　　　　(2, 1, 2)
　　になる確率　　になる確率　　　になる確率

$= \dfrac{4421}{20736}$

[解説Ⅰ]

　$a+b+c \leqq 5$ ……① について

　サイコロを投げるのは5回以下だから，ⓐ or ⓑ or ⓒ が起こるのも5回以下なので，$a+b+c \leqq 5$ ……①

　$b+c=3$ ……② について

　原点から 点(3, 3) に到達するためには，x 座標がちょうど3にならなければならない。
ⓑ が1回起こると x 座標（と y 座標）が1増え，　◀ (x, y)→(x+1, y+1)
ⓒ が1回起こると x 座標が1増える。　◀ (x, y)→(x+1, y)
よって，x 座標が0から3になるためには
ⓑ or ⓒ が3回起こればいい　ので，$b+c=3$ ……②

　$a+b=3$ ……③ について

　原点から 点(3, 3) に到達するためには，y 座標がちょうど3にならなければならない。
ⓐ が1回起こると y 座標が1増え，　◀ (x, y)→(x, y+1)
ⓑ が1回起こると y 座標（と x 座標）が1増える。　◀ (x, y)→(x+1, y+1)
よって，y 座標が0から3になるためには
ⓐ or ⓑ が3回起こればいい　ので，$a+b=3$ ……③

[解説Ⅱ]

$(a, b, c) = (0, 3, 0)$ になる確率 について

b が 3 回起こればいいので，ⓑより
$$\frac{1}{6} \cdot \frac{1}{6} \cdot \frac{1}{6} = \left(\frac{1}{6}\right)^3$$

$(a, b, c) = (1, 2, 1)$ になる確率 について

a, b, b, c の順番に起こる確率
$\to \left(\frac{5}{12}\right) \cdot \left(\frac{1}{6}\right)^2 \cdot \left(\frac{5}{12}\right)$ ……(∗) ◀ ⓐ,ⓑ,ⓒより

a, b, b, c の並べ方
$\to \dfrac{4!}{2!}$ 通り ……(∗∗) ◀ b が2つある

よって，(∗) と (∗∗) より
$$\frac{4!}{2!}\left(\frac{5}{12}\right)\left(\frac{1}{6}\right)^2\left(\frac{5}{12}\right)$$

$(a, b, c) = (2, 1, 2)$ になる確率 について

a, a, b, c, c の順番に起こる確率
$\to \left(\frac{5}{12}\right)^2 \cdot \left(\frac{1}{6}\right) \cdot \left(\frac{5}{12}\right)^2$ ……(★) ◀ ⓐ,ⓑ,ⓒより

a, a, b, c, c の並べ方
$\to \dfrac{5!}{2!2!}$ 通り ……(★★) ◀ a と c が2つずつある

よって，(★) と (★★) より
$$\frac{5!}{2!2!}\left(\frac{5}{12}\right)^2\left(\frac{1}{6}\right)\left(\frac{5}{12}\right)^2$$

25

[解答]

（前半）　1　2　3　4　5　6
　　　　○　○　○　○　○　○

袋の中に玉が1個だけ残るためには
（5番目，6番目）＝（赤，白）or（白，赤）であればよい。

（赤，白）→ $\frac{2}{6} \times \frac{4}{5} = \frac{4}{15}$ ……①

（白，赤）→ $\frac{4}{6} \times \frac{2}{5} = \frac{4}{15}$ ……②

よって，① or ② より

$\frac{8}{15}$　◀ ①＋②

（後半）

白玉が残るためには，6番目が白であればいい　ので，　◀ 《注》を見よ

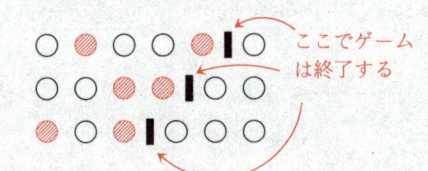

$\frac{4}{6} = \frac{2}{3}$

ここでゲームは終了する

（注）"白玉が残る" ということは，
　　　"赤玉が途中でなくなる" ということだよね。
　　　さらに，"赤玉が途中でなくなる" ということは
　　　"（最後の）6番目が赤ではない"　◀ "赤玉が途中でなくなる"の余事象は，
　　　ということだよね。　　　　　　　　"赤玉が途中でなくならない"だから
　　　よって，　　　　　　　　　　　　　"（最後の）6番目が赤"である！
　　　白玉が残るためには，6番目が白であればいいのである！

26

[解答]

(1) 3人をA, B, Cとおき,
(Aの出した手, Bの出した手, Cの出した手) とする。

3人で1回ジャンケンをするときの手の出し方は
$3 \times 3 \times 3 = $ <u>27通り</u> ……① ◀ 例えばAだったら グー, チョキ, パー の3通りある

また, 1回でAだけが負けるのは
(パ, チ, チ), (グ, パ, パ), (チ, グ, グ) の3通りで,
同様に, 1回でBだけ, Cだけが負けるのもそれぞれ3通り。

よって,
1回で2人が勝つ(▶1人だけが負ける)のは <u>9通り</u> ……② ◀ 3+3+3

①, ②より, $\dfrac{9}{27} = \underline{\dfrac{1}{3}}$

(2)

	1回終了後	2回終了後	
(i)	3人 →($\frac{1}{3}$)→ 3人	→($\frac{1}{3}$)→ 3人	◀ ずっと3人のまま
(ii)	3人 →($\frac{1}{3}$)→ 2人	→($\frac{1}{3}$)→ 2人	◀ 1回終了後に3人から2人になり, 残り1回は2人のまま
(iii)	3人 →($\frac{1}{3}$)→ 3人	→($\frac{1}{3}$)→ 2人	◀ 2回終了後に3人から2人になる

2回ジャンケンしても, 勝者が1人に決まらない確率は
(i) or (ii) or (iii) より

$$\dfrac{1}{3} \cdot \dfrac{1}{3} + \dfrac{1}{3} \cdot \dfrac{1}{3} + \dfrac{1}{3} \cdot \dfrac{1}{3} = \underline{\dfrac{1}{3}}$$

(3) 　n 回ジャンケンを続けても，勝者が1人に決まらない場合は次の2つのパターンが考えられる。

　(I) 　ずっと3人のまま　◀ (2)の(i) [$n=2$の場合]

　(II) 　k 回終了後 ($1 \leq k \leq n$) に3人から2人になり，
　　　　残りの $n-k$ 回は2人のまま　◀ (2)の(ii), (iii) [$n=2$の場合]

[(I)の場合]

$$\underbrace{\frac{1}{3} \cdot \frac{1}{3} \cdot \cdots \cdot \frac{1}{3}}_{n \text{個}} = \left(\frac{1}{3}\right)^n$$　◀ 3人→3人の確率は $\frac{1}{3}$

[(II)の場合]　◀ $k=1, 2, 3, \cdots, n$ の n 通りの場合がある！

$k-1$ 回までは3人のままで，k 回目に3人から2人になり，残りの $n-k$ 回は2人のままである確率は

$$\underbrace{\frac{1}{3} \cdot \frac{1}{3} \cdot \cdots \cdot \frac{1}{3}}_{k-1 \text{個}} \cdot \frac{1}{3} \cdot \underbrace{\frac{1}{3} \cdot \frac{1}{3} \cdot \cdots \cdot \frac{1}{3}}_{n-k \text{個}}$$　◀ $\begin{cases} 3人→3人の確率は \frac{1}{3} \\ 3人→2人の確率は \frac{1}{3} \\ 2人→2人の確率は \frac{1}{3} \end{cases}$

$$= \left(\frac{1}{3}\right)^n \cdots\cdots (*)$$　◀ $(k-1) + 1 + (n-k) = n$

$(*)$ は $k=1, 2, 3, \cdots, n$ の場合が考えられるので，　◀ $1 \leq k \leq n$

$$\sum_{k=1}^{n} \left(\frac{1}{3}\right)^n = \left(\frac{1}{3}\right)^n \cdot \sum_{k=1}^{n} 1$$　◀ $\left(\frac{1}{3}\right)^n$ は k には関係ないので $\sum_{k=1}^{n}$ の外に出せる

$$= n \cdot \left(\frac{1}{3}\right)^n$$　◀ $\sum_{k=1}^{n} 1 = \underbrace{1+1+\cdots\cdots+1}_{n \text{個}} = n$

よって，
n 回ジャンケンを続けても，勝者が1人に決まらない確率は
(I) or (II) より

$$\left(\frac{1}{3}\right)^n + n \cdot \left(\frac{1}{3}\right)^n = (1+n)\left(\frac{1}{3}\right)^n \quad //$$　◀ $\left(\frac{1}{3}\right)^n$ でくくった

27

[解答]

(1) 1枚のコインを1回投げたとき，そのコインがなくなる確率は

$\dfrac{1}{2}$ ……ⓐ　◀裏が出ればよい

また，

> 1回目で終了するためには
> 3枚のコインについてⓐが起こればいい

ので，

1回目で終了する確率は　◀1回目で終了しない場合は
$\dfrac{1}{2}\cdot\dfrac{1}{2}\cdot\dfrac{1}{2}=\dfrac{1}{8}$ ……ⓑ　「少なくとも1枚のコインが表」である
場合なので，Point 1.16より
余事象を考える！

よって，

1回目で終了しない確率は，ⓑより

$1-\dfrac{1}{8}=\dfrac{7}{8}$　◀(全体)−(終了する)=(終了しない)

[考え方]

(2) まず，一般に "n 枚のコインの問題" は考えにくい！

例えば，この問題のように
"k 回目で終了する" 場合は，　◀少なくとも1枚が k 回目で終了しなければならない！
「k 回目で終了するのが (n 枚のうちの) 何枚あって，それが何か？」
を考えなければならないんだよ。◀例えば，「k 回目で終了するのは3枚で，
　　　　　　　　　　　　　　　　8, 17, $n-3$ 番目の3枚のコイン」など
つまり，
"n 枚のコインの関係" をイチイチ考えなければならないので
とても面倒くさいんだよ。

だけど，
もしもこの問題が "k 回以内で終了する" 場合だったら
とても考えやすくなるのは分かるかい？

だって，

> "k 回以内で終了する"ためには，
> それぞれのコインが k 回以内で終了すればいい でしょ。

つまり，"k 回以内で終了する"場合だと
n 枚のコインをそれぞれ独立して考えることができるので，
イチイチ"n 枚のコインの関係"なんて 考えずに済むんだよ！

そこで，このタイプの問題では，
次の **Point** のように考えれば うまくいくことが分かる。

Point 2.5 〈複数のコインの「k 回目で終了」に関する問題〉

　複数のコインの問題において，
「k 回目で終了する確率」を求めるのは大変なので，次のように考える。

Step 1
　とりあえず「k 回以内で終了する確率」を求める。

▶ k 回以内で終了するためには
　それぞれのコインが k 回以内で なくなればよい。
　つまり，すべてのコインを独立に考えることができる！

（注）k 回目で終了する場合は ◀ 少なくとも1枚は k 回目でなくならなければならない！
　「それぞれのコインが k 回目でなくなればよい」
　とはいえない！！

Step 2
　　　（k 回目で終了する） ◀ 少なくとも1枚は k 回目で終了しなければならない！
　＝（k 回以内で終了する） ◀ ($k-1$ 回以内で終了する場合)も含んでいる！
　　　－（$k-1$ 回以内で終了する）
を使って，「k 回目で終了する確率」を求める。

[解答]

(2) 　1枚のコインが2回以内でなくなるためには
　　2回のうち少なくとも1回裏が出ればいい 　ので,

1枚のコインが2回以内でなくなる確率は

$$1 - \frac{1}{2} \cdot \frac{1}{2} = \frac{3}{4} \quad \cdots\cdots ⓒ$$

◀(全体) − (2回とも表) = (少なくとも1回裏)

↑2回とも表が出る確率　　↑1回も裏が出ない

よって,

　2回以内で終了するためには
　3枚のコインについてⓒが起こればいい 　ので, ◀Point 2.5 のStep1

2回以内で終了する確率は

$$\frac{3}{4} \cdot \frac{3}{4} \cdot \frac{3}{4} = \frac{27}{64} \quad \cdots\cdots ⓓ$$

以上より,

2回目で終了する確率は, ⓑ, ⓓを考え, ◀Point 2.5 のStep2

$$\frac{27}{64} - \frac{1}{8} = \mathbf{\frac{19}{64}}$$

◀(2回目で終了する) = (2回以内で終了する)
　　　　　　　　　　− (1回目で終了する)

↑1回以内で終了することと同じ

(3) 　2回投げても終了しない確率は, ⓓより ◀(注)を見よ!

$$1 - \frac{27}{64} = \mathbf{\frac{37}{64}}$$

◀(全体) − (2回以内で終了する)
　= (2回投げても終了しない)

(注) (3)では次の(∗)を使って解いた。

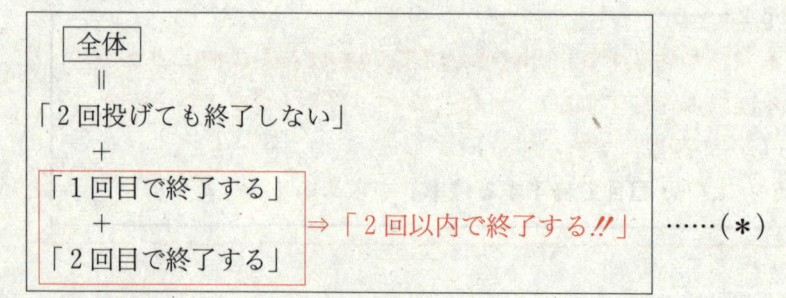

```
　全体
　　‖
「2回投げても終了しない」
　　＋
「1回目で終了する」　　⇒ 「2回以内で終了する!!」 　……(∗)
　　＋
「2回目で終了する」
```

(4)　2回目で表が1枚だけになる場合は
　　　2枚が2回以内でなくなり，1枚が 表→表 であればいい　ので，

2回目で表が1枚だけになる確率は

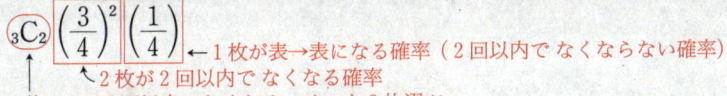

$${}_3C_2 \left(\frac{3}{4}\right)^2 \left(\frac{1}{4}\right)$$

← 1枚が表→表になる確率（2回以内で なくならない確率）
← 2枚が2回以内で なくなる確率
3枚から，2回以内でなくなるコインを2枚選ぶ

$$= \frac{27}{64}$$

[参考]

　この問題では

「2回目で終了しない」+「2回目で終了する」
=「1回目で終了しない」　……(**)

◀ 2回目ができるのは "1回目で終了しない" ということが前提になる！

が成立するので，

「2回目で終了しない」+「2回目で終了する」

≠ 全体 　を考え　◀「1回目で終了しない」≠ 全体

「2回目で終了しない」
　　⇅ ◀余事象
「2回目で終了する」　はいえない !!

28

[解答]

n 回コインを投げたとき，表が x 回，裏が y 回出たとする と，

$$\begin{cases} x+y=n & \cdots\cdots ① \\ X_n=x-y & \cdots\cdots ② \end{cases}$$

◀ (表の回数)+(裏の回数)=n回

◀ 表が出たら+1，裏が出たら-1動くので，表がx回，裏がy回出たら，座標X_nは $X_n = x\cdot 1 + y(-1) = x-y$ になる

$X_n = m$ より，

$$\begin{cases} x+y=n & \cdots\cdots ① \\ x-y=m & \cdots\cdots ②' \end{cases}$$

◀ ②に $X_n = m$ を代入した

①，②' より，

$$\begin{cases} x=\dfrac{n+m}{2} & \cdots\cdots ③ \\ y=\dfrac{n-m}{2} & \cdots\cdots ④ \end{cases}$$

x と y は整数なので，③，④ より，

n と m の偶，奇は同じでなければならない。 $\cdots\cdots(*)$

◀ n が偶数のとき m も偶数で，n が奇数のとき m も奇数！

また，表が x 回，裏が y 回出る確率は

$${}_nC_x \, p^x (1-p)^y$$ ←裏が y 回出る確率

↑ 表が x 回出る確率
n 回のうち表が x 回出る順番を決める

◀ Point 2.3

$$= {}_nC_{\frac{n+m}{2}} \, p^{\frac{n+m}{2}} (1-p)^{\frac{n-m}{2}}$$

◀ ③と④を代入した

よって，(*) を考え，

n と m が偶数 or n と m が奇数 のとき ${}_nC_{\frac{n+m}{2}} \, p^{\frac{n+m}{2}} (1-p)^{\frac{n-m}{2}}$

それ以外のとき 0

(注) 厳密にいうと，$x=0, 1, \cdots, n$ を考え

$$\begin{cases} {}_nC_{\frac{n+m}{2}} \, p^{\frac{n+m}{2}} (1-p)^{\frac{n-m}{2}} & (m=-n, -n+2, \cdots, n) \\ 0 & (m \neq -n, -n+2, \cdots, n) \end{cases}$$

29

[解答]

例えば B から K_3 に移動する確率は $\frac{2}{3}$ で、D と E についても同様！

```
        ①      ②/③    ①/③          ①/③
K₁ ──→ K₂ ──→ K₃ ──→ K₄       K₃ ──→ K₄
         \   ②/③  ↗   ②/③  ↗   ②/③  ↘
          \  ↓   /              ↗
         ①/③  K₁ ──→ K₂ ──→ K₁ ──→ K₂
                ①      ①/③    ①
  1秒後  2秒後  3秒後  4秒後  5秒後
```

(1) 上図を考え

 1秒後に K_2 にいる確率 $= \underline{1}$ ◀ $K_1 \to K_2$

 2秒後に K_3 にいる確率 $= 1 \cdot \frac{2}{3} = \underline{\frac{2}{3}}$ ◀ $K_1 \to K_2 \to K_3$

 3秒後に K_2 にいる確率 $= 1 \cdot \frac{2}{3} \cdot \frac{2}{3} + 1 \cdot \frac{1}{3} \cdot 1$ ◀ $\begin{cases} K_1 \to K_2 \to K_3 \to K_2 \\ \text{or} \\ K_1 \to K_2 \to K_1 \to K_2 \end{cases}$

 $\qquad\qquad\qquad\qquad = \underline{\frac{7}{9}}$

(2) K_2 から 2 秒後に K_2 に行く確率は $\frac{7}{9}$ ……① なので、 ◀(1)より

 K_2 から 2 秒後に K_4 に行く確率は $1 - \frac{7}{9} = \frac{2}{9}$ ……② である。

 ↑ K_2 から2秒後に行ける所は K_2 or K_4 である！

よって、

 7秒後に K_4 に達するためには、
 1秒後の K_2 から 2秒ごとに

 $K_2 \xrightarrow[\frac{7}{9}]{2秒} K_2 \xrightarrow[\frac{7}{9}]{2秒} K_2 \xrightarrow[\frac{2}{9}]{2秒} K_4$ となればいい

 1秒後 3秒後 5秒後 7秒後

 ので、①と②より $\frac{7}{9} \cdot \frac{7}{9} \cdot \frac{2}{9} = \underline{\frac{98}{729}}$

(3)

```
                    (1/3)                    (1/3)
              (2/3)  K₃ → K₄      (2/3) K₃ → K₄
      (1)          ↘    ↗              ↘    ↗
K₁ → K₂    (2/3)         (2/3)
              ↗    ↘              ↗    ↘
              K₁ → K₂  → K₁ → K₂
         (1/3)    (1)   (1/3)   (1)
```

　　　　　　1秒後　2秒後　3秒後　4秒後　5秒後

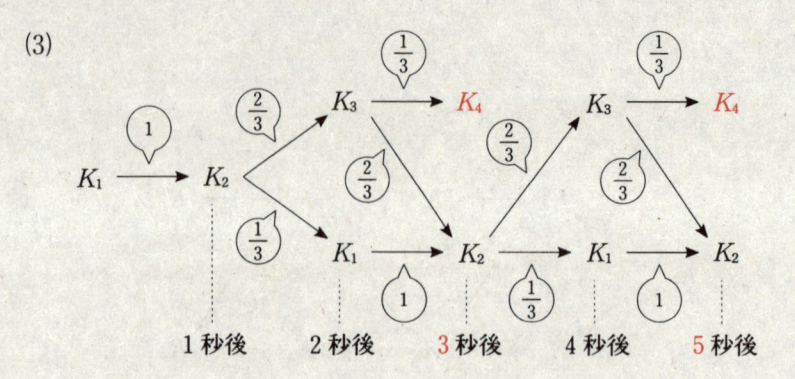

$n=1$ or n が偶数のときは $\underline{0}$　◀ 上図を見よ!

$n=2k+1$ ($k=1, 2, \cdots\cdots$) のとき，　◀ n が奇数のとき

> n 秒後に K_4 に達するためには，
> 1秒後の K_2 から 2秒ごとに
>
> $$K_2 \xrightarrow[7/9]{2秒} K_2 \xrightarrow[7/9]{2秒} K_2 \xrightarrow[7/9]{2秒} K_2 \cdots\cdots K_2 \xrightarrow[7/9]{2秒} K_2 \xrightarrow[2/9]{2秒} K_4$$
>
> 1秒後　3秒後　5秒後　7秒後　　　　$n-2$ 秒後　n 秒後
> 　　　($k=1$)　($k=2$)　($k=3$)　　　$\left(k=\dfrac{n-3}{2}\right)$　◀《注》を見よ!
>
> となればいい

ので，① と ② より

$$\underbrace{\frac{7}{9}\cdot\frac{7}{9}\cdot\frac{7}{9}\cdots\cdots\frac{7}{9}}_{\frac{n-3}{2}\text{個}}\cdot\frac{2}{9} = \left(\frac{7}{9}\right)^{\frac{n-3}{2}}\cdot\frac{2}{9}$$

(注)　| 3秒後のとき |　◀ $n=2k+1$
　　　　$3=2k+1$　∴　$\underline{k=1}$

　　　| 5秒後のとき |　◀ $n=2k+1$
　　　　$5=2k+1$　∴　$\underline{k=2}$

　　　| 7秒後のとき |　◀ $n=2k+1$
　　　　$7=2k+1$　∴　$\underline{k=3}$

　　　| $n-2$ 秒後のとき |　◀ $n=2k+1$
　　　　$n-2=2k+1 \Leftrightarrow 2k=n-3$　∴　$\underline{k=\dfrac{n-3}{2}}$

30

[解答]

(1) $\boxed{n+1 \text{回後に赤玉が A に入っている}}$
$\|$
$\boxed{\begin{cases} n \text{回後に赤玉が A に入っていて，} n+1 \text{回後も赤玉が A に入っている} \\ \quad \text{or} \\ n \text{回後に赤玉が A に入っていなくて，} n+1 \text{回後に赤玉が A に入っている} \end{cases}}$

を考え，

$$p_{n+1} = \underbrace{(p_n)}_{n\text{回後に赤玉が A に入っている確率}} \times \underbrace{\left(\frac{1}{5} \cdot \frac{1}{4} + \frac{4}{5} \cdot 1\right)}_{\text{[解説 I] を見よ}} + \underbrace{(1-p_n)}_{n\text{回後に赤玉が A に入っていない確率}} \times \underbrace{\frac{1}{4}}_{} \quad \leftarrow \text{[解説 II] を見よ}$$

$\Leftrightarrow p_{n+1} = \dfrac{17}{20} p_n - \dfrac{1}{4} p_n + \dfrac{1}{4}$

$\therefore \underline{\underline{p_{n+1} = \dfrac{3}{5} p_n + \dfrac{1}{4}}}$

(2) $p_{n+1} = \dfrac{3}{5} p_n + \dfrac{1}{4}$

$\Leftrightarrow p_{n+1} - \dfrac{5}{8} = \dfrac{3}{5}\left(p_n - \dfrac{5}{8}\right)$ ◀ $p_{n+1} + \alpha = \dfrac{3}{5}(p_n + \alpha) \Leftrightarrow p_{n+1} = \dfrac{3}{5}p_n - \dfrac{2}{5}\alpha$ より

$\Leftrightarrow p_{n+1} - \dfrac{5}{8} = \left(\dfrac{3}{5}\right)^{n+1}\left(p_0 - \dfrac{5}{8}\right)$ $\quad -\dfrac{2}{5}\alpha = \dfrac{1}{4} \quad \therefore \alpha = -\dfrac{5}{8}$

$\boxed{p_0 = 1}$ より， ◀はじめは A の中に赤玉が入っているから！

$p_{n+1} - \dfrac{5}{8} = \dfrac{3}{8}\left(\dfrac{3}{5}\right)^{n+1}$ ◀ $\left(p_0 - \dfrac{5}{8}\right) = 1 - \dfrac{5}{8} = \dfrac{3}{8}$

$\therefore \underline{\underline{p_n = \dfrac{3}{8}\left(\dfrac{3}{5}\right)^n + \dfrac{5}{8}}}$

[解説Ⅰ] n 回後に赤玉が A に入っているとき，
$n+1$ 回後も赤玉が A に入っている確率について

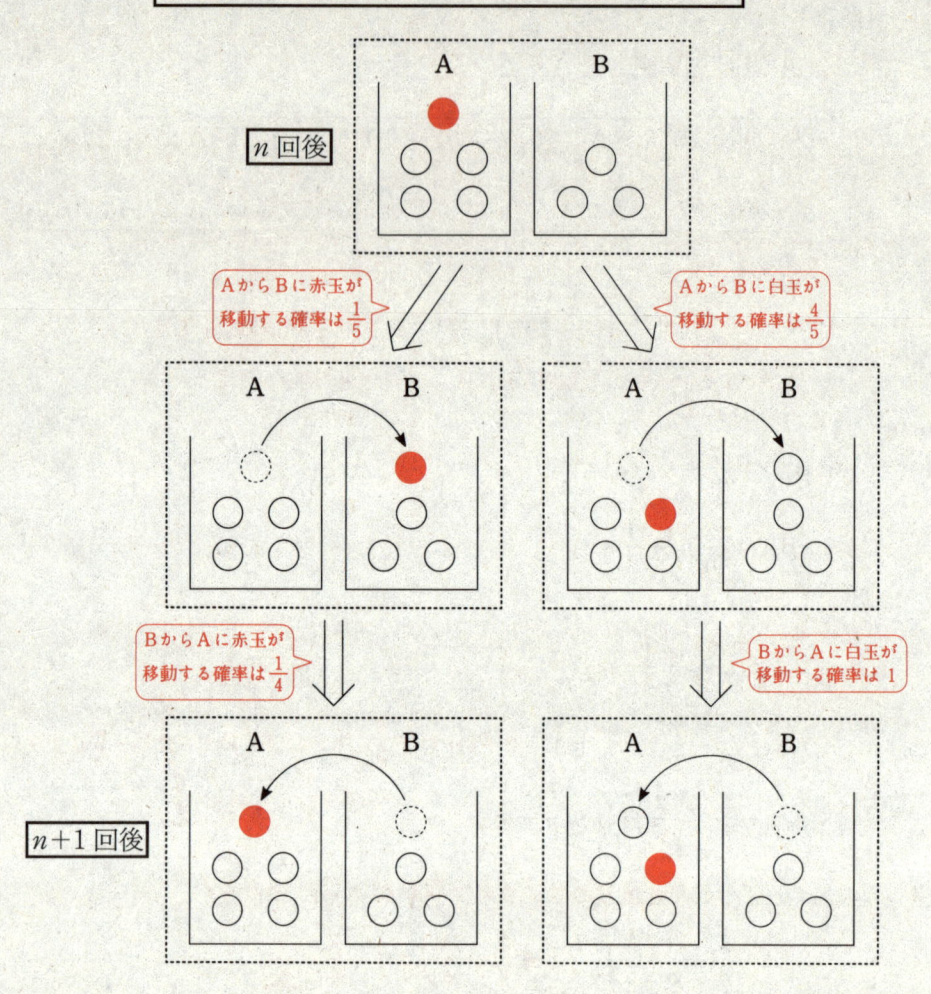

[n 回後]

A から B に赤玉が移動する確率は $\dfrac{1}{5}$

A から B に白玉が移動する確率は $\dfrac{4}{5}$

B から A に赤玉が移動する確率は $\dfrac{1}{4}$

B から A に白玉が移動する確率は 1

[$n+1$ 回後]

よって，
n 回後に赤玉が A に入っているとき，
$n+1$ 回後も赤玉が A に入っている確率は
$\dfrac{1}{5}\cdot\dfrac{1}{4}+\dfrac{4}{5}\cdot 1$　//

[解説Ⅱ] n 回後に赤玉が A に入っていないとき，
$n+1$ 回後に赤玉が A に入っている確率について

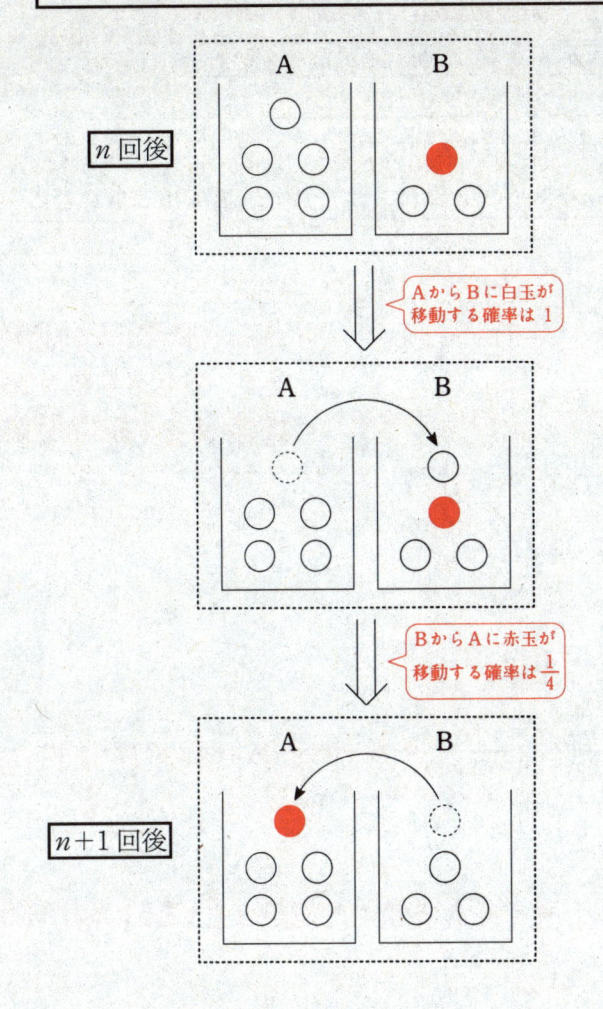

n 回後

A から B に白玉が移動する確率は 1

B から A に赤玉が移動する確率は $\dfrac{1}{4}$

$n+1$ 回後

よって，
n 回後に赤玉が A に入っていないとき，
$n+1$ 回後に赤玉が A に入っている確率は
$1 \cdot \dfrac{1}{4} = \underline{\dfrac{1}{4}} /\!/$

31

[解答]

「n 個の数の和が偶数」になるためには，
「$n-1$ 個の数の和が偶数」のときは「n 個目が偶数」で，
「$n-1$ 個の数の和が奇数」のときは「n 個目が奇数」であればよい！

(1)
$$\boxed{a_1b_1+a_2b_2+\cdots+a_{n-1}b_{n-1}+a_nb_n \text{ が偶数になる}}$$
$$\Updownarrow$$
$$\boxed{\begin{cases} a_1b_1+a_2b_2+\cdots+a_{n-1}b_{n-1} \text{ が偶数で，} a_nb_n \text{ も偶数になる} \\ \quad\text{or} \\ a_1b_1+a_2b_2+\cdots+a_{n-1}b_{n-1} \text{ が奇数で，} a_nb_n \text{ も奇数になる} \end{cases}}$$

より，

$$p_n = \underbrace{p_{n-1}}_{\substack{a_1b_1+\cdots+a_{n-1}b_{n-1}\\ \text{が偶数になる確率}}} \times \underbrace{\frac{3}{4}}_{a_nb_n\text{ が偶数になる確率}} + \underbrace{(1-p_{n-1})}_{\substack{a_1b_1+\cdots+a_{n-1}b_{n-1}\\ \text{が奇数になる確率}}} \times \underbrace{\frac{1}{4}}_{a_nb_n\text{ が奇数になる確率}}$$

◀ a_nb_n が偶数になる確率は $\frac{3}{4}$ で，a_nb_n が奇数になる確率は $\frac{1}{4}$ である（[解説]を見よ）

$\Leftrightarrow p_n = \frac{3}{4}p_{n-1} - \frac{1}{4}p_{n-1} + \frac{1}{4}$

$\therefore \underline{\underline{p_n = \frac{1}{2}p_{n-1} + \frac{1}{4}}}$ //

(2) $p_n = \frac{1}{2}p_{n-1} + \frac{1}{4}$

$\Leftrightarrow p_n - \frac{1}{2} = \frac{1}{2}\left(p_{n-1} - \frac{1}{2}\right)$ ◀ $p_n + \alpha = \frac{1}{2}(p_{n-1}+\alpha) \Leftrightarrow p_n = \frac{1}{2}p_{n-1} - \frac{1}{2}\alpha$ より $-\frac{1}{2}\alpha = \frac{1}{4}$ $\therefore \alpha = -\frac{1}{2}$

$\Leftrightarrow p_n - \frac{1}{2} = \left(\frac{1}{2}\right)^{n-1}\left(p_1 - \frac{1}{2}\right)$

$\boxed{p_1 = \frac{3}{4}}$ より， ◀ a_1b_1 が偶数になる確率は $\frac{3}{4}$ である（[解説]を見よ）

$p_n - \frac{1}{2} = \underbrace{\frac{1}{4}}_{\left(\frac{1}{2}\right)^2}\left(\frac{1}{2}\right)^{n-1}$ ◀ $\left(p_1 - \frac{1}{2}\right) = \frac{3}{4} - \frac{1}{2} = \frac{1}{4}$

$\Leftrightarrow p_n - \frac{1}{2} = \left(\frac{1}{2}\right)^{n+1}$ ◀ $\left(\frac{1}{2}\right)^2 \cdot \left(\frac{1}{2}\right)^{n-1} = \left(\frac{1}{2}\right)^{n+1}$

$\therefore \underline{\underline{p_n = \left(\frac{1}{2}\right)^{n+1} + \frac{1}{2}}}$ //

[解説] $a_k b_k$ が **偶数** or **奇数** になる確率について

a_k が **偶数** で b_k が **偶数** ➡ $a_k b_k$ は **偶数**
a_k が **偶数** で b_k が **奇数** ➡ $a_k b_k$ は **偶数**
a_k が **奇数** で b_k が **偶数** ➡ $a_k b_k$ は **偶数**
a_k が **奇数** で b_k が **奇数** ➡ $a_k b_k$ は **奇数**

よって,

$$\begin{cases} a_k b_k \text{ が } \textbf{偶数} \text{ になる確率は } \dfrac{3}{4} \\ a_k b_k \text{ が } \textbf{奇数} \text{ になる確率は } \dfrac{1}{4} \end{cases}$$

32

[解答]

(1) 点 $n+1$ に到達する
 ‖
 $\begin{cases} \text{点 } n \text{ に到達し,次に表が出る} \\ \quad\text{or} \\ \text{点 } n-1 \text{ に到達し,次に裏が出る} \end{cases}$ より,

$$p_{n+1} = p_n \times \frac{1}{2} + p_{n-1} \times \frac{1}{2}$$

$$\therefore\ p_{n+1} = \frac{1}{2} p_n + \frac{1}{2} p_{n-1}$$

◀ この漸化式の解き方については [解説] を見よ

(2) $p_{n+1} = \dfrac{1}{2} p_n + \dfrac{1}{2} p_{n-1}$

◀ $p_{n+1} = x^2,\ p_n = x,\ p_{n-1} = 1$ とおくと
$x^2 = \dfrac{1}{2} x + \dfrac{1}{2} \Leftrightarrow 2x^2 = x + 1$
$\Leftrightarrow 2x^2 - x - 1 = 0$
$\Leftrightarrow (2x+1)(x-1) = 0$
$\therefore\ x = -\dfrac{1}{2},\ 1$

$\Leftrightarrow \begin{cases} p_{n+1} + \dfrac{1}{2} p_n = \left(p_n + \dfrac{1}{2} p_{n-1} \right) \\ p_{n+1} - p_n = -\dfrac{1}{2}(p_n - p_{n-1}) \end{cases}$

$\Leftrightarrow \begin{cases} p_{n+1} + \dfrac{1}{2} p_n = p_1 + \dfrac{1}{2} p_0 \\ p_{n+1} - p_n = \left(-\dfrac{1}{2} \right)^n (p_1 - p_0) \end{cases}$

◀ 《注》を見よ

また、 $\begin{cases} p_0 = 1 \\ p_1 = \dfrac{1}{2} \end{cases}$ より ◀ はじめに原点にいるので $p_0 = 1$
◀ 1回目に表が出れば原点から点1に到達するので $p_1 = \dfrac{1}{2}$

$\begin{cases} p_{n+1} + \dfrac{1}{2} p_n = 1 & \cdots\cdots ① \\ p_{n+1} - p_n = \left(-\dfrac{1}{2}\right)^{n+1} & \cdots\cdots ② \end{cases}$

◀ $p_1 + \dfrac{1}{2} p_0 = \dfrac{1}{2} + \dfrac{1}{2} = 1$
◀ $p_1 - p_0 = \dfrac{1}{2} - 1 = -\dfrac{1}{2}$

①−② より ◀ p_{n+1} を消去して p_n を求める!

$\dfrac{3}{2} p_n = 1 - \left(-\dfrac{1}{2}\right)^{n+1}$

∴ $p_n = \dfrac{2}{3} - \dfrac{2}{3}\left(-\dfrac{1}{2}\right)^{n+1}$ ◀ 両辺に $\dfrac{2}{3}$ を掛けて p_n について解いた

(注)

$\boxed{p_{n+1} + \dfrac{1}{2} p_n = \left(p_n + \dfrac{1}{2} p_{n-1}\right)}$ $\cdots\cdots(*)$

$\boxed{p_{n+1} + \dfrac{1}{2} p_n = a_n}$ とおく と、

$p_n + \dfrac{1}{2} p_{n-1} = a_{n-1}$ もいえるので、 ◀ $p_{n+1} + \dfrac{1}{2} p_n = a_n$ の n に $n-1$ を代入した

$(*) \Leftrightarrow a_n = 1 \cdot a_{n-1}$ ◀ Pattern 0 の形

$\Leftrightarrow a_n = 1^n \cdot a_0$

$\Leftrightarrow a_n = a_0$

∴ $p_{n+1} + \dfrac{1}{2} p_n = p_1 + \dfrac{1}{2} p_0$ ◀ $a_n = p_{n+1} + \dfrac{1}{2} p_n$, $a_0 = p_1 + \dfrac{1}{2} p_0$

$\boxed{p_{n+1} - p_n = -\dfrac{1}{2}(p_n - p_{n-1})}$ $\cdots\cdots(**)$

$\boxed{p_{n+1} - p_n = b_n}$ とおく と、

$p_n - p_{n-1} = b_{n-1}$ もいえるので、 ◀ $p_{n+1} - p_n = b_n$ の n に $n-1$ を代入した

$(**) \Leftrightarrow b_n = -\dfrac{1}{2} b_{n-1}$ ◀ Pattern 0 の形

$\Leftrightarrow b_n = \left(-\dfrac{1}{2}\right)^n b_0$

∴ $p_{n+1} - p_n = \left(-\dfrac{1}{2}\right)^n (p_1 - p_0)$ ◀ $b_n = p_{n+1} - p_n$, $b_0 = p_1 - p_0$

[解説]

次の **Pattern 6** は「3項間の漸化式」と呼ばれているものである。これは次のような特性方程式を使ったちょっと面倒くさい変形を覚えなくてはならないのだが，原則は（他の漸化式の解法と）同じで，**Pattern 0** の形にもっていくように変形すればよい。とにかく，これは問題数をこなして解法を覚えるしかない！

Pattern 6 ; $a_{n+2} = A a_{n+1} + B a_n$ 型

Point 2.10 〈3項間の漸化式の解法〉

$a_{n+2} = x^2$, $a_{n+1} = x$, $a_n = 1$ とおくと，
$x^2 - Ax - B = 0$ という特性方程式が得られる。

これの解を α, β ($\alpha \neq \beta$) とおくと，

$$a_{n+2} = A a_{n+1} + B a_n$$
$$\Rightarrow \begin{cases} (a_{n+2} - \alpha a_{n+1}) = \beta (a_{n+1} - \alpha a_n) & \cdots\cdots ① \\ (a_{n+2} - \beta a_{n+1}) = \alpha (a_{n+1} - \beta a_n) & \cdots\cdots ② \end{cases}$$

◀ ①と②は Pattern 0 の形！

がいえる。 ◀ この結果は覚えよ!!

さらに，
① より $(a_{n+2} - \alpha a_{n+1}) = \beta^n (a_2 - \alpha a_1)$ ……①′ がいえ，
② より $(a_{n+2} - \beta a_{n+1}) = \alpha^n (a_2 - \beta a_1)$ ……②′ がいえる。

①′−②′ より， ◀ a_{n+2} が消えて a_{n+1} だけの式が得られる！

$(\beta - \alpha) a_{n+1} = \beta^n (a_2 - \alpha a_1) - \alpha^n (a_2 - \beta a_1)$ が得られ，

両辺を $(\beta - \alpha)$ で割ると， ◀ a_{n+1} について解く

$$a_{n+1} = \frac{1}{\beta - \alpha} \{ \beta^n (a_2 - \alpha a_1) - \alpha^n (a_2 - \beta a_1) \}$$

∴ $a_n = \dfrac{1}{\beta - \alpha} \{ \beta^{n-1} (a_2 - \alpha a_1) - \alpha^{n-1} (a_2 - \beta a_1) \}$ ◀ a_n を求めることができた！

33

[考え方]

(1) 最初に k 個のコインを持っていた人が(最終的に)勝つ場合 ……(*)
について考えよう。

まず,1回目は"勝つ"か"負ける"かのどちらかだよね。

だから,(*)は次のように書き直せるよね。

$$(*) \Rightarrow \begin{cases} 1回目に勝ちコインが\ k+1\ 個になって,(最終的に)勝者になる場合 \\ \quad\quad\quad\quad or \\ 1回目に負けコインが\ k-1\ 個になるが,(最終的に)勝者になる場合 \end{cases}$$

[解答]

(1) 最初に k 個のコインを持っていた人が(最終的に)勝つ
$\|$
$\begin{cases} 1回目に勝ちコインが\ k+1\ 個になって,(最終的に)勝者になる \\ \quad\quad or \\ 1回目に負けコインが\ k-1\ 個になるが,(最終的に)勝者になる \end{cases}$

より,

$$p_k = \frac{1}{2} \times p_{k+1} + \frac{1}{2} \times p_{k-1}$$

$\therefore\ \underline{p_{k+1} = 2p_k - p_{k-1}}$ ……(*)

(2) $p_{k+1} = 2p_k - p_{k-1}$ ……(*) に $k=1$ を代入する と,

$p_2 = 2p_1 - p_0$

$\therefore\ \underline{p_2 = 2p_1}$ ……①　　◀問題文より $p_0 = 0$

また,

コインが全部で3個のとき,　◀ $n=3$
一方が1個持っているならば 他方は2個持っていて
どちらかが必ず勝者になるので,

$\underline{p_1 + p_2 = 1}$ ……②

①,②より,

$\underline{p_1 = \frac{1}{3},\ p_2 = \frac{2}{3}}$

(3) $p_{k+1} = 2p_k - p_{k-1}$ ……(*)

$\Leftrightarrow p_{k+1} - p_k = (p_k - p_{k-1})$ ◀ $p_{k+1} = x^2$, $p_k = x$, $p_{k-1} = 1$ とおくと
$\Leftrightarrow p_{k+1} - p_k = (p_1 - p_0)$ 　　　$x^2 = 2x - 1 \Leftrightarrow x^2 - 2x + 1 = 0$
$\Leftrightarrow p_{k+1} - p_k = p_1$ ◀ 問題文より $p_0 = 0$ 　$\Leftrightarrow (x-1)^2 = 0$ ∴ $x = 1$
$\Leftrightarrow \sum_{\ell=1}^{k-1}(p_{\ell+1} - p_\ell) = \sum_{\ell=1}^{k-1} p_1$ ◀ $p_{k+1} - p_k = p_1$ は階差数列なので
　　　　　　　　　　　　　　　　　両辺に和をとった！
$\Leftrightarrow p_k - p_1 = (k-1)p_1$ ◀ 《注》を見よ

∴ $p_k = kp_1$ ……③

$p_k = kp_1$ に $k = n$ を代入する と， ◀ 問題文の $p_n = 1$ を使って p_1 を求める！
　 $p_n = np_1$
$\Leftrightarrow 1 = np_1$ ◀ 問題文より $p_n = 1$
$\Leftrightarrow p_1 = \dfrac{1}{n}$

よって，③より

$p_k = \dfrac{k}{n}$ ◀ $p_k = kp_1$ ……③

《注》
$\sum_{\ell=1}^{k-1}(p_{\ell+1} - p_\ell) = \sum_{\ell=1}^{k-1} p_{\ell+1} - \sum_{\ell=1}^{k-1} p_\ell$

　　　　　　　　　$= \boxed{p_2 + p_3 + \cdots + p_{k-1}} + p_k$ ◀ $\sum_{\ell=1}^{k-1} p_{\ell+1}$

　　　　　　　　　$\quad - (p_1 + \boxed{p_2 + p_3 + \cdots + p_{k-1}})$ ◀ $-\sum_{\ell=1}^{k-1} p_\ell$

　　　　　　　　　$= p_k - p_1$ ◀ Telescoping Method

$\sum_{\ell=1}^{k-1} p_1 = \underbrace{p_1 + p_1 + \cdots + p_1}_{k-1 \text{個}}$

　　　$= (k-1)p_1$

34

[解答]

(1)
$$\boxed{n \text{秒後に A にいる}}$$
$$\parallel$$
$$\boxed{\begin{cases} n-1 \text{秒後に A にいて，そこにとどまる} \\ \quad \text{or} \\ n-1 \text{秒後に B にいて，次に A に移動する} \end{cases}}$$ より，

$$a_n = a_{n-1} \cdot (1-p) + b_{n-1} \cdot (1-p)$$ ◀《注》を見よ

∴ $\underline{a_n = (1-p)(a_{n-1} + b_{n-1})}$ ……① ◀$(1-p)$ でくくった

$$\boxed{n \text{秒後に B にいる}}$$
$$\parallel$$
$$\boxed{\begin{cases} n-1 \text{秒後に A にいて，次に B に移動する} \\ \quad \text{or} \\ n-1 \text{秒後に C にいて，次に B に移動する} \end{cases}}$$ より，

$$b_n = a_{n-1} \cdot p + c_{n-1} \cdot (1-p)$$ ◀《注》を見よ

∴ $\underline{b_n = pa_{n-1} + (1-p)c_{n-1}}$ ……②

$$\boxed{n \text{秒後に C にいる}}$$
$$\parallel$$
$$\boxed{\begin{cases} n-1 \text{秒後に B にいて，次に C に移動する} \\ \quad \text{or} \\ n-1 \text{秒後に C にいて，そこにとどまる} \end{cases}}$$ より，

$$c_n = b_{n-1} \cdot p + c_{n-1} \cdot p$$ ◀《注》を見よ

∴ $\underline{c_n = p(b_{n-1} + c_{n-1})}$ ……③ ◀p でくくった

《注》

[図：A, B, C の3つの部屋があり，A→B，B→C の方向に確率 p，B→A，C→B の方向に確率 $1-p$ で移動する。各部屋の下に a_n, b_n, c_n と記されている。]

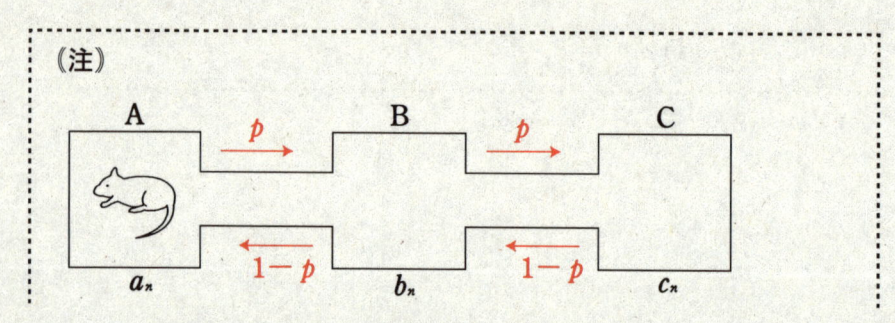

> **Aにいる場合**
> AからB移動できる所はBだけだが，A→Bの確率はpなので，
> **$1-p$の確率でAにとどまる**ことが分かる。
>
> **Bにいる場合**
> B→Aの確率の$1-p$とB→Cの確率のpを加えると，
> $(1-p)+p=1$になるので
> **必ずBからAorCに移動する**ことが分かる。 ◀ Bにとどまることはありえない！
>
> **Cにいる場合**
> Cから移動できる所はBだけだが，C→Bの確率は$1-p$なので，
> **pの確率でCにとどまる**ことが分かる。 ◀ $1-(1-p)=p$

(2)　$\boxed{a_{n-1}+b_{n-1}+c_{n-1}=1}$　◀ $n-1$秒後にAorBorCのどこかに必ずいる！

$\Leftrightarrow c_{n-1}=1-a_{n-1}-b_{n-1}$ を②に代入すると，　◀ c_{n-1}を消去！

$\quad b_n = pa_{n-1}+(1-p)(1-a_{n-1}-b_{n-1})$　◀ $b_n=pa_{n-1}+(1-p)c_{n-1}$ ……②

$\Leftrightarrow b_n=(2p-1)a_{n-1}+(p-1)b_{n-1}+1-p$ ……④

ここで，
$\quad a_n=(1-p)(a_{n-1}+b_{n-1})$ ……①

$\Leftrightarrow \dfrac{a_n}{1-p}=a_{n-1}+b_{n-1}$　◀ 両辺を$1-p$で割った

$\Leftrightarrow b_{n-1}=\dfrac{a_n}{1-p}-a_{n-1}$ ……⑤　◀ b_{n-1}について解いた

$\therefore b_n=\dfrac{a_{n+1}}{1-p}-a_n$ ……⑥ を考え　◀ $n-1$にnを代入した！

$\boxed{⑤と⑥を④に代入する}$と，　◀ b_{n-1}とb_nを消去してaだけの式にする！

$\quad \dfrac{a_{n+1}}{1-p}-a_n=(2p-1)a_{n-1}+(p-1)\left(\dfrac{a_n}{1-p}-a_{n-1}\right)+1-p$

$\Leftrightarrow \dfrac{a_{n+1}}{1-p}-a_n=(2p-1)a_{n-1}-a_n-(p-1)a_{n-1}+1-p$　◀ 展開した

$\Leftrightarrow \dfrac{a_{n+1}}{1-p}=pa_{n-1}+1-p$　◀ 整理した

$\Leftrightarrow a_{n+1} = p(1-p)a_{n-1} + (1-p)^2$ ◀ 両辺に $1-p$ を掛けた

$\therefore \underline{a_{n+1} - p(1-p)a_{n-1} = (1-p)^2}$ ◀ $a_{n+1} + \alpha a_n + \beta a_{n-1} = \gamma$ の形!

よって,
$\underline{\alpha = 0, \quad \beta = -p(1-p), \quad \gamma = (1-p)^2}$ //

(3) $a_{n+1} = \dfrac{1}{4}a_{n-1} + \dfrac{1}{4}$ ◀ $a_{n+1} = p(1-p)a_{n-1} + (1-p)^2$ に $p = \dfrac{1}{2}$ を代入した!

$\Leftrightarrow a_{2m} = \dfrac{1}{4}a_{2(m-1)} + \dfrac{1}{4}$ ◀ $n+1$ に $2m$ を代入して a_{2m} をつくった!
$n+1 = 2m \Rightarrow n-1 = 2m-2 \therefore \underline{n-1 = 2(m-1)}$

$\Leftrightarrow a_{2m} - \dfrac{1}{3} = \dfrac{1}{4}\left(a_{2(m-1)} - \dfrac{1}{3}\right)$ ◀ $a_{2m} + \alpha = \dfrac{1}{4}(a_{2(m-1)} + \alpha) \Leftrightarrow a_{2m} = \dfrac{1}{4}a_{2(m-1)} - \dfrac{3}{4}\alpha$
$-\dfrac{3}{4}\alpha = \dfrac{1}{4} \therefore \underline{\alpha = -\dfrac{1}{3}}$

$\Leftrightarrow a_{2m} - \dfrac{1}{3} = \left(\dfrac{1}{4}\right)^m \left(a_0 - \dfrac{1}{3}\right)$ ◀《注》を見よ

$\boxed{a_0 = 1}$ より, ◀ $n=0$ のとき, ネズミは箱Aにいるので!

$a_{2m} - \dfrac{1}{3} = \dfrac{2}{3}\left(\dfrac{1}{4}\right)^m$ ◀ $\left(a_0 - \dfrac{1}{3}\right) = 1 - \dfrac{1}{3} = \underline{\dfrac{2}{3}}$

$\therefore \underline{a_{2m} = \dfrac{2}{3}\left(\dfrac{1}{4}\right)^m + \dfrac{1}{3}}$ //

(注)

$a_{2m} - \dfrac{1}{3} = \dfrac{1}{4}\left(a_{2(m-1)} - \dfrac{1}{3}\right)$ ……(∗)

$\boxed{a_{2m} - \dfrac{1}{3} = A_m \text{ とおく}}$ と,

$a_{2(m-1)} - \dfrac{1}{3} = A_{m-1}$ もいえるので, ◀ $a_{2m} - \dfrac{1}{3} = A_m$ の m に $m-1$ を代入した

(∗) $\Leftrightarrow A_m = \dfrac{1}{4}A_{m-1}$ ◀ Pattern 0 の形

$\Leftrightarrow A_m = \left(\dfrac{1}{4}\right)^m A_0$

$\therefore \underline{a_{2m} - \dfrac{1}{3} = \left(\dfrac{1}{4}\right)^m\left(a_0 - \dfrac{1}{3}\right)}$ // ◀ $A_m = a_{2m} - \dfrac{1}{3}, A_0 = a_0 - \dfrac{1}{3}$

Section 3 $_nC_r$ の重要公式について

35

[解答]

$(1+1)^n = {}_nC_0 1^n 1^0 + {}_nC_1 1^{n-1} 1^1 + {}_nC_2 1^{n-2} 1^2 + \cdots + {}_nC_{n-1} 1^1 1^{n-1} + {}_nC_n 1^0 1^n$

∴ $2^n = {}_nC_0 + {}_nC_1 + {}_nC_2 + \cdots + {}_nC_{n-1} + {}_nC_n$ ……①

$(1-1)^n = {}_nC_0 1^n (-1)^0 + {}_nC_1 1^{n-1}(-1)^1 + {}_nC_2 1^{n-2}(-1)^2 + \cdots$
$\qquad + {}_nC_{n-1} 1^1 (-1)^{n-1} + {}_nC_n 1^0 (-1)^n$

∴ $0 = {}_nC_0 - {}_nC_1 + {}_nC_2 - \cdots - {}_nC_{n-1} + {}_nC_n$ ……② ◀ n は偶数なので $(-1)^n = 1$

①+② より,

$2^n = 2({}_nC_0 + {}_nC_2 + {}_nC_4 + \cdots + {}_nC_n)$

∴ ${}_nC_0 + {}_nC_2 + {}_nC_4 + \cdots + {}_nC_n = 2^{n-1}$ ◀ 両辺を2で割った

[参考]

n が偶数のとき は,②から

${}_nC_0 + {}_nC_2 + {}_nC_4 + \cdots + {}_nC_n = {}_nC_1 + {}_nC_3 + {}_nC_5 + \cdots + {}_nC_{n-1}$ が得られる。

また,

n が奇数のとき も 同様に

${}_nC_0 + {}_nC_2 + {}_nC_4 + \cdots + {}_nC_{n-1} = {}_nC_1 + {}_nC_3 + {}_nC_5 + \cdots + {}_nC_n$ が得られる。

よって,

${}_nC_0, {}_nC_1, {}_nC_2, \cdots, {}_nC_n$ の $n+1$ 個の ${}_nC_r$ について
(r が偶数のものの総和) = (r が奇数のものの総和) がいえる。

36

[解答]

$$\sum_{k=0}^{n} k \cdot {}_nC_k p^k q^{n-k}$$
$$= \sum_{k=0}^{n} n \cdot {}_{n-1}C_{k-1} p^k q^{n-k} \quad \blacktriangleleft k \cdot {}_nC_k = n \cdot {}_{n-1}C_{k-1} \ [\text{Point 3.3}]$$
$$= n \sum_{k=0}^{n} {}_{n-1}C_{k-1} p^k q^{n-k} \quad \blacktriangleleft n を \Sigma の外に出した$$
$$= n(\underbrace{{}_{n-1}C_{-1}}_{\parallel 0} p^0 q^n + {}_{n-1}C_0 p^1 q^{n-1} + {}_{n-1}C_1 p^2 q^{n-2} + \cdots + {}_{n-1}C_{n-1} p^n q^0)$$
$$\blacktriangleleft {}_nC_r = 0 \ (r \neq 0, 1, 2, \cdots, n) \qquad \blacktriangle 実際に書き出した$$
$$= n({}_{n-1}C_0 p^1 q^{n-1} + {}_{n-1}C_1 p^2 q^{n-2} + \cdots + {}_{n-1}C_{n-1} p^n q^0)$$
$$= np({}_{n-1}C_0 p^0 q^{n-1} + {}_{n-1}C_1 p^1 q^{n-2} + \cdots + {}_{n-1}C_{n-1} p^{n-1} q^0) \quad \blacktriangleleft p でくくった$$
$$= np(p+q)^{n-1} \quad \blacktriangleleft \text{Point 3.1}$$
$$= \underline{\underline{np}} \quad \blacktriangleleft p+q=1$$

以上の結果より，次の重要公式が得られる！

Point 3.4 〈反復試行の確率と期待値の公式〉

ある試行で事象 A の起こる確率を p とする。
この試行を独立に n 回繰り返すとき，
事象 A がちょうど k 回起こる確率は
$\underline{{}_nC_k p^k (1-p)^{n-k}}$ で， ◀ Point 2.3
期待値は
$$\sum_{k=0}^{n} k \cdot {}_nC_k p^k (1-p)^{n-k} = \underline{\underline{np}}$$

37

[考え方]

$_kC_4 = \dfrac{k(k-1)(k-2)(k-3)}{24}$ を考え，この問題は実質的には

$\sum\limits_{k=4}^{n} k(k-1)(k-2)(k-3)$ を求める問題である。

[解答]

$\sum\limits_{k=4}^{n} {_kC_4}$

$= \sum\limits_{k=4}^{n} \dfrac{k(k-1)(k-2)(k-3)}{24}$ ◀ $_kC_4 = \dfrac{k(k-1)(k-2)(k-3)}{4!}$

$= \dfrac{1}{24} \sum\limits_{k=4}^{n} k(k-1)(k-2)(k-3)$

$= \dfrac{1}{24} \sum\limits_{k=4}^{n} \dfrac{1}{5}\{(k+1)k(k-1)(k-2)(k-3) - k(k-1)(k-2)(k-3)(k-4)\}$

▲ [解説]を見よ！

$= \dfrac{1}{120} \sum\limits_{k=4}^{n} (k+1)k(k-1)(k-2)(k-3)$

$\quad - \dfrac{1}{120} \sum\limits_{k=4}^{n} k(k-1)(k-2)(k-3)(k-4)$ ◀ $\sum(a_k - b_k) = \sum a_k - \sum b_k$

$= \dfrac{1}{120}\{\boxed{5\cdot4\cdot3\cdot2\cdot1 + \cdots + n(n-1)(n-2)(n-3)(n-4)}$

$\qquad + (n+1)n(n-1)(n-2)(n-3)\}$

$\quad - \dfrac{1}{120}\{0 + \boxed{5\cdot4\cdot3\cdot2\cdot1 + \cdots + n(n-1)(n-2)(n-3)(n-4)}\}$

$= \underline{\dfrac{1}{120}(n+1)n(n-1)(n-2)(n-3)}$ ◀ Telescoping Method //

[解説]

$$k(k-1)(k-2)(k-3)$$
$$=\frac{1}{5}\{(k+1)k(k-1)(k-2)(k-3)-k(k-1)(k-2)(k-3)(k-4)\}$$ について

$k(k-1)(k-2)(k-3)$ のように "連続した 4 つの数" については次のように "Telescoping Method が使える形" になることを必ず覚えておくこと！

Point 3.6 〈Σの計算における $k(k-1)(k-2)(k-3)$ の変形〉

$$k(k-1)(k-2)(k-3)$$
$$=a\{(k+1)k(k-1)(k-2)(k-3)-k(k-1)(k-2)(k-3)(k-4)\}$$
とおける。

a の求め方

$\quad k(k-1)(k-2)(k-3)=a\{(k+1)k(k-1)(k-2)(k-3)$
$\qquad\qquad\qquad\qquad\qquad -k(k-1)(k-2)(k-3)(k-4)\}$

$\Leftrightarrow k(k-1)(k-2)(k-3)=ak(k-1)(k-2)(k-3)\{(k+1)-(k-4)\}$
◀ $k(k-1)(k-2)(k-3)$ でくくった

$\Leftrightarrow k(k-1)(k-2)(k-3)=5ak(k-1)(k-2)(k-3)$ ◀ $(k+1)-(k-4)=\underline{5}$

$\Leftrightarrow 1=5a$ ◀ 両辺を $k(k-1)(k-2)(k-3)$ で割った

$\therefore\ a=\dfrac{1}{5}$

38

[考え方]

　まず，$_nC_r$ が **Point 3.7** のように変形できることは
必ず知っておくこと！　ただし，この公式は"意味"を考えれば
簡単に"導ける"ものなので，機械的に覚えるのではなく
"意味"を理解して公式を"導ける"ようにしておこう。

Point 3.7　〈$_nC_r$ の重要公式Ⅱ〉

$$_nC_r = {}_{n-1}C_{r-1} + {}_{n-1}C_r$$

[**Point 3.7** の式の意味と導き方]

　　n 人から r 人を選ぶ　◀ nCr
　　　　∥
　　ある特定の1人が r 人の中に入っている
　　（▶特定の1人を除く $n-1$ 人から残りの $r-1$ 人を選べばよい。）
　　　　　or
　　ある特定の1人が r 人の中に入っていない
　　（▶特定の1人を除く $n-1$ 人から r 人を選べばよい。）

を考え，
　　$_nC_r = {}_{n-1}C_{r-1} + {}_{n-1}C_r$　が得られる。

　さて，示すべき式は
$_{n+1}C_{r+1} = {}_nC_r + {}_{n-1}C_r + {}_{n-2}C_r + \cdots + {}_{r+1}C_r + {}_rC_r$ のように
$_{n+1}C_{r+1} = n-r+1$ 個の和 ……（＊）という形だから，一見すると
どのように示したらいいのか よく分からないよね。

　だけど，（＊）のような形の式は 見覚えがないかい？

　そう，Telescoping Method の式は　◀ $\sum_{k=1}^{n}(a_{k+1} - a_k) = a_{n+1} - a_1$
まさに n 個の和 $= a_{n+1} - a_1$ だから，
（＊）とほとんど同じような形だよね！

そこで，この問題を解く上で **Point 3.7** の
$\boxed{{}_nC_r = {}_{n-1}C_{r-1} + {}_{n-1}C_r}$ ……（★）が重要になるんだよ。

えっ，何故かって？
だって，（★）は
$\boxed{{}_nC_r - {}_{n-1}C_r = {}_{n-1}C_{r-1}}$ ……（★）′ と書き直すことができるので，
Telescoping Method が使えるでしょ！　　　　　　▲ ${}_{n-1}C_r$ を左辺に移項した

[解答]

$\quad {}_{k+1}C_{r+1} = {}_kC_r + {}_kC_{r+1}$　　◀ Point 3.7（$n \to k+1, r \to r+1$）

$\Leftrightarrow {}_{k+1}C_{r+1} - {}_kC_{r+1} = {}_kC_r$　より，　◀ 左辺は Telescoping Method が使える形！

$\quad \sum_{k=r}^{n}({}_{k+1}C_{r+1} - {}_kC_{r+1}) = \sum_{k=r}^{n} {}_kC_r$　◀ 両辺に Σ をつけた！

$\Leftrightarrow {}_{n+1}C_{r+1} - \underwave{{}_rC_{r+1}} = {}_rC_r + {}_{r+1}C_r + \cdots + {}_{n-1}C_r + {}_nC_r$　◀《注》を見よ

$\therefore \underline{{}_{n+1}C_{r+1} = {}_nC_r + {}_{n-1}C_r + \cdots + {}_{r+1}C_r + {}_rC_r}$　　（q.e.d.）

　　　　▲ ${}_rC_k = 0\ (k \neq 0, 1, \cdots, r)$ より ${}_rC_{r+1} = 0$

（注）
$\quad \sum_{k=r}^{n}({}_{k+1}C_{r+1} - {}_kC_{r+1})$

$= \boxed{{}_{r+1}C_{r+1} + {}_{r+2}C_{r+1} + \cdots + {}_nC_{r+1}} + {}_{n+1}C_{r+1}$　◀ $\sum_{k=r}^{n} {}_{k+1}C_{r+1}$
$\quad -({}_rC_{r+1} + \boxed{{}_{r+1}C_{r+1} + {}_{r+2}C_{r+1} + \cdots + {}_nC_{r+1}})$　◀ $-\sum_{k=r}^{n} {}_kC_{r+1}$

$= {}_{n+1}C_{r+1} - {}_rC_{r+1}$　◀ Telescoping Method

Section 4　期待値の求め方

39

[解答]

(1) 1つのサイコロがAに入る確率は $\dfrac{4}{6}=\dfrac{2}{3}$，Bに入る確率は $\dfrac{2}{6}=\dfrac{1}{3}$ なので，Aへ入れられるサイコロの数をXとおくと，

$$\sum_{k=0}^{2}P(X=k)=\sum_{k=0}^{2}{}_nC_k\left(\dfrac{2}{3}\right)^k\left(\dfrac{1}{3}\right)^{n-k} \blacktriangleleft \text{Point 2.3}$$

（2個以下）= 0個 or 1個 or 2個

$$={}_nC_0\left(\dfrac{2}{3}\right)^0\left(\dfrac{1}{3}\right)^n+{}_nC_1\left(\dfrac{2}{3}\right)^1\left(\dfrac{1}{3}\right)^{n-1}+{}_nC_2\left(\dfrac{2}{3}\right)^2\left(\dfrac{1}{3}\right)^{n-2} \blacktriangleleft \text{実際に書き出した}$$

$$=\dfrac{1}{3^n}+n\cdot\dfrac{2}{3}\cdot\dfrac{1}{3^{n-1}}+\dfrac{n(n-1)}{2}\cdot\left(\dfrac{2}{3}\right)^2\cdot\dfrac{1}{3^{n-2}} \blacktriangleleft {}_nC_0=1$$

$$=\dfrac{1}{3^n}\{1+2n+2n(n-1)\} \blacktriangleleft \dfrac{1}{3^n}\text{でくくった}$$

$$=\dfrac{2n^2+1}{3^n} \blacktriangleleft 1+2n+2n(n-1)=1+2n+2n^2-2n=2n^2+1$$

(2) $$E(X)=\sum_{k=0}^{n}k\cdot{}_nC_k\left(\dfrac{2}{3}\right)^k\left(\dfrac{1}{3}\right)^{n-k} \blacktriangleleft \sum_{k=0}^{n}k\cdot P(X=k)$$

$$=n\cdot\dfrac{2}{3} \blacktriangleleft \text{Point 3.4}$$

$$=\dfrac{2}{3}n$$

40

[解答]

$$P(X=k)={}_nC_k\left(\dfrac{1}{2}\right)^k\left(\dfrac{1}{2}\right)^{n-k} \blacktriangleleft \text{Point 2.3}$$
（表が出る確率）=（裏が出る確率）= $\dfrac{1}{2}$

$$={}_nC_k\left(\dfrac{1}{2}\right)^n$$

$$E(X) = \sum_{k=0}^{n} 2^k \cdot {}_nC_k \left(\frac{1}{2}\right)^n \quad \blacktriangleleft \sum_{k=0}^{n} 2^k \cdot P(X=k)$$

$$= \left(\frac{1}{2}\right)^n \sum_{k=0}^{n} {}_nC_k 2^k \quad \blacktriangleleft \sum_{k=0}^{n} において \left(\frac{1}{2}\right)^n は定数なので \sum_{k=0}^{n} の外に出した!$$

$$= \left(\frac{1}{2}\right)^n \sum_{k=0}^{n} {}_nC_k 2^k \cdot 1^{n-k} \quad \blacktriangleleft \sum_{k=0}^{n} {}_nC_k a^k \cdot b^{n-k} \text{ の形にした!}$$

$$= \left(\frac{1}{2}\right)^n (2+1)^n \quad \blacktriangleleft 2項定理 [\text{Point 3.1}]$$

$$= \left(\frac{3}{2}\right)^n \quad \blacktriangleleft \left(\frac{1}{2}\right)^n \cdot 3^n = \left(\frac{3}{2}\right)^n$$

41

[解答]

(1) 1~6 の数字から 3 つを選ぶ組合せは ${}_6C_3 = \mathbf{20}$ 通り …… ① ある。

このうち,

$X=k$ となるのは,1~$(k-1)$ のうちの 2 つと k を選ぶとき で

${}_{k-1}C_2 = \dfrac{(k-1)(k-2)}{2}$ 通り …… ② ある。 ◀ k の選び方は1通りなので無視してよい!

この場合の k は固定された"特定の k"なので!

①,②より,

$$\dfrac{(k-1)(k-2)}{40} \quad \blacktriangleleft \dfrac{②}{①}$$

(2) $\displaystyle\sum_{k=1}^{6} k \cdot \dfrac{(k-1)(k-2)}{40} \quad \blacktriangleleft \text{Point 4.1}$

$$= \dfrac{1}{40} \sum_{k=1}^{6} k(k-1)(k-2)$$

$$= \dfrac{1}{40} \sum_{k=1}^{6} \dfrac{1}{4}\{(k+1)k(k-1)(k-2) - k(k-1)(k-2)(k-3)\} \quad \blacktriangleleft 《注》を見よ$$

$$= \dfrac{1}{160} \sum_{k=1}^{6} (k+1)k(k-1)(k-2) - \dfrac{1}{160} \sum_{k=1}^{6} k(k-1)(k-2)(k-3)$$

$$= \dfrac{1}{160}(0+0+ \boxed{4\cdot 3\cdot 2\cdot 1 + \cdots + 6\cdot 5\cdot 4\cdot 3} + 7\cdot 6\cdot 5\cdot 4) \quad \blacktriangleleft \dfrac{1}{160}\sum_{k=1}^{6}(k+1)k(k-1)(k-2)$$

$$- \dfrac{1}{160}(0+0+0+ \boxed{4\cdot 3\cdot 2\cdot 1 + \cdots + 6\cdot 5\cdot 4\cdot 3}) \quad \blacktriangleleft -\dfrac{1}{160}\sum_{k=1}^{6}k(k-1)(k-2)(k-3)$$

$$= \frac{1}{160}(7\cdot 6\cdot 5\cdot 4) \quad \blacktriangleleft \text{Telescoping Method}$$

$$= \underline{\underline{\frac{21}{4}}} \quad \blacktriangleleft \frac{7\cdot 6\cdot 5\cdot 4}{4\cdot 4\cdot 5\cdot 2}$$

（注）

$$\boxed{k(k-1)(k-2) = a\{(k+1)k(k-1)(k-2) - k(k-1)(k-2)(k-3)\}}$$

$\Leftrightarrow k(k-1)(k-2) = ak(k-1)(k-2)\{(k+1)-(k-3)\}$ ◀ $k(k-1)(k-2)$でくくった

$\Leftrightarrow k(k-1)(k-2) = 4ak(k-1)(k-2)$ ◀ $(k+1)-(k-3)=4$

$\Leftrightarrow 1 = 4a$ ◀ 両辺を$k(k-1)(k-2)$で割った

$\therefore \quad \underline{\underline{a = \frac{1}{4}}}$

42

[解答]

(1) $\boxed{(X, Y \text{ の最大値が } 3) = (X \text{ と } Y \text{ が共に } 3 \text{ 以下}) - (X \text{ と } Y \text{ が共に } 2 \text{ 以下})}$ ◀ XとYの少なくとも1つが3でなければならない！

を考え， ◀ Point 4.5

$\left(\frac{3}{n}\right)^2 - \left(\frac{2}{n}\right)^2$ ◀ $\frac{3}{n}\cdot\frac{3}{n} - \frac{2}{n}\cdot\frac{2}{n}$

$= \underline{\underline{\frac{5}{n^2}}}$ ◀ $\frac{9}{n^2} - \frac{4}{n^2}$

(2) $\boxed{(X, Y \text{ の最大値が } k) = (X \text{ と } Y \text{ が共に } k \text{ 以下}) - (X \text{ と } Y \text{ が共に } k-1 \text{ 以下})}$ ◀ XとYの少なくとも1つがkでなければならない！

を考え， ◀ Point 4.5

$\left(\frac{k}{n}\right)^2 - \left(\frac{k-1}{n}\right)^2$ ◀ $\frac{k}{n}\cdot\frac{k}{n} - \frac{k-1}{n}\cdot\frac{k-1}{n}$

$= \underline{\underline{\frac{2k-1}{n^2}}}$ ◀ $\frac{k^2}{n^2} - \frac{k^2-2k+1}{n^2}$

(3) $E(Z) = \sum_{k=1}^{n} k \cdot \dfrac{2k-1}{n^2}$ ◀ $\sum_{k=1}^{n} k \cdot P(Z=k)$

$= \dfrac{1}{n^2} \sum_{k=1}^{n} (2k^2 - k)$ ◀ $\sum_{k=1}^{n}$ において $\dfrac{1}{n^2}$ は定数なので $\sum_{k=1}^{n}$ の外に出した！

$= \dfrac{1}{n^2}\left(2\sum_{k=1}^{n} k^2 - \sum_{k=1}^{n} k\right)$ ◀ $\sum_{k=1}^{n}(2k^2-k) = \sum_{k=1}^{n}(2k^2) - \sum_{k=1}^{n} k$

$= \dfrac{1}{n^2}\left\{2 \cdot \dfrac{n(n+1)(2n+1)}{6} - \dfrac{n(n+1)}{2}\right\}$

$= \dfrac{1}{n^2} \cdot \dfrac{n(n+1)}{6}\{2(2n+1) - 3\}$ ◀ $\dfrac{n(n+1)}{6}$ でくくった

$= \underline{\dfrac{(n+1)(4n-1)}{6n}}$ ◀ $2(2n+1)-3 = 4n+2-3 = \underline{4n-1}$

43

[解答]

(1) $\begin{cases} P(X=k) = \dfrac{1}{2n} & (k=1, 2, \cdots, n, n+1, n+2, \cdots, 2n) \\[6pt] P(Y=k) = \dfrac{2}{2n} & \text{◀ } Y=k (k \text{ は問題文より } n \text{ 以下の数！}) \text{ となるためには,} \\[-2pt] \qquad\qquad\qquad \begin{cases} 2\text{回目に取り出したカードが } k \text{ の場合} \\ 2\text{回目に取り出したカードが } n+k \text{ の場合} \end{cases} \\[-2pt] \qquad\qquad\qquad \text{のどちらかであればよい！ よって, }\underline{2\text{通り}} \\[4pt] = \underline{\dfrac{1}{n}} \quad (k=1, 2, \cdots, n) \end{cases}$

(i) $k=1, 2, \cdots, n$ のとき

$(X, Y \text{ の最大値が } k)$ ◀ X と Y の少なくとも1つが k でなければならない！
$= (X \text{ と } Y \text{ が共に } k \text{ 以下}) - (X \text{ と } Y \text{ が共に } k-1 \text{ 以下})$

を考え, ◀ Point 4.5

$P(Z=k) = P(X \leqq k) \cdot P(Y \leqq k) - P(X \leqq k-1) \cdot P(Y \leqq k-1)$

$\qquad = \dfrac{k}{2n} \cdot \dfrac{k}{n} - \dfrac{k-1}{2n} \cdot \dfrac{k-1}{n}$ ◀ 《注》を見よ

$\qquad = \underline{\dfrac{2k-1}{2n^2}}$ ◀ $\dfrac{k^2}{2n^2} - \dfrac{k^2 - 2k + 1}{2n^2}$

(ii) $k=n+1, n+2, \cdots, 2n$ のとき

(X, Y の最大値が k) ◀ XとYの少なくとも1つがkでなければならない！
$=(X$ が $k)$ ◀ Yはn+1以上の値はとれない!!
を考え，

$P(Z=k) = P(X=k)$ ◀ Yはn以下の値しかとれないのでなんでもよい

$= \dfrac{1}{2n}$

【注】
$$P(X \leq k) = P(X=1)+P(X=2)+P(X=3)+\cdots+P(X=k)$$
$$= \underbrace{\dfrac{1}{2n}+\dfrac{1}{2n}+\dfrac{1}{2n}+\cdots+\dfrac{1}{2n}}_{k \text{個}} = \dfrac{k}{2n}$$

$$P(X \leq k-1) = P(X=1)+P(X=2)+P(X=3)+\cdots+P(X=k-1)$$
$$= \underbrace{\dfrac{1}{2n}+\dfrac{1}{2n}+\dfrac{1}{2n}+\cdots+\dfrac{1}{2n}}_{k-1 \text{個}} = \dfrac{k-1}{2n}$$

(2) $\displaystyle\sum_{k=1}^{n} k \cdot \dfrac{2k-1}{2n^2} + \sum_{k=n+1}^{2n} k \cdot \dfrac{1}{2n}$ ◀ (i)+(ii)

$= \dfrac{1}{2n^2}\displaystyle\sum_{k=1}^{n}(2k^2-k) + \dfrac{1}{2n}\sum_{k=n+1}^{2n} k$ ◀ $\dfrac{1}{2n^2}$ と $\dfrac{1}{2n}$ を Σ の外に出した

$= \dfrac{1}{2n^2}\left(2\displaystyle\sum_{k=1}^{n}k^2 - \sum_{k=1}^{n}k\right) + \dfrac{1}{2n}\underbrace{\{(n+1)+(n+2)+\cdots+2n\}}_{n \text{個}}$

$= \dfrac{1}{2n^2}\left\{2\cdot\dfrac{n(n+1)(2n+1)}{6} - \dfrac{n(n+1)}{2}\right\} + \dfrac{1}{2n}\cdot\dfrac{n}{2}\{(n+1)+2n\}$

$= \dfrac{(n+1)(2n+1)}{6n} - \dfrac{n+1}{4n} + \dfrac{1}{4}(3n+1)$

$= \dfrac{1}{12n}\{2(2n^2+3n+1)-3(n+1)+3n(3n+1)\}$ ◀ $\dfrac{1}{12n}$ でくくった

$= \dfrac{1}{12n}(4n^2+6n+2-3n-3+9n^2+3n)$ ◀ 展開した

$= \dfrac{13n^2+6n-1}{12n}$ ◀ 整理した

44

[考え方]
"どちらか先に 3 勝したチームが優勝" となるので、
早くて 3 試合, 遅くても 5 試合で 優勝が決まるよね！ ◀ $X=3$ or 4 or 5

[解答]
(1) $q=1-p$ とおく と,

$X=3$ となるのは,
A が 3 試合で 3 勝するとき or B が 3 試合で 3 勝するとき なので,

$P(X=3) = \boldsymbol{p^3 + q^3}$ ……①

$X=4$ となるのは,
A が 3 試合で 2 勝 1 敗となり, 次の試合で A が勝つとき or
B が 3 試合で 2 勝 1 敗となり, 次の試合で B が勝つとき なので,

$P(X=4) = {}_3C_2 p^2 q \times p + {}_3C_1 pq^2 \times q$ ◀ Point 2.3
$\qquad = 3p^3 q + 3pq^3 = \boldsymbol{3pq(p^2+q^2)}$ ……② ◀ ${}_3C_2 = {}_3C_1 = \underline{3}$

$X=5$ となるのは, 4 試合で 2 勝 2 敗になるとき なので,

$P(X=5) = {}_4C_2 p^2 q^2$ ◀ Point 2.3
$\qquad = \boldsymbol{6p^2 q^2}$ ……③ ◀ ${}_4C_2 = \dfrac{4\cdot 3}{2!} = \underline{6}$

⌐ この場合は 5 試合目で
 必ず A or B のどちらかが
 優勝する！

よって,
$E(X) = 3 \cdot P(X=3) + 4 \cdot P(X=4) + 5 \cdot P(X=5)$
$\qquad = 3(p^3+q^3) + 12pq(p^2+q^2) + 30p^2q^2$ ◀ ①,②,③ を代入した
$\qquad = 3\underline{(p+q)}(p^2+q^2-pq) + 12pq\{\underline{(p+q)}^2 - 2pq\} + 30p^2q^2$
$\qquad = 3\cdot 1\cdot\{(p+q)^2 - 3pq\} + 12pq(1^2 - 2pq) + 30p^2q^2$ ◀ $p+q=1$ を代入した
$\qquad = 3 - 9pq + 12pq - 24p^2q^2 + 30p^2q^2$ ◀ $p+q=1$ を代入した
$\qquad = 6p^2q^2 + 3pq + 3$ ……(∗) ◀ pq だけの式 !!
$\qquad = 6p^2(1-p)^2 + 3p(1-p) + 3$ ◀ $q=1-p$ を代入して q を消去した！
$\qquad = 6p^2(p^2 - 2p + 1) + 3p - 3p^2 + 3$ ◀ 展開した
$\qquad = \boldsymbol{6p^4 - 12p^3 + 3p^2 + 3p + 3}$ ◀ 整理した

(2) $E(X) = 6p^2q^2 + 3pq + 3$ ……(*)

$= 6z^2 + 3z + 3$ ◀ $pq=z$ より $p^2q^2=z^2$

$= 6\left(z^2 + \dfrac{1}{2}z\right) + 3$

$= 6\left(z + \dfrac{1}{4}\right)^2 + 3 - 6\left(\dfrac{1}{4}\right)^2$ ◀ 平方完成した

$= 6\left(z + \dfrac{1}{4}\right)^2 + \dfrac{21}{8}$ ……(*)′ ◀ $3 - 6 \cdot \dfrac{1}{16} = 3 - \dfrac{3}{8} = \dfrac{21}{8}$

また，

$z = pq$ ◀ 文字の置き換えをしたときには，必ず置き換えた文字の範囲について考えよ！

$= p(1-p)$ ◀ $q = 1-p$ を代入した

$= -p^2 + p$

$= -(p^2 - p)$

$= -\left(p - \dfrac{1}{2}\right)^2 + \dfrac{1}{4}$ より ◀ 平方完成した

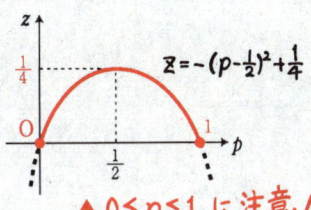

$0 \leq z \leq \dfrac{1}{4}$ がいえるので， ◀ 右上図を見よ

$E(X) = 6\left(z + \dfrac{1}{4}\right)^2 + \dfrac{21}{8}$ ……(*)′ は

$z = \dfrac{1}{4}$ のとき 最大値 $\dfrac{33}{8}$ をとる。

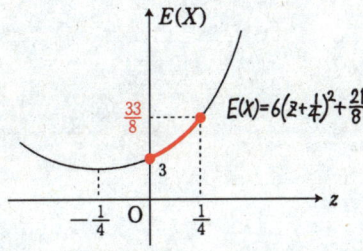

<メモ>

© 2003 Masahiro Hosono, Printed in Japan.

[著者紹介]

細将貴 (ほその まさたか)

細将貴先生は、大学在学中から予備校などでの受験生に教える係から、大学３年の夏に『細野真宏の受験英語シリーズ』を執筆し、受験生から圧倒的な支持を得て、これまでに累計1300万部を超えるベストセラーになっています。

また、大学在学中からテレビのニュース番組のブレーンや、タレントのスケジュールを務めた末に、99年に出版された『細野経済シリーズ』の第１弾『日本経済のニュースが面白いほどわかる本』をきっかけに起こした、経済の『世界経済のニュース』などをベストセラーに仕立て上げ、「もののかりやすさ」的な人気を博しています。

数字は好きな方だったが、ちょっと苦手なほうで、(1) 中学受験の30分という問題でした。しかし、数学の答案用紙にはク200点中の中か0点、(2) 自己採点というのは、天才少年の頭脳的な問題において、全国で堂々の総合２位、数学は１点を獲得し、偏差値100を唯える生徒にも浮上しました。

細野先生は、その経験を活かして、本業でも、居場所で内容を徹底的に分析しているそうです。その結果を活かして、各生徒への手紙などを通じて細野先生の講義をしています。

「一生先生、数額の醍醐味がブックの秘密はどこにあるの?」、「本書を手にとられた方の知りたい答えのすべてが、この本のシリーズの中に洗がされています!」

細野真宏の数学が本当によくわかる本

2003年 9月20日 初版第 1刷発行
2003年 6月26日 第17刷発行

著者   細野真宏
発行者 豊村敏司
発行所 株式会社 小学館
〒101-8001
東京都千代田区一ツ橋2-3-1
電話／03(3230)5632
販売／03(5281)3555
http://www.shogakukan.co.jp
印刷所・製本所 図書印刷株式会社

装幀／竹藤明記   製本協力／川瀬康資 (寄音クリエイティブ)
編集協力・指導／著田健彦

© 2003 Masahiro Hosono, Printed in Japan.
ISBN 4-09-837406-4 Shogakukan,Inc.

●造本には十分注意しておりますが、印刷、製本など製造上の不備がございましたら、「制作局コールセンター」(フリーダイヤル0120-336-340)にご連絡ください。(電話受付は、土・日・祝休日を除く9：30～17：30)
●本書の無断での複写（コピー）、上演、放送等の二次利用、翻案等は、著作権法上の例外を除き禁じられています。本書の電子データ化などの無断複製は著作権法上の例外を除き禁じられています。代行業者等の第三者による本書の電子的複製も認められておりません。